U0189688

中国饮食文化史

The History of Chinese Dietetic Culture

「十二五」国家重点出版物出版规划项目

国家出版基金项目

中国饮食文化史

中国饮食文化史主编 赵荣光

长江中游地区卷

谢定源 著

The History of Chinese Dietetic Culture

Volume of the Middle Reaches of the Yangtze River

中国轻工业出版社

图书在版编目（CIP）数据

中国饮食文化史. 长江中游地区卷 / 赵荣光主编；谢定源著. —北京：中国轻工业出版社，2013.12

国家出版基金项目 “十二五”国家重点出版物出版规划项目

ISBN 978-7-5019-9424-3

Ⅰ. ①中… Ⅱ. ①赵… ②谢… Ⅲ. ①饮食—文化史—长江流域 Ⅳ. ①TS971

中国版本图书馆 CIP 数据核字 (2013) 第194632号

策划编辑：马　静

责任编辑：马　静　方　程　　责任终审：郝嘉杰　　整体设计：伍毓泉

编　　辑：赵蓁茏　　版式制作：锋尚设计　　责任校对：李　靖

责任监印：胡　兵　张　可

出版发行：中国轻工业出版社（北京东长安街6号，邮编：100740）

印　　刷：北京顺诚彩色印刷有限公司

经　　销：各地新华书店

版　　次：2013年 12 月第 1 版第 1 次印刷

开　　本：787 × 1092　1/16　印张：22

字　　数：321千字　　插页：2

书　　号：ISBN 978-7-5019-9424-3　定价：88.00元

邮购电话：010-65241695　传真：65128352

发行电话：010-85119835　85119793　传真：85113293

网　　址：http://www.chlip.com.cn

Email：club@chlip.com.cn

如发现图书残缺请直接与我社邮购联系调换

050854K1X101ZBW

感谢

北京稻香村食品有限责任公司对本书出版的支持

感谢 感谢 感谢

中国农业科学院农业信息研究所对本书出版的支持

浙江工商大学暨旅游学院对本书出版的支持

黑龙江大学历史文化旅游学院对本书出版的支持

落其实者思其树

1. 新石器时代晚期灰陶鬶，江西出土（江西省博物馆网站）※

2. 商代晚期青铜四羊方尊，湖南宁乡出土（楚学文库存）

3. 商代铜尊，湖北黄陂盘龙城出土（湖北省博物馆、湖北省文物考古研究所网站）

4. 西周马纹铜簋，湖南桃江县连河冲金泉村出土（湖南省博物馆网站）

5. 战国青铜炙炉，湖北随县曾侯乙墓出土（湖北省博物馆、湖北省文物考古研究所网站）

6. 战国升鼎，湖北随县曾侯乙墓出土（国家数字文化网全国文化信息资源共享工程主站）

※ 编者注：书中图片来源除有标注者外，其余均由作者提供。对于作者从网站或其他出版物等途径获得的图片也做了标注。

1. 战国冰鉴，湖北随县曾侯乙墓出土（湖北省博物馆、湖北文物考古研究所网站）

2. 商代铜斝，湖北黄陂盘龙城出土（湖北省博物馆、湖北省文物考古研究所网站）

3. 西汉食案和竹箸，湖南长沙马王堆汉墓出土（《中国箸文化大观》，科学出版社）

4. 湖南长沙马王堆三号墓T形帛画上的《宴饮图》（湖南省博物馆网站）

1. 战国漆鸳鸯豆复原件，湖北江陵楚墓出土

2. 东汉绿釉船形陶灶，湖南长沙地质局子弟学校出土（湖南省博物馆网站）

3. 南宋錾刻双鱼纹银盘（江西省博物馆）

4. 江西景德镇明代青花束莲盘（国家数字文化网全国文化信息资源共享工程主站）

5. 19世纪九江街头卖清汤的小贩（1868年约翰·汤普森拍摄的老照片）

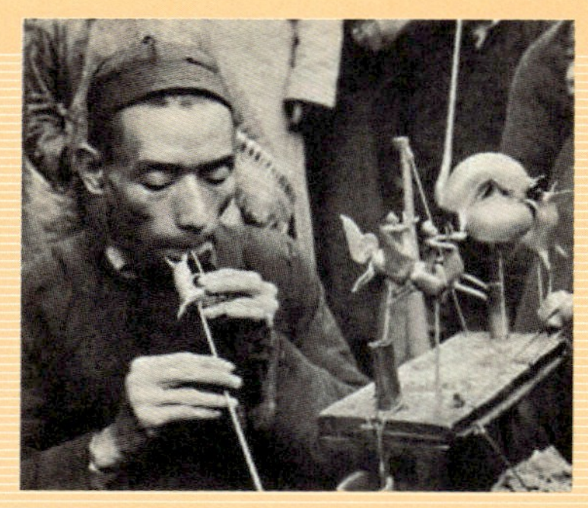

1. 民国初美国医生胡美镜头下的老长沙吹糖人（《长沙晚报》2012年4月1日版）

2. 湖北名菜——黄州东坡肉（《传统与新潮特色菜点丛书》，农村读物出版社）

3. 武汉风情——汤包馆（《老武汉风情》，中国时代经济出版社）

4. 江西赣南春节食俗——打黄元米馃（CCTV.com，项火摄影）

编委会

学术顾问：卢良恕　李学勤

特约顾问：李士靖　毕国才

主　　编：赵荣光

副 主 编：马　静

编委会主任：杨西京

编　　委：（按姓氏笔画为序）

万建中　马　静　王建中　方　铁

冯　敏　许世卫　吕丽辉　李汉昌

杨西京　张景明　季鸿崑　赵荣光

冼剑民　姚伟钧　徐日辉　谢定源

特约审稿：刘尚慈　李世愉　马　劲　郑　堆

罗布扎西　冯　欣

责任编辑：马　静　方　程

编　　辑：赵蓁茏

各分卷名录及作者：

◎ 中国饮食文化史 · 黄河中游地区卷
　姚伟钧　刘朴兵　著

◎ 中国饮食文化史 · 黄河下游地区卷
　姚伟钧　李汉昌　吴　昊　著

◎ 中国饮食文化史 · 长江中游地区卷
　谢定源　著

◎ 中国饮食文化史 · 长江下游地区卷
　季鸿崑　李维冰　马健鹰　著

◎ 中国饮食文化史 · 东南地区卷
　冼剑民　周智武　著

◎ 中国饮食文化史 · 西南地区卷
　方　铁　冯　敏　著

◎ 中国饮食文化史 · 东北地区卷
　主　编：吕丽辉
　副主编：王建中　姜艳芳

◎ 中国饮食文化史 · 西北地区卷
　徐日辉　著

◎ 中国饮食文化史 · 中北地区卷
　张景明　著

◎ 中国饮食文化史 · 京津地区卷
　万建中　李明晨　著

序言

鸿篇巨制　继往开来

——《中国饮食文化史》（十卷本）序

卢良恕

中国饮食文化是中国传统文化的重要组成部分，其内涵博大精深、历史源远流长，是中华民族灿烂文明史的生动写照。她以独特的生命力佑护着华夏民族的繁衍生息，并以强大的辐射力影响着周边国家乃至世界的饮食风尚，享有极高的世界声誉。

中国饮食文化是一种广视野、深层次、多角度、高品位的地域文化，她以农耕文化为基础，辅之以渔猎及畜牧文化，传承了中国五千年的饮食文明，为中华民族铸就了一部辉煌的文化史。

但长期以来，中国饮食文化的研究相对滞后，在国际的学术研究领域没有占领制高点。一是研究队伍不够强大，二是学术成果不够丰硕，尤其缺少全面而系统的大型原创专著，实乃学界的一大憾事。正是在这样困顿的情势下，国内学者励精图治、奋起直追，发愤用自己的笔撰写出一部中华民族的饮食文化史。中国轻工业出版社与撰写本书的专家学者携手二十余载，潜心劳作，殚精竭虑，终至完成了这一套数百万字的大型学术专著——《中国饮食文化史》（十卷本），是一件了不起的事情！

《中国饮食文化史》（十卷本）一书，时空跨度广远，全书自史前始，一直叙述至现当代，横跨时空百万年。全书着重叙述了原始农业和畜牧业出现至今的一万年左右华夏民族饮食文化的演变，充分展示了中国饮食文化是地域文化这一理论学说。

该书将中国饮食文化划分为黄河中游、黄河下游、长江中游、长江下游、东南、西南、东北、西北、中北、京津等十个子文化区域进行相对独立的研究。各区域单独成卷，每卷各章节又按断代划分，分代叙述，形成了纵横分明的脉络。

全书内容广泛，资料翔实。每个分卷涵盖的主要内容包括：地缘、生态、物产、气候、土地、水源；民族与人口；食政食法、食礼食俗、饮食结构及形成的原因；食物原料种类、分布、加工利用；烹饪技术、器具、文献典籍、文化艺术等。可以说每一卷都是一部区域饮食文化通史，彰显出中国饮食文化典型的区域特色。

中国饮食文化学是一门新兴的综合学科，它涉及历史学、民族学、民俗学、人类学、文化学、烹饪学、考古学、文献学、食品科技史、中国农业史、中国文化交流史、边疆史地、地理经济学、经济与商业史等学科。多学科的综合支撑及合理分布，使本书具有颇高的学术含量，也为学科理论建设提供了基础蓝本。

中国饮食文化的产生，源于中国厚重的农耕文化，兼及畜牧与渔猎文化。古语有云："民以食为天，食以农为本"，清晰地说明了中华饮食文化与中华农耕文化之间不可分割的紧密联系，并由此生发出一系列的人文思想，这些人文思想一以贯之地体现在人们的社会活动中。包括：

"五谷为养，五菜为助，五畜为益，五果为充"的饮食结构。这种良好饮食结构的提出，是自两千多年前的《黄帝内经》始，至今看来还是非常科学的。中国地域广袤，食物原料多样，江南地区的"饭稻羹鱼"、草原民族的"食肉饮酪"，从而形成中华民族丰富、健康的饮食结构。

"医食同源"的养生思想。中华民族自古以来并非代代丰衣足食，历代不乏灾荒饥馑，先民历经了"神农尝百草"以扩大食物来源的艰苦探索过程，千百年来总结出"医食同源"的宝贵思想。在西方现代医学进入中国大地之前的数千年，"医食同源"的养生思想一直护佑着炎黄子孙的健康繁衍生息。

"天人合一"的生态观。农耕文化以及渔猎、畜牧文化，都是人与自然间最和谐的文化，在广袤大地上繁衍生息的中华民族，笃信人与自然是合为一体的，人类的所衣所食，皆来自于大自然的馈赠，因此先民世世代代敬畏自然，爱护生态，尊重生命，重天时，守农时，创造了农家独有的二十四节气及节令食俗，"循天道行人事"。这种宝贵的生态观当引起当代人的反思。

"尚和"的人文情怀。农耕文明本质上是一种善的文明。主张和谐和睦、勤劳耕作、勤和为人，崇尚以和为贵、包容宽仁、质朴淳和的人际关系。中国饮食讲究的"五味调和"也正是这种"尚和"的人文情怀在烹饪技术层面的体现。纵观中国饮食文化的社会功能，更是对“尚和”精神的极致表达。

“尊老”的人伦传统。在传统的农耕文明中，老人是农耕经验的积累者，是向子孙后代传承农耕技术与经验的传递者，因此一直受到家庭和社会的尊重。中华民族尊老的传统是农耕文化的结晶，也是农耕文化得以久远传承的社会行为保障。

《中国饮食文化史》（十卷本）的研究方法科学、缜密。作者以大历史观、大文化观统领全局，较好地利用了历史文献资料、考古发掘研究成果、民俗民族资料，同时也有效地利用了人类学、文化学及模拟试验等多种有效的研究方法与手段。对区域文明肇始、族群结构、民族迁徙、人口繁衍、资源开发、生态制约与变异、水源利用、生态保护、食物原料贮存与食品保鲜防腐等一系列相关问题都予以了充分表述，并提出一系列独到的学术观点。

如该书提出中国在汉代就已掌握了面食的发酵技术，从而把这一科技界的定论向前推进了一千年（科技界传统说法是在宋代）；又如，对黄河流域土地承载力递减而导致社会政治文化中心逐流而下的分析；对草地民族因食料制约而频频南下的原因分析；对生态结构发生变化的深层原因讨论；对《齐民要术》《农政全书》《饮膳正要》《天工开物》等经典文献的识读解析；以及对筷子的出现及历史演变的论述等。该书还清晰而准确地叙述了既往研究者已经关注的许多方面的问题，比如农产品加工技术与食品形态问题、关于农作物及畜类的驯化与分布传播等问题，这些一向是农业史、交流史等学科比较关注而又疑难点较多的领域，该书对此亦有相当的关注与精到的论述。体现出整个作者群体较强的科研能力及科研水平，从而铸就了这部填补学术空白、出版空白的学术著作，可谓是近年来不可多得的精品力作。

本书是填补空白的原创之作，这也正是它的难度之所在。作者的写作并无前人成熟的资料可资借鉴，可以想见，作者须进行大量的文献爬梳整理、甄选淘漉，阅读量浩繁，其写作难度绝非一般。在拼凑摘抄、扒网拼盘已成为当今学界一大痼疾的今天，这部原创之作益发显得可贵。

一套优秀书籍的出版，最少不了的是出版社编辑们默默无闻但又艰辛异常的付出。中国轻工业出版社以文化坚守的高度责任心，苦苦坚守了二十年，为出版这套不能靠市场获得收益、然而又是填补空白的大型学术著作呕心沥血。进入编辑阶段以后，编辑部严苛细致，务求严谨，精心提炼学术观点，一遍遍打磨稿件。对稿件进行字斟句酌的精心加工，并启动了高规格的审稿程序，如，他们聘请国内顶级的古籍专家对书中所有的古籍以善本为据进行了逐字逐句的核对，并延请史学专家、民族宗教专家、民俗专家等进行多轮审稿，全面把关，还对全书内容做了20余项的专项检查，剪除掉书稿中的许多瑕疵。他们不因卷帙浩繁而存丝毫懈怠之念，日以继夜，忘我躬耕，使得全书体现出了高质量、高水准的精品风范。在当前浮躁的社会风气下，能坚守这种职业情操实属不易！

本书还在高端学术著作科普化方面做出了有益的尝试，如对书中的生僻字进行注音，对专有名词进行注释，对古籍文献进行串讲，对正文配发了许多图片等。凡此种种，旨在使学术著作更具通俗性、趣味性和可读性，使一些优秀的学术思想能以通俗化的形式得到展现，从而扩大阅读的人群，传播优秀文化，这种努力值得称道。

这套学术专著是一部具有划时代意义的鸿篇巨制，它的出版，填补了中国饮食文化无大型史著的空白，开启了中国饮食文化研究的新篇章，功在当代，惠及后人。它的出版，是中国学者做的一件与大国地位相称的大事，是中国对世界文明的一种国际担当，彰显了中国文化的软实力。它的出版，是中华民族五千年饮食文化与改革开放三十多年来最新科研成果的一次大梳理、大总结，是树得起、站得住的历史性文化工程，对传播、振兴民族文化，对中国饮食文化学者在国际学术领域重新建立领先地位，将起到重要的推动作用。

作为一名长期从事农业科技文化研究的工作者，对于这部大型学术专著的出版，我感到由衷的欣喜。愿《中国饮食文化史》（十卷本）能够继往开来，为中国饮食文化的发扬光大，为中国饮食文化学这一学科的崛起做出重大贡献。

二〇一三年七月

序言

一部填补空白的大书
——《中国饮食文化史》（十卷本）序

李学勤

中国轻工业出版社通过我在中国社会科学院历史研究所的老同事，送来即将出版的《中国饮食文化史》（十卷本）样稿，厚厚的一大叠。我仔细披阅之下，心中深深感到惊奇。因为在我的记忆范围里，已经有好多年没有见过系统论述中国饮食文化的学术著作了，况且是由全国众多专家学者合力完成的一部十卷本长达数百万字的大书。

正如不久前上映的著名电视片《舌尖上的中国》所体现的，中国的饮食文化是悠久而辉煌的中国传统文化的一个重要组成部分。中国的饮食文化非常发达，在世界上享有崇高的声誉，然而，或许是受长时期流行的一些偏见的影响，学术界对饮食文化的研究却十分稀少，值得提到的是国外出版的一些作品。记得20世纪70年代末，我在美国哈佛大学见到张光直先生，他给了我一本刚出版的《中国文化中的食品》（英文），是他主编的美国学者写的论文集。在日本，则有中山时子教授主编的《中国食文化事典》，其内的“文化篇”曾于1992年中译出版，题目就叫《中国饮食文化》。至于国内学者的专著，我记得的只有上海人民出版社《中国文化史丛书》里面有林乃燊教授的一本，题目也是《中国饮食文化》，也印行于1992年，其书可谓有筚路蓝缕之功，只是比较简略，许多问题未能展开。

由赵荣光教授主编、由中国轻工业出版社出版的这部十卷本《中国饮食文化史》规模宏大，内容充实，在许多方面都具有创新意义，从这一点来说，确实是前所未有的。讲到这部巨著的特色，我个人意见是不是可以举出下列几点：

首先，当然是像书中所标举的，是充分运用了区域研究的方法。我们中国从来是一个多民族、多地区的国家，五千年的文明历史是各地区、各民族共同缔造的。这种多元一体的文化观，自“改革开放”以来，已经在历史学、考古学等领域起了很大的促进作用。《中国饮食文化史》（十卷本）的编写，贯彻“饮食文化是区域文化”的观点，把全国划分为十个文化区域，即黄河中游、黄河下游、长江中游、长江下游、东南、西南、东北、西北、中北和京津，各立一卷。每一卷都可视为区域性的通史，各卷间又互相配合关联，形成立体结构，便于全面展示中国饮食文化的多彩面貌。

其次，是尽可能地发挥了多学科结合的优势。中国饮食文化的研究，本来与历史学、考古学及科技史、美术史、民族史、中外关系史等学科都有相当密切的联系。《中国饮食文化史》（十卷本）一书的编写，努力吸取诸多有关学科的资料和成果，这就扩大了研究的视野，提高了工作的质量。例如在参考文物考古的新发现这一方面，书中就表现得比较突出。

第三，是将各历史时期饮食文化的演变过程与当时社会总的发展联系起来去考察。大家知道，把研究对象放到整个历史的大背景中去分析估量，本来是历史研究的基本要求，对于饮食文化研究自然也不例外。

第四，也许是最值得注意的一点，就是这部书把饮食文化的探索提升到理论思想的高度。《中国饮食文化史》（十卷本）一开始就强调“全书贯穿一条鲜明的人文思想主线”，实际上至少包括了这样一系列观点，都是从远古到现代饮食文化的发展趋向中归结出来的：

一、五谷为主兼及其他的饮食结构；

二、“医食同源”的保健养生思想；

三、尚“和”的人文观念；

四、“天人合一”的生态观；

五、“尊老”的传统。

这样，这部《中国饮食文化史》（十卷本）便不同于技术层面的“中国饮食史”，而是富于思想内涵的“中国饮食文化史”了。

据了解，这部《中国饮食文化史》（十卷本）的出版，经历了不少坎坷曲折，前后过程竟长达二十余年。其间做了多次反复的修改。为了保证质量，中国轻工业出版社邀请过不少领域的专家阅看审查。现在这部大书即将印行，相信会得到有关学术界和社会读者的好评。我对所有参加此书工作的各位专家学者以及中国轻工业出版社同仁能够如此锲而不舍深表敬意，希望在饮食文化研究方面能再取得更新更大的成绩。

二〇一三年九月

于北京清华大学寓所

前言

“饮食文化圈”理论认知中华饮食史的尝试
——中国饮食文化区域性特征

趙榮光

很长时间以来，本人一直希望海内同道联袂在食学文献梳理和“饮食文化区域史”“饮食文化专题史”两大专项选题研究方面的协作，冀其为原始农业、畜牧业以来的中华民族食生产、食生活的文明做一初步的瞰窥勾测，从而为更理性、更深化的研究，为中华食学的坚实确立准备必要的基础。为此，本人做了一系列先期努力。1991年北京召开了“首届中国饮食文化国际学术研讨会”，自此，也开始了迄今为止历时二十年之久的该套丛书出版的艰苦历程。其间，本人备尝了时下中国学术坚持的艰难与苦涩，所幸的是，《中国饮食文化史》（十卷本）终于要出版了，作为主编此时真是悲喜莫名。

将人类的食生产、食生活活动置于特定的自然生态与历史文化系统中审视认知并予以概括表述，是30多年前本人投诸饮食史、饮食文化领域研习思考伊始所依循的基本方法。这让我逐渐明确了“饮食文化圈”的理论思维。中国学人对民众食事文化的关注渊源可谓久远。在漫长的民族饮食生活史上，这种关注长期依附于本草学、农学而存在，因而形成了中华饮食文化的传统特色与历史特征。初刊于1792年的《随园食单》可以视为这种依附传统文化转折的历史性标志。著者中国古代食圣袁枚“平生品味似评诗”，潜心戮力半世纪，以开创、标立食学深自期许，然限于历史时代局限，终未遂其所愿——抱定“皓首穷经”“经国济世”之理念建立食学，使其成为传统士子麇集的学林。

食学是研究不同时期、各种文化背景下的人群食事事象、行为、性质及其规律的一门综合性学问。中国大陆食学研究热潮的兴起，文化运气系接海外学界之后，20世纪中叶以来，日、韩、美、欧以及港、台地区学者批量成果的发表，蔚成了中华食文化研究热之初潮。社会饮食文化的一个最易为人感知之处，就是都会餐饮业，而其衰旺与否的最终决定因素则是大众的消费能力与方式。正是餐饮业的持续繁荣和大众饮食生活水准的整体提高，给了中国大陆食学研究以不懈的助动力。在中国饮食文化热持续至今的30多年中，经历了“热学”“显学”两个阶段，而今则处于“食学”渐趋成熟阶段。以国人为主体的诸多富有创见性的文著累积，是其渐趋成熟的重要标志。

人类文化是生态环境的产物，自然环境则是人类生存发展依凭的文化史剧的舞台。文化区域性是一个历史范畴，一种文化传统在一定地域内沉淀、累积和承续，便会出现不同的发展形态和高低不同的发展水平，因地而宜，异地不同。饮食文化的存在与发展，主要取决于自然生态环境与文化生态环境两大系统的因素。就物质层面说，如俗语所说：“一方水土养一方人”，其结果自然是“一方水土一方人”，饮食与饮食文化对自然因素的依赖是不言而喻的。早在距今10000—6000年，中国便形成了以粟、菽、麦等“五谷”为主要食物原料的黄河流域饮食文化区、以稻为主要食物原料的长江流域饮食文化区、以肉酪为主要食物原料的中北草原地带的畜牧与狩猎饮食文化区这不同风格的三大饮食文化区域类型。其后公元前2世纪，司马迁曾按西汉帝国版图内的物产与人民生活习性作了地域性的表述。山西、山东、江南（彭城以东，与越、楚两部）、龙门碣石北、关中、巴蜀等地区因自然生态地理的差异而决定了时人公认的食生产、食生活、食文化的区位性差异，与史前形成的中国饮食文化的区位格局相较，已经有了很大的发展变化。而后再历20多个世纪至19世纪末，在今天的中国版图内，存在着东北、中北、京津、黄河下游、黄河中游、西北、长江下游、长江中游、西南、青藏高原、东南11个结构性子属饮食文化区。再以后至今的一个多世纪，尽管食文化基本区位格局依在，但区位饮食文化的诸多结构因素却处于大变化之中，变化的速度、广度和深度，都是既往历史上不可同日而语的。生产力的结构性变化和空前发展；食生产工具与方式的进步；信息传递与交通的便利；经济与商业的发展；人口大规模的持续性流动与城市化进程的快速发展；思想与观念的更新进化等，这一切都大大超越了食文化物质交换补益的层面，而具有更深刻、更重大的意义。

各饮食文化区位文化形态的发生、发展都是一个动态的历史过程，“不变中有变、变中有不变”是饮食文化演变规律的基本特征。而在封闭的自然经济状态下，“靠山吃山靠水吃水”的饮食文化存在方式，是明显“滞进”和具有“惰性”的。所谓“滞进”和“惰性”是指：在决定传统餐桌的一切要素几乎都是在年复一年简单重复的历史情态下，饮食文化的演进速度是十分缓慢的，人们的食生活是因循保守的，“周而复始”一词正是对这种形态的概括。人类的饮食生活对于生息地产原料并因之决定的加工、进食的地域环境有着很强的依赖性，我们称之为“自然生态与文化生态环境约定性”。生态环境一般呈现为相当长历史时间内的相对稳定性，食生产方式的改变，一般也要经过很长的历史时间才能完成。而在“鸡犬之声相闻，民至老死不相往来”的相当封闭隔绝的中世纪，各封闭区域内的人们是高度安适于既有的一切的。一般来说，一个民族或某一聚合人群的饮食文化，都有着较为稳固的空间属性或区位地域的植根性、依附性，因此各区位地域之间便存在着各自空间环境下和不同时间序列上的差异性与相对独立性。而从饮食生活的动态与饮食文化流动的属性观察，则可以说世界上绝大多数民族（或聚合人群）的饮食文化都是处于内部或外部多元、多渠道、多层面的、持续不断的传播、渗透、吸收、整合、流变之中。中华民族共同体今天的饮食文化形态，就是这样形成的。

随着各民族人口不停地移动或迁徙，一些民族在生存空间上的交叉存在、相互影响（这种状态和影响自古至今一般呈不断加速的趋势），饮食文化的一些早期民族特征逐渐地表现为区位地域的共同特征。迄今为止，由于自然生态和经济地理等诸多因素的决定作用，中国人主副食主要原料的分布，基本上还是在漫长历史过程中逐渐形成的基本格局。宋应星在谈到中国历史上的“北麦南稻”之说时还认为：“四海之内，燕、秦、晋、豫、齐、鲁诸蒸民粒食，小麦居半，而黍、稷、稻、粱仅居半。西极川、云，东至闽、浙、吴楚腹焉……种小麦者二十分而一……种余麦者五十分而一，闾阎作苦以充朝膳，而贵介不与焉。”这至少反映了宋明时期麦属作物分布的大势。直到今天，东北、华北、西北地区仍是小麦的主要产区，青藏高原是大麦（青稞）及小麦的产区，黑麦、燕麦、荞麦、莜麦等杂麦也主要分布于这些地区。这些地区除麦属作物之外，主食原料还有粟、秫、玉米、稷等“杂粮”。而长江流域及以南的平原、盆地和坝区广大地区，则自古至今都是以稻作物为主，其山区则主要种植玉米、粟、荞麦、红薯、小麦、大麦、旱稻等。应当看到，粮食作物今天的品种分布状态，本身就是不断演变的历史性结果，而这种演变无论表现出怎样的相对稳定性，它都不可能是最终格局，还将持续地演变下去。

历史上各民族间饮食文化的交流，除了零星渐进、潜移默化的和平方式之外，在灾变、动乱、战争等特殊情况下，出现短期内大批移民的方式也具有特别的意义。其间，由物种传播而引起的食生产格局与食生活方式的改变，尤具重要意义。物种传播有时并不依循近邻滋蔓的一般原则，伴随人们远距离跋涉的活动，这种传播往往以跨越地理间隔的童话般方式实现。原产美洲的许多物种集中在明代中叶联袂登陆中国就是典型的例证。玉米、红薯自明代中叶以后相继引入中国，因其高产且对土壤适应性强，于是长江以南广大山区，鲁、晋、豫、陕等大片久耕密植的贫瘠之地便很快迭相效应，迅速推广开来。山区的瘠地需要玉米、红薯这样的耐瘠抗旱作物，传统农业的平原地区因其地力贫乏和人口稠密，更需要这种耐瘠抗旱而又高产的作物，这就是各民族民众率相接受玉米、红薯的根本原因。这一“根本原因”甚至一直深深影响到20世纪80年代以前。中国大陆长期以来一直以提高粮食亩产、单产为压倒一切的农业生产政策，南方水稻、北方玉米，几乎成了各级政府限定的大田品种种植的基本模式。

严格说来，很少有哪些饮食文化区域是完全不受任何外来因素影响的纯粹本土的单质文化。也就是说，每一个饮食文化区域都是或多或少、或显或隐地包融有异质文化的历史存在。中华民族饮食文化圈内部，自古以来都是域内各子属文化区位之间互相通融补益的。而中华民族饮食文化圈的历史和当今形态，也是不断吸纳外域饮食文化更新进步的结果。1982年笔者在新疆历时半个多月的一次深度考察活动结束之后，曾有一首诗：“海内神厨济如云，东西甘脆皆与闻。野驼浑烹标青史，肥羊串炙喜今人。乳酒清洌爽筋骨，奶茶浓郁尤益神。朴劳纳仁称异馔，金特克缺愧寡闻。胡饼西肺欣再睹，葡萄密瓜连筵陈。四千文明源泉水，云里白毛无销痕。晨钟传于二三瞽，青眼另看大宛人。”诗中所叙的是维吾尔、哈萨克、柯尔克孜、乌孜别克、塔吉克、塔塔尔等少数民族的部分风味食品，反映了西北地区多民族的独特饮食风情。中国有十个少数民族信仰伊斯兰教，他们主要或部分居住在西北地区。因此，伊斯兰食俗是西北地区最具代表性的饮食文化特征。而西北地区，众所周知，自汉代以来直至公元7世纪一直是佛教文化的世界。正是来自阿拉伯地区的影响，使佛教文化在这里几乎消失殆尽了。当然，西北地区还有汉、蒙古、锡伯、达斡尔、满、俄罗斯等民族成分。西北多民族共聚的事实，就是历史文化大融汇的结果，这一点，同样是西北地区饮食文化独特性的又一鲜明之处。作为通往中亚的必由之路，举世闻名的丝绸之路的几条路线都经过这里。东西交汇，丝绸之路饮食文化是该地区的又一独特之处。中华饮食文化通过丝绸之路吸纳域外文化因素，确切的文字记载始自汉代。张骞（？—前114年）于汉武帝建元三年（公元前138年）、元狩四年（公元前119年）的两次出使西域，使内地与今天的新疆及中亚的文化、经济交流进入到了一个全新的历史阶段。葡萄、苜蓿、胡麻、胡瓜、蚕豆、核桃、石榴、胡萝卜、葱、蒜等菜蔬瓜果随之来到了中国，同时进入的还有植瓜、种树、屠宰、截马等技术。其后，西汉军队为能在西域伊吾长久驻扎，便将中原的挖井技术，尤其是河西走廊等地的坎儿井技术引进了西域，促进了灌溉农业的发展。

至少自有确切的文字记载以来，中华版图内外的食事交流就一直没有间断过，并且呈与时俱进、逐渐频繁深入的趋势。汉代时就已经成为黄河流域中原地区的一些主食品种，例如馄饨、包子（笼上牢丸）、饺子（汤中牢丸）、面条（汤饼）、馒首（有馅与无馅）、饼等，到了唐代时已经成了地无南北东西之分，民族成分无分的、随处可见的、到处皆食的大众食品了。今天，在中国大陆的任何一个中等以上的城市，几乎都能见到以各地区风味或少数民族风情为特色的餐馆。而随着人们消费能力的提高和消费观念的改变，到异地旅行，感受包括食物与饮食风情在内的异地文化已逐渐成了一种新潮，这正是各地域间食文化交流的新时代特征。这其中，科技的力量和由科技决定的经济力量，比单纯的文化力量要大得多。事实上，科技往往是文化流变的支配因素。比如，以筷子为食具的箸文化，其起源已有不下六千年的历史，汉以后逐渐成为汉民族食文化的主要标志之一；明清时期已普及到绝大多数少数民族地区。而现代化的科技烹调手段则能以很快的速度为各族人民所接受。如电饭煲、微波炉、电烤箱、电冰箱、电热炊具或气体燃料新式炊具、排烟具等几乎在一切可能的地方都能见到。真空包装食品、方便食品等现代化食品、食料更是无所不至。

黑格尔说过一句至理名言：“方法是决定一切的”。笔者以为，饮食文化区位性认识的具体方法尽管可能很多，尽管研究方法会因人而异，但方法论的原则却不能不有所规范和遵循。

首先，应当是历史事实的真实再现，即通过文献研究、田野与民俗考察、数学与统计学、模拟重复等方法，去尽可能摹绘出曾经存在过的饮食历史文化构件、结构、形态、运动。区位性研究，本身就是要在某一具体历史空间的平台上，重现其曾经存在过的构建，如同考古学在遗址上的工作一样，它是具体的，有限定的。这就要求我们对于资料的筛选必须把握客观、真实、典型的原则，绝不允许研究者的个人好恶影响原始资料的取舍剪裁，客观、公正是绝对的原则。

其次，是把饮食文化区位中的具体文化事象视为该文化系统中的有机构成来认识，而不是将其孤立于整体系统之外释读。割裂、孤立、片面和绝对地认识某一历史文化，只能远离事物的本来面目，结论也是不足取的。文化承载者是有思想的、有感情的活生生的社会群体，我们能够凭借的任何饮食文化遗存，都曾经是生存着的社会群体的食生产、食生活活动事象的反映，因此要把资料置于相关的结构关系中去解读，而非孤立地认断。在历史领域里，有时相近甚至相同的文字符号，却往往反映不同的文化意义，即不同时代、不同条件下的不同信息也可能由同一文字符号来表述；同样的道理，表面不同的文字符号也可能反映同一或相近的文化内涵。也就是说，我们在使用不同历史时期各类著述者留下来的文献时，不能只简单地停留在文字符号的表面，而应当准确透析识读，既要尽可能地多参考前人和他人的研究成果，还要考虑到流传文集记载的版本等因素。

再次，饮食文化的民族性问题。如果说饮食文化的区域性主要取决于区域的自然生态环境因素的话，那么民族性则多是由文化生态环境因素决定的。而文化生态环境中的最主要因素，应当是生产力。一定的生产力水平与科技程度，是文化生态环境时代特征中具有决定意义的因素。《诗经》时代黄河流域的渍菹，本来是出于保藏的目的，而后成为特别加工的风味食品。今日东北地区的酸菜、四川的泡菜，甚至朝鲜半岛的柯伊姆奇（泡菜）应当都是其余韵。今日西南许多少数民族的粑粑、饵块以及东北朝鲜族的打糕等蒸舂的稻谷粉食，是古时杵臼捣制饕饵的流风。蒙古族等草原文化带上的一些少数民族的手扒肉，无疑是草原放牧生产与生活条件下最简捷便易的方法，而今竟成草原情调的民族独特食品。同样，西南、华中、东南地区许多少数民族习尚的熏腊食品、酸酵食品等，也主要是由于贮存、保藏的需要而形成的风味食品。这也与东北地区人们冬天用雪埋、冰覆，或泼水挂腊（在肉等食料外泼水结成一层冰衣保护）的道理一样。以至北方冬天吃的冻豆腐，也竟成为一种风味独特的食料。因为历史上人们没有更好的保藏食品的方法。因此可以说，饮食文化的民族性，既是地域自然生态环境因素决定的，也是文化生态因素决定的，因此也是一定生产力水平所决定的。

又次，端正研究心态，在当前中华饮食文化中具有特别重要的意义。冷静公正、实事求是，是任何学科学术研究的绝对原则。学术与科学研究不同于男女谈恋爱和市场交易，它否定研究者个人好恶的感情倾向和局部利益原则，要热情更要冷静和理智；反对偏私，坚持公正；“实事求是”是唯一可行的方法论原则。

多年前北京钓鱼台国宾馆的一次全国性饮食文化会议上，笔者曾强调食学研究应当基于“十三亿人口，五千年文明”的“大众餐桌”基本理念与原则。我们将《中国饮食文化史》（十卷本）的付梓理解为“饮食文化圈”理论的认知与尝试，不是初步总结，也不是什么了不起的成就。

尽管饮食文化研究的“圈论”早已经为海内外食学界熟知并逐渐认同，十年前《中国国家地理杂志》以我提出的“舌尖上的秧歌”为封面标题出了“圈论”专号，次年CCTV-10频道同样以我建议的“味蕾的故乡”为题拍摄了十集区域饮食文化节目，不久前一位欧洲的博士学位论文还在引用和研究。这一切也还都是尝试。

《中国饮食文化史》（十卷本）工程迄今，出版过程历经周折，与事同道几易其人，作古者凡几，思之唏嘘。期间出于出版费用的考虑，作为主编决定撤下丛书核心卷的本人《中国饮食文化》一册，尽管这是当时本人所在的杭州商学院与旅游学院出资支持出版的前提。虽然，现在“杭州商学院”与“旅游学院”这两个名称都已经不复存在了，但《中国饮食文化史》（十卷本）毕竟得以付梓。是为记。

夏历癸巳年初春，公元二〇一三年三月

杭州西湖诚公斋书寓

目录

第一章 概述

长江穿越雄伟壮丽的三峡后，由东急折向南，就到了湖北宜昌，进入“极目楚天舒”的中游两湖平原（湖北江汉平原、湖南洞庭湖平原合称两湖平原），一直到江西鄱阳湖口，这便是饮食区域概念中的长江中游地区，包括湘、鄂、赣三

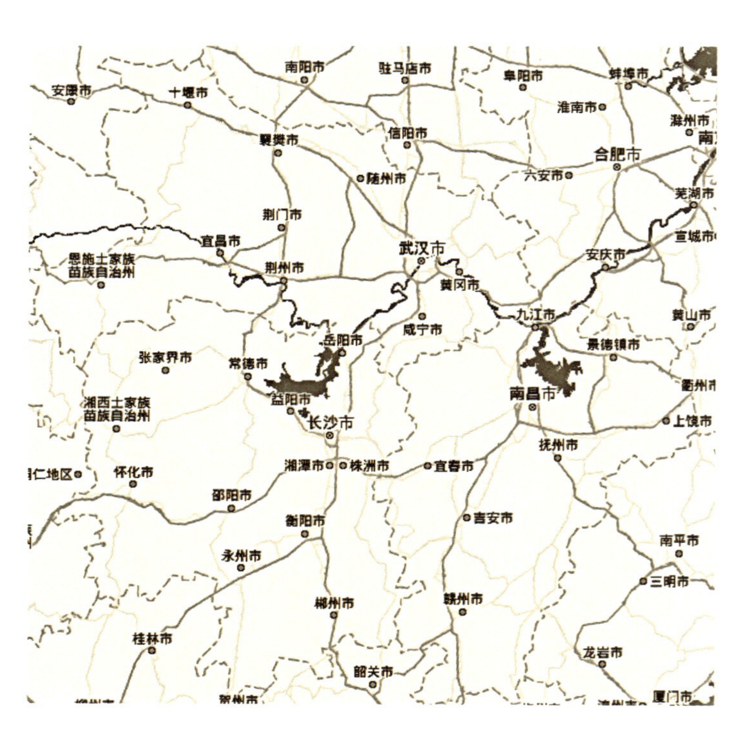

图1-1　长江中游地区的大致区域范围

省。长江中游两岸湖泊众多，江湖相通，构成庞大的洞庭湖和鄱阳湖两大水系。长江中游地区是古代楚文化的发祥地，与长江上游的巴蜀文化、长江下游的吴越文化紧邻，他们之间异同互见，但又互相渗透、吸收，形成独具特色的文化区。

第一节　长江中游地区自然地理环境的变迁与特征

自然地理环境是指人类赖以生存的自然界的地质地貌、土壤植被、水文、气候等自然因素。自然地理环境决定了人类赖以生存的物质条件，这是饮食文化区域差异形成的重要因素，这就是人们常说的“一方水土养一方人”。

不同的地理条件提供着不同的动植物食物资源。河湖密布地区盛产鱼虾，草原多产哺乳类动物，山区则多产飞禽、蛇虫与野果。在生产力十分低下的人类早期，天然食物的不同分布对人类饮食内容的构成和饮食习惯的形成起着决定性作用。

地理条件还影响社会生产力的发展水平。由于地理环境的不同，又形成了各地居民不同的生活方式、生产方式和产品类型。正如恩格斯所说：“由于自然条件的不同，即由于土地肥力、水域和陆地、山区和平原的分布不同，气候和地理位置、有用矿藏的不同以及土地天然条件的特点不同，又有了劳动工具的天然差别，这种差别造成了不同部落之间的职业划分。”※ 黑格尔把人类生存的地理条件分为三类：第一类是“干燥的高地与广阔的草地和平原”，他认为在这类地理条件下生活的居民，主要从事畜牧业。第二类是“平原流域——是巨川大江流过的地方”，他认为生活在这种地理条件下的居民主要经营农业。第三类是“和海相

※ 编者注：为方便读者阅读，本书将连续占有三行及以上的引文改变了字体。对于在同一个自然段（或同一个内容小板块）里的引文，虽不足三行但断续密集引用的也改变了字体。

连的海岸区域”，他认为这种地理条件“鼓励人类追求利润，从事商业”。[1]长江中游地区气候湿热，水资源丰富，居民过着“饭稻羹鱼”的农耕生活。

地理环境制约着人们的生产生活资源，而“人的需要的增减取决于人所处的气候的严寒或温暖”[2]。寒冷的气候，人们需要更多的热量和营养，口味要求更浓郁一些。炎热的气候，人们多喜食较清淡的食物。湿气过重时，人们则喜食辛辣食物以驱湿气。

正因为地理环境对饮食文化的发生、发展有很大的影响，所以我们在本书开篇首先对长江中游地区的历史自然地理特征加以分析，以揭示长江中游地区饮食文化区形成的基本条件。

一、各历史时期的气候变迁

中国人对气候的记载已有几千年历史。本书以著名的地理学家和气象学家竺可桢的研究为基础，结合长江中游地区历史上气候的变化情况，并依据目前的研究成果，将该地区近五千年来的气候变化过程，划分为四个温暖期和与之相间的四个寒冷期。[3]

1. 第一个温暖期

公元前3000年至公元前1000年。这个时期包括从新石器时代的晚期到商代末年，中国气候状况以温暖为主。如江西南昌的西山有分布甚广的泥炭沼泽，从孢粉组合的演变分析，该地生有以栲属为主的森林植被，伴生蕨类和水生植物，气候较目前温暖。[4]地处长江中游、后成为楚文化早期繁盛的河南淅川，其下王岗

① 黑格尔著，王造时译：《历史哲学》，三联书店，1956年，第121~147页。
② 马克思：《资本论》第1卷，人民出版社，1986年，第562页。
③ 王会昌：《中国文化地理》，华中师范大学出版社，1992年，第79~84页。
④ 王开发：《南昌西山洗药湖泥炭的孢粉分析》，《植物学报》第16卷，1974年第1期，第83~93页。

遗址可分为九层，其中以第七至第九文化层，即仰韶文化期最为温暖，这几层的动物种类最多，有24种，其中喜暖的动物有7种，占29%，是喜暖动物所占比例最多的时期。

2. 第一个寒冷期

公元前1000年至公元前850年。这是中国历史上最早的一个寒冷期，持续了近两个世纪。河南下王岗的第一文化层相当于西周时代，遗址中动物再度减少，未见喜暖动物，均为适应性较强、分布面较广的种类，这一时期的气温有所下降。《竹书纪年》记载周孝王七年（公元前903年）“冬，大雨雹，牛马死，江、汉俱冻”[①]。说明公元前10世纪长江和汉水都结冰，气候相当寒冷。

3. 第二个温暖期

公元前770年至公元初年。这个温暖期从春秋时期开始，到西汉后期，持续了700多年。司马迁《史记·货殖列传》载：“蜀、汉、江陵千树橘；……陈、夏千亩漆；齐、鲁千亩桑麻；渭川千亩竹。”橘、漆、竹均属亚热带植物，可知当时亚热带类植物的北界比现在还要往北。

4. 第二个寒冷期

公元初至公元600年。这个寒冷期经东汉和魏晋南北朝，历时600年。南朝当时很冷，与今武汉气温相近的南京（当时的都城建康），曾在覆舟山建有冰房，用作保存新鲜食物。可知当时南京的冬季比现在要低2℃以上，唯此才能提供储藏用的冰块。

5. 第三个温暖期

公元600年至公元1000年。这个时期包括隋唐至北宋初年。唐代国都长安种有梅花，唐玄宗时，宫中广种橘树，天宝十年（公元751年）曾结果15个，味道

---

① 王国维：《古本竹书纪年辑校》，辽宁教育出版社，1997年。

鲜美，与江南所进贡者无异。而橘树和梅树只能抵抗－8℃至－14℃的低温，现在西安的冬季，最低温度常在－14℃以下，梅树长不好，橘树也已经种不活了。

6. 第三个寒冷期

公元1000年至公元1200年。这个寒冷期包括北宋至南宋中叶。中国气候加剧转寒，江南湖面常结冰。

7. 第四个温暖期

公元1200年至公元1300年。包括南宋中期至元代中期。元朝刘诜在《秧老歌》中记录当时“三月四月江南村，村村插秧无朝昏”，假定其平均插秧期在阳历4月下旬，则与现代相近或略偏早。

8. 第四个寒冷期

公元1400年至公元1900年。这一时期包括明、清两代。明正德八年（公元1513年）冬天，江南严寒，洞庭湖、鄱阳湖均结冰，湖面宽阔的洞庭湖，不仅可行人，还可通车。明万历三十六年至四十五年间（公元1608—1617年），文学家袁中道留居湖北沙市附近记有日记，记载了桃、杏等春初开花的日期①。从中可知明朝后期湖北沙市的春秋物候与今日武昌物候相比要迟7~10天。清代气候严寒。咸丰十一年（公元1861年）十二月，湖北“蒲圻大雪，平地深五六尺，冻毙人畜甚多，河水皆冰”②。

进入20世纪以后，我国气候虽仍从属于1400年开始的第四个寒冷期，但其中仍有冷暖变化。从19世纪末期开始到20世纪40年代，是气温逐渐升高时期。从50年代起，气温总的趋势是下降。1955年1月，汉水从1日至20日结冰20天；洞庭湖从3日至6日结冰3天。1976年至1999年，被认为是太阳活动强度低的年份，因而构成一个新的寒冷期。

---

① 袁中道:《袁小修日记》，上海杂志公司，1936年（民国二十五年）。

② 赵尔巽等:《清史稿》卷四十《灾异志一》，中华书局，2003年。

近年来，由于“温室效应”的加强，使地球的气温普遍升高。

我们通过对中国数千年气候的波动性变化进行比较，发现长江中游地区的开发、饮食文化的发展是与历史上气候的周期性变化有一定联系的，从而为长江中游地区饮食文化的发展、轨迹的形成找到了一种较具说服力的依据。我们不妨做这样的推理：在一定时期内，当中国北方气候由温暖湿润转向寒冷干燥时，以农业经济为基础的中原王朝必然受到风、冻等自然灾害的冲击，农业歉收，食物严重不足，饿殍遍野。民以食为天，老百姓的饮食问题得不到解决，整个社会便动荡不安。与此同时，气候的变冷变干，同样导致本来就地处干旱、半干旱地区的游牧民族面临着草枯畜死的威胁，这迫使他们不得不南下寻找新的宜牧地区。中原地区又同时遭受来自北方铁骑的猛烈冲击。于是，大量中原人民为了活命，不得不背井离乡逃往南方。中原人民给长江中游地区带来了大量的劳动力，带来先进的生产技术以及不同风格的饮食文化，从而使江南的经济、文化因增加了新的活力而飞速发展。在每一个寒冷期到来一段时期或寒冷达到极致之后，往往是北方经济凋敝，南方热火朝天地开发。因而，在西周之后是楚文化的繁荣；在三国两晋之后是江南的开发；北宋之后是长江中游地区的进步；明清时期更实现了“湖广熟、天下足”，反映出了两湖作为国家重要粮仓的地位。当气候转暖，雨水增加之后，中原地区农业复苏，经济发展，长江中游地区则常常表现为较长时间的相对平稳。

二、土壤植被的历史变迁

1. 土壤的变迁

土壤是地球表面具有肥力、能生长植物的疏松表层，是农林牧业生产的基本条件之一。对土壤进行分类，就是按肥力大小给各种土壤定等级。在秦汉以前就产生了许多关于土壤的著作，如《尚书·禹贡》一书中即将当时天下分为九州，又将九州的土壤按颜色和性质分为九种，并据土壤肥力分为三等九级。再依肥力等级安排农作物生产。这种土壤分类是世界土壤科学史上的创举。

表1-1 《禹贡》九州土壤分类及等级划分

九州名称	土壤种类	土地肥力等级	今人考证土类
雍州	黄壤	上上（一等）	淡栗钙土
徐州	赤埴坟	上中（二等）	棕壤
青州	白坟	上下（三等）	灰壤，次生盐渍土
豫州	壤、坟垆	中上（四等）	石灰性冲积土
冀州	白壤	中中（五等）	盐渍土
兖州	黑坟	中下（六等）	灰棕壤
梁州	青黎	下上（七等）	无石灰性冲积土（成都平原）
荆州	涂泥	下中（八等）	湿土
扬州	涂泥	下下（九等）	湿土

当时的荆州包括今荆山与五岭之间的湖北、湖南大部分地区。土壤为涂泥，肥力“下中”，为九州土壤肥力的第八级。《禹贡》：“淮、海惟扬州。”淮，指淮水，海，指东海。今江西省大部分和鄂东地区属扬州。其土壤含水分很多，属黏性，犹如泥淖之地。肥力“下下”，列为第九等。按《禹贡》的划分，湖北北部部分地区属豫州，高地土壤柔和而不板结；低地为坟起的垆土；肥力“中上”列为第四等。荆州、扬州的土质属于第八等、第九等的“涂泥”湿土，为肥力低下的劣等土壤。这当是因当时的排水与灌溉技术不发达，先民尚无法有效地利用这种土壤。随着时代的进步，生产力的不断提高，远古时期被人们视为最差的泥土，经过两三千年的水稻种植，已演变培养成为今天肥力最高的水稻土。①

① 辛树帜：《禹贡新解》，农业出版社，1964年，第129页。

2. 植被的变迁

第四纪最末一次冰期以后，距今约六七千年，长江中游地区的天然植被，大致属亚热带森林地带。根据对江西南昌洗药湖泥炭的分析，反映了该地区在八千多年前有亚热带森林植被分布。[①]正如后来《禹贡》记载的扬州“厥草惟夭（盛），厥木维乔（高）”。通过对京山屈家岭等地出土的稻谷、稻壳、菱等研究结果表明，该地古代沼泽植被广布。[②]在桐柏、大别等山地，古代也有大量森林分布。这些山地以南，包括长江中游平原及江南的山地丘陵，气候暖湿，在古代森林更为繁茂。这可从江西修水县跑马岭遗址出土的四千多年前的木炭碳14测定得到证明。此外，《史记·货殖列传》记载这个地区“多竹木”，《汉书·地理志》也记录了这里“山林之饶”，都说明了古代植被发育良好。唐代诗人李谅在《舟过浯溪怀古》中写道：“湘江永州路，水碧山崒（zú，山高而险）兀。”可见直到9世纪，山林基本保持着原始面貌。

在历史发展过程中，由于自然条件的变化，特别是由于人类活动的影响，植被的总趋势是栽培植被的不断扩展和天然植被的逐渐缩减。从中，可以看到人们对天然食物依赖性的降低，以及人工培养食物在人们食物结构中的比例扩大。湖南酃（líng）县、茶陵、衡南等一线以北的湘江中下游地区，古代的天然植被以亚热带森林为多。湖南这一地区的开发与天然植被的变迁比湖北的江汉平原等地迟缓，但又比湘西、湘南，以及湘鄂赣山地、丘陵地区迅速，因此具有较强的代表性。有关本区采伐和耕作的记载可上溯到秦汉，例如《史记·货殖列传》载：“江南出楠、梓、姜、桂”，并且“饭稻羹鱼。”《汉书·地理志》载：“楚有江汉川泽山林之饶；江南地广，或火耕火耨。民食鱼稻，以渔猎山伐为业，果蓏（luǒ）蠃（luǒ）蛤，食物常足。”晋初永嘉之乱，北人南迁长江中游地区，遂使垦殖采伐有所增加。唐

---

① 王开发：《南昌西山洗药湖泥炭的孢粉分析》，《植物学报》第16卷，1974年第1期，第83~93页。

② 丁颖：《汉江平原新石器时代红烧土中的稻谷壳考查》，《考古学报》，1959年第4期。

代潭州和衡州的贡赋有葛布、丝布、大麻、纻、丝等，[①]说明此二州当时桑麻遍地。该区山地丘陵多，《茶经·下》提及："茶陵者，所谓陵谷，生茶茗焉。"而宋"潭州土贡茶末一百斤"[②]。说明唐宋之间，茶园已在山区普遍出现。长江中游地区天然植被发生较大规模的变化是始于靖康之乱之后。这一时期因北人大量南迁，促使本区人口增加，生产发展。在12世纪末，道经湘江中下游者，目击沿岸丘陵已是"荒凉相属"，与唐代大相径庭。长江中游地区天然植被发生根本的改变则是在明清以后，由于人口的剧增，过度的垦殖，以及玉米、甘薯等作物的大量引种，使许多地区的植被面目全非。例如过去森林茂密的攸县，到19世纪初期，残存的森林已不到该县山地面积的十之二三，其余多为茶桐、玉米所代替了。[③]清代中叶，不少地方已经牛山濯濯，出现了木料和燃料都很缺乏的现象。[④]

三、水系的变迁

长江是我国第一大河，古时称"江"，东晋以后才有"大江"和"长江"之称。长江发源于唐古拉山脉主峰格拉丹东雪山西南侧，全长6300余公里，自宜昌至江西湖口称为中游。自古以来，长江航运就是我国发展经济的动脉和纽带。早在秦始皇时，在监禄的主持下，在长江支流湘江的上游与珠江支流漓水之间"凿渠运粮"[⑤]，渠即灵渠。至唐时，有诗人杜牧在《上李太尉论江贼书》中写道："长江五千里，来往百万人"。宋以后，长江沿线商业都会不断涌现，汉口、汉阳"五方杂处，商贾辐辏"[⑥]。长江自宜昌以下，进入了中游平原地区之后，江汉、洞庭地区以及九江、鄱阳湖地区的地势平坦开阔，水系变化频繁、复杂，现以几

① 李吉甫：《元和郡县图志》卷二九，台湾商务印书馆，1986年。
② 王存主编：《元丰九域志》卷六，中华书局，1984年。
③ 湖南省攸县地方志编纂委员会：同治《攸县志》卷五四，中国文史出版社，1984年。
④ 吴兆熙：《善化县志》卷二三，岳麓书社，2011年。
⑤ 司马迁：《史记·平津侯主父偃列传》，中华书局，1982年。
⑥ 陈梦雷：《古今图书集成·职方典》卷一一三〇《汉阳府部·风俗考》，中国戏剧出版社，2008年。

处变化较大的地区加以论述。

1. 云梦泽洲的演变

云梦泽是由于长江和汉水的泥沙在湖盆大量沉积，逐渐形成的江汉内陆三角洲。从西汉起，长江、汉水的泥沙不断淤积，使荆江和汉水两个内陆三角洲连成一片，并得到开垦。东汉时，泽区日益淤浅，形成以沼泽为主的平原地区。魏晋南北朝时期，云梦泽的面积进一步缩小，其主体向东南推移至云杜（今湖北京山）、惠怀（今湖北仙桃西）、监利以东，伸展到长江之滨了。先秦时代方九百里的云梦泽，至魏晋南朝时期，仅余三四百里的范围。至唐宋，江汉内陆三角洲越来越扩展，云梦泽洲日益浅平，主体部分大多淤填为平地。成片的云梦泽已不复存在，取而代之的是星罗棋布的小湖群。现在江汉平原上的两百多个浅水湖，就是古云梦泽长期以来被分割、淤塞而残留下来的遗迹，其中最大的湖泊是洪湖，它是在清代太白湖淤塞过程中逐渐形成的。

2. 洞庭湖的演变

洞庭湖位于湖南省北部，长江中游下荆江的南岸，洪水期面积2820平方公里，是中国当今的第二大淡水湖泊。它接纳湖南的湘、资、沅、澧四水和长江的松滋、太平、藕池、调弦四口（调弦口已于1958年冬堵塞）分流，由岳阳城陵矶泄入长江。在漫长的地质历史时期，它经历了一个由小变大，又由大变小的过程。

洞庭湖地区从第四纪以来不断下沉，从而逐渐形成了洞庭湖。自新石器时代以来，随着湖盆地区缓慢下沉，平原景观开始向沼泽化方向发展，不宜人类居住和从事生产活动。因此，湖区之内虽有人类频繁活动的痕迹，但直至秦汉时代却始终未能在此基础上设立郡县。三国至南北朝时期，洞庭湖平原继续下沉，随着荆江内陆三角洲的扩展和荆江江陵段金堤的修筑，长江水冲向荆江南岸进入凹陷下沉的洞庭平原，至此，终于使洞庭湖得以扩展为一个汪洋浩瀚的巨泽。北魏郦道元《水经注》说："洞庭湖湖水广圆五百余里，日月若出没于其中。"南朝宋盛弘之的《荆州记》也描述道："巴陵南有青草湖，周回数百里。"唐至清代前期，是洞庭湖的全盛时期，湖面扩展到今华容、岳阳、沅江和常德之间。唐、宋时期已开始用“八百里洞庭”一词形容湖区水域宽广浩荡。到清道光年间，洞庭湖面积达到6300平方公里。清代后期，洞庭湖日趋萎缩，在湖盆内先后出现了南县、白蚌、草尾和北大市等高洲。从20世纪初始，沙洲不断出现，水体向低洼处转移，人工堤垸迅速增筑，洞庭湖被明显地分为东、西、南三个部分。1937年，湖面减少到4700平方公里。新中国成立后，湖面又渐缩小，而且被分割成十几个大小不等的湖泊。

3. 鄱阳湖的演变

鄱阳湖位于江西省北部，近年来洪水期面积达3583平方公里，是中国当今最大的淡水湖泊。它是长江流域的一个重要集水盆地，自西向东接纳了修水、赣江、抚河、信江和鄱江等水，由湖口注入长江。

鄱阳湖从古到今都在长江以南。但在更新世后期，由于长江主泓南移到目前的长江河道上，因此在江北遗留下一系列遗弃的古长江河道。该地区处在下扬子准地槽新构造掀斜下陷带，特别是全新世以来，掀斜下陷更为显著，长江遗弃河道随之扩展成湖，并与九江盆地南缘宽阔的长江水面相合并，形成一个大湖泊，这便是《禹贡》所记载的彭蠡泽。后湖面日渐萎缩，在班固著《汉书》时，《禹贡》彭蠡泽已面目全非，无可指认。班固便把位于江南的鄱阳湖（新彭蠡泽）误认为是位于江北的古彭蠡泽，并为后人接受。南北朝时新彭蠡泽已越过婴子口，在都昌一带形成开阔水域。隋炀帝时已接近鄱阳山，于是始有鄱阳湖之名。唐代鄱阳湖面积进一步扩大，周围已达二百余公里，大约相当今鄱阳湖范围的二分之一。[①] 到北宋时湖面已与现在鄱阳湖大小相当了。[②] 明、清时，鄱阳湖区持续沉降，湖面向西南方扩展。但自清代后期起，鄱阳湖由扩大转向萎缩。据实测，

---

① 中国科学院《中国自然地理·历史自然地理》编辑委员会：《中国自然地理·历史自然地理》，科学出版社，1982年，第130页。

② 谭其骧、张修桂：《鄱阳湖演变的历史过程》，《复旦学报》，1982年第2期。

1954年鄱阳湖的洪水面尚有5050平方公里，到1976年又减至3841平方公里，到1988年，只剩下3583平方公里。长江中游的云梦泽、洞庭湖和鄱阳湖及其周边地区逐渐形成了长江流域湖北、湖南、江西三省的政治、经济、文化中心，也是饮食文化相对发达的地区。

四、自然地理的特征

1. 温暖湿润的亚热带季风气候

长江中游地区在北纬30° 上，处于副热带高压带控制范围内，但在强大的东亚季风环流影响下，形成了特殊的大气环流系统，具有温暖湿润、四季分明的亚热带季风气候特点。

春季，南方暖湿气流与北方冷干气流在此交替频繁，使得该地区天气变化剧烈，冷暖无常。同时带来丰沛的降水，但有时也会引起冰雹和大风等自然灾害。

夏季，随着北太平洋副热带高压的加强、西移和蒙古高压的减弱、北缩，6月上中旬到7月上中旬暖湿的南方海洋气团与冷干的北方大陆气团在长江中游上空交会，并在此相对稳定，形成降水特别集中的时期，此时正是梅子成熟的季节，故称“梅雨”。梅雨期间的天气，具有雨日多、雨量大、湿度大、日照少、升温缓慢、地面风力弱等特点。7月上中旬后，太平洋高压进一步北移，长江中游进入副热带高压控制下的干燥晴热的盛夏时期。

秋季，是夏季风向冬季风的过渡季节，9月到10月间，我国低空气流变化急速，由于蒙古冷高压势力增大，冷高压楔已伸至长江中游地区，冬季风基本形成。本地区气温下降快，当冷空气进入时，也可形成短期降水过程；鄂西、湘西则秋雨连绵。

冬季，本地区正处于寒潮和冷空气南下扩散的路径之中，往往引起大范围剧烈降温和冷风。本地区经常处在干冷气流的控制之下，是全年气温最低和降水量最少的季节。

本地区的热量资源丰富，光能充足，无霜期长，活动积温高，为农业生产提供了良好的条件。长江中游的大部分地区处于中亚热带，只有湖北部分地区处于北亚热带。年降水丰沛，比华北地区多1~2倍，大部分地区在800~1600毫米之间，气候湿润，是我国主要水田农业之一。

2. 水量丰富的江河湖泊

长江中游包括宜昌至湖口河段，宜昌以上长江上游段有岷江、沱江、嘉陵江、乌江等河流汇入。长江中游段河道迂回曲折，其间接纳了洞庭湖水系的湘、资、沅、澧诸河，鄱阳湖水系的修、赣、抚、信诸河，以及发源于陕南、豫西南和鄂西北的汉江水系。长江的水量在中游增多较快，径流（在水文循环过程中，沿流域的不同路径向河流、湖泊、沼泽和海洋汇集的水流。）普遍较丰沛，但在不同的时间段上流量大小不均匀。由于本地区河流水量以雨水补给为主，因此径流的季节差异主要取决于降水的季节分配，而后者又明显地受季风影响。在夏季，江河水位比较稳定，水量充沛。

长江中游地区是中国湖泊最为集中分布的地区之一，星罗棋布，它们不仅是重要的淡水资源和水产养殖基地，也是巨大的天然水库，对调蓄长江洪水有重要作用。湖泊主要包括江汉平原湖区、洞庭湖平原湖区和鄱阳湖湖区。江汉平原湖区在新中国成立初期有大小湖泊共1066个，其中较大的有洪湖、梁子湖、斧头湖、长湖等，前两个湖泊面积均在200平方公里以上。这些湖泊湖底浅平，水质良好，饵料充足，水产资源丰富。然而，由于多年来自然淤积和人工围垦，湖泊数逐渐减少。

3. 过渡性的亚热带植被与土壤

长江中游地区的自然植被在分布上呈现明显的南北过渡性。在长江以北的凉亚热带地区为常绿、落叶阔叶混交林。但在鄂北是为地带性的植被类型分布于岗地、丘陵及山地垂直带的基带内，而在其他地区大多作为山地垂直带谱（指山地自下而上按一定顺序排列形成的垂直自然带条列）的组成部分。典型常绿阔叶林则广布于长江以南的暖亚热带地区。本区的针叶林主要有马尾松林和杉木林，均属于暖性常绿针叶林。竹林分布最广泛的是毛竹。本区经济植物和果木非常丰富。在北部凉亚热带地区，茶、油桐、油茶、柑橘等有一定分布，暖温带的落叶果树如苹果、梨、桃、杏、板栗等在许多地方也可栽培。在南部的暖亚热带地区，木本油料植物油茶、油桐及乌桕等分布广泛。茶叶是本区的特产之一，果木中以红橘和甜橙最为著名。

长江中游地区地带性土壤为黄棕壤和红、黄壤。黄棕壤是北部凉亚热带的地带性土壤，集中分布在湖北省的长江沿岸。长江以南的低山丘陵区，包括江西、湖南两省的大部分，为红壤分布区域。湘西、赣北一带，为红壤向黄壤或向黄棕壤的过渡土壤类型——黄红壤。在长江中游平原区还广泛分布着水稻土。此外，本区还分布着一定面积的石灰性土。

4. 自然生态环境对人们饮食的影响

长江中游地区地形以丘陵低山、平原为主，境内河网交织，湖泊密布，是全国淡水湖泊最集中的地区之一。又地处亚热带，有着雨热同季、光照协调的气候资源。它四季分明，气候温暖湿润，热量、雨量充沛，无霜期长，适宜于农林牧副渔各业的全面发展，是著名的鱼米之乡。粮食生产特别是稻谷生产在全国居于重要地位。淡水产品极为丰富，主要经济鱼类有青、草、鲢、鳙、鲤、鲫、鳊（biān）、鮰、鳡、鳜、鳗、鳝等，还富产甲鱼、乌龟、泥鳅、虾、蟹、蚶等小水产，许多质优味美的鱼类如长吻鮠、团头鲂、鳜鱼等闻名全国，在两千年前的汉代就有“饭稻羹鱼”之称。此外，还有猪、鸡、鸭、野鸭、莲藕、板栗、紫菜苔、桂花、猴头菇、香菇、猕猴桃等众多量多质优的动植物原料。山区盛产竹笋、蕈、蕨等山珍野味。

长江中游地区空气潮湿，气候往往导致人体风寒温热内蕴，抒发不畅。因此本地区的食品以辣见长。在古代，本地区的先民在食物中加入姜、蒜、胡椒等辛辣调味品，以达到提热、祛湿、驱风、增进食欲之功效。明末清初，辣椒传入并被食用后，更是满足了人们的需求。嘉庆《龙山县志》载："五味喜辛，不离辣子，盖丛岩邃谷，水泉冷冽，岚雾熏蒸，非辛不足以温胃脾。"在潮湿闷热的环境下，酸味可以大开食欲，与辣味结合在一起，既可减轻辣味的直接刺激而更加适口，又有助于散发体内的风寒湿热。这个地区的人还嗜苦味，在春秋战国时期就用豆豉来调苦味，豆豉驱寒解表，健脾养心。

长江中游地区空气湿度大，一般食物如果不及时加工处理，则容易发霉变质。在古代，人们为了保存宰杀的禽畜作为长期的食物，最普遍的加工方法就是将其用盐或酒糟等腌制加工，较长时间保留在腌制器皿中的动物性原料将会逐渐发酵变酸而成为酸肉、酸鱼之类；稍微腌制后便取出让其自然风干的则成为风鸡、风鱼等；再进一步经烟熏而成的就是腊制品，腌腊风味成为本地区的食品特色。

第二节　行政建制沿革与人口变迁

一、行政建制沿革

行政区划发端于原始社会末期，那时以血缘关系为纽带的氏族部落集团开始由地域性的部落联盟缓慢地向国家政区组织形式转化。在古代传说中，黄帝时代就有"画野分州"、建制万国的记载。[①]长江中游地区的鄂、湘、赣大致属荆、扬、豫三州，主体部分在荆州。按《禹贡》所分，湖南全省、湖北大部及江西西部属荆州，湖北北部属豫州，江西东部属扬州。西周以前，长江中游地区与中原地区相比显得较落后。新石器时代江汉地区的土著是三苗，后来楚人祖先祝融部落集团从河南沿鄂西北进入湖北。商代，殷人称分布在其南境的祝融诸部为

① 班固：《汉书·地理志》，中华书局，1962年。

荆。西周早期楚国始封，《史记·孔子世家》记载："楚之祖封于周，号为子男五十里。"周王封给熊绎的是一块蛮荒的弹丸之地。到楚国鼎盛时期，包括鄂、湘、赣长江中游在内的大半个中国俱在楚国版图之内。《史记·货殖列传》中讲楚分西、东、南三楚：**"自淮北沛**（今江苏北境）、**陈**（河南陈州）、**汝南、南郡，此西楚也**（大致从沛郡西至荆州）。**""彭城以东，东海、吴**（苏州）、**广陵**（扬州），**此东楚也**（大致从徐州、东海、历扬州至苏州）。**""衡山**（湖北东境至安徽六安）、**九江**（安徽蚌埠、凤阳等市县）、**江南**（安徽宣州）、**豫章**（江西）、**长沙，是南楚也"**。

秦代湖北境内除置南郡外，余地分属衡山郡、南阳郡、汉中郡、黔中郡；湖南置长沙郡和黔中郡；江西境内无郡治，大部分地方隶属于九江郡，东北端可能属会稽郡，西部边沿可能属长沙郡。西汉晋代湖北、湖南主要属荆州；江西主要属扬州。元代湖北、湖南主要属湖广行省、四川行省、河南江北行省；江西主要属江西行省、江浙行省。明代湖北、湖南属湖广布政使司；江西属江西布政使司。清代湖北属湖北布政使司；湖南属湖南布政使司；江西属江西布政使司；当今形成湖北、湖南、江西三省格局。

长江中游地区除了春秋战国时期曾属楚国领地，处于同一个政治中心政权的统辖外，其他各时期并未完全从属于一个行政机构，也就是说尚未形成管辖全地区的政治中心。但我们也注意到本地区湘鄂赣各地自先秦时期始即同受楚文化的熏陶后，并在一个共同的地理大区内互为邻里，由于它们类似的地理环境，气候物产，因此有割不断的亲缘关系，并形成相对的、涵盖本地区全境的政治、经济、文化中心。特别是在春秋战国、汉、晋、唐、明等朝代均形成了涵盖长江中游大部分地区的政治中心。本区政治中心迁移的基本趋向是从鄂西北的南漳、宜城、襄樊地区往南推进到位于荆江河曲的江陵地区和位于洞庭湖平原的长沙、常德地区，然后向东南转移到位于赣北鄱阳湖一带的南昌、九江地区，最后向西北折迁到长江、汉水交汇的武汉地区。至清康熙二年（公元1663年），分湖广为湖北、湖南二省。从行政区域上讲，湘、鄂、赣三省已完成分立且一直保持相对稳定的地理区域，并分别以长沙、武汉、南昌为各自的政治中心。

综上所述，长江中游地区先后出现过五个大的政治中心，它们分别是南漳、宜城、襄樊地区；江陵地区；常德、长沙地区；南昌、九江地区；黄冈、鄂州武汉地区（均用现代地名）。这几个地区除了常作为鄂、湘、赣各分区的政治中心外，都曾作过长江中游地区主体部分的政治中心，其演变过程大致如下：

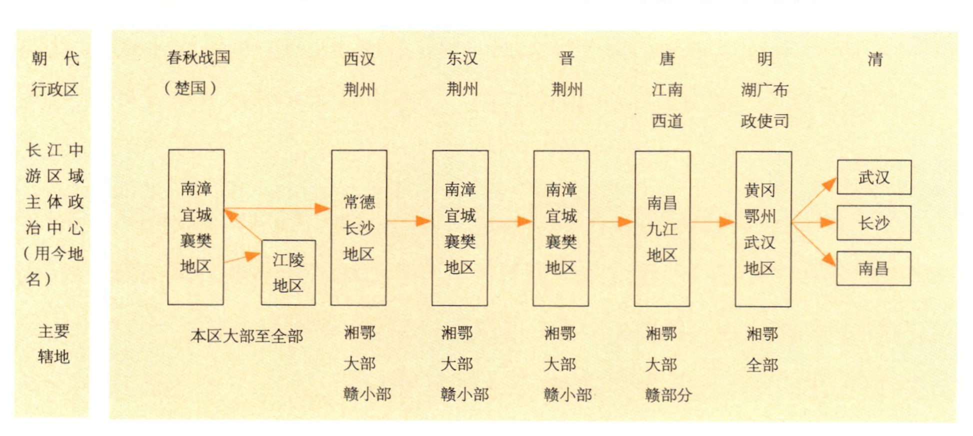

在中国历史上，大到一国，小到一地，其政治中心往往与经济中心、文化中心之间密切相连。从前文所述政治中心的迁移可大体看出长江中游地区的开发历程，以及各地在不同时期的基本经济状况。楚人祖先从河南进入长江中游地区的鄂西北后，“辟在荆山，筚路蓝缕，以启山林”，使南漳、宜城一带得到较早的开发，故最早成为楚国在长江中游地区设立的政治中心——楚丹阳。随着楚文化的南渐，对南方“蛮夷之地”的开发，使得政治中心南移已成必然之势。

包含饮食文化在内的文化中心的迁移与形成，主要受经济与政治中心迁移的影响。其中经济因素是制约文化发展最基本的、稳定的因素。

二、人口的变迁

1. 人口的变化

长江中游是我国古文明重要的发源地之一，鄂、湘、赣各地都留有先民的足迹。今湖北省境内，有旧石器时代活动于鄂西的长阳人，有新石器时代兴起于鄂中地区的屈家岭（京山县）文化。湖南省境内有很多原始社会人类活动的遗址，在湘南的桂阳、湘西的吉首、湘北的澧县等地均有发现，属于新石器时代的就有一百余处。江西省境内的史前文化遗址，有乐平县涌山岩遗址和安义县龙津镇的樟灵岗、凤凰山、上徐村北等遗址。新石器时代的遗址有万年县仙人洞文化遗址和修水县山背文化遗址等五六十处。

进入奴隶社会，夏商时期长江中游有了进一步发展，特别是春秋战国时期，强盛的楚国已建立起包括鄂、湘、赣三省在内的庞大国家。湖北的襄樊至江陵一线已得到较大的发展。长沙也已成为当时的一个重要城邑。自此时起，鄂、湘两省在数千年的历史长河中，直至清代一直以楚、荆、荆楚、荆湖、湖广等二者合一的名称出现。春秋战国时期，江西时而属楚，时而属吴、越，时而分属楚、吴、越，历史上称江西之地是“吴头楚尾”，或说“南楚之地”。这些地方的变迁与兴衰，直接影响着该地区人口结构与数量的变化。

笔者据相关资料[①]统计分析，长江中游地区各时期人口变化情况有如下特点：

第一，长江中游地区历代人口的升降从总的趋势上讲，从西汉末至东汉中后期升；东汉中后期至西晋为降；东晋至元代一路攀升，特别是宋末至元代，人口上升迅速；元代至清初一直下滑，特别是明末清初下降较快；清初至清末急剧上升；清末民初又经曲折；新中国成立后又急剧上升。

第二，历代长江中游地区人口在全国总人口中所占比例，从总趋势上看，从西汉至西晋一直上升，此后开始下降，隋唐处于低谷，唐以后一直快速高涨，至

① 在统计长江中游地区各省历史上户口数时，各郡县户口数划入何省主要依据：梁方仲编著：《中国历代户口、田地、田赋统计》，上海人民出版社，1980年；并参阅了胡焕庸、张善余著：《中国人口地理》下册，华东师范大学出版社，1986年；谭其骧主编：《中国历史地图集》（1~8册），地图出版社，1985年；汪受宽编著：《读史基础手册》，吉林文史出版社，1990年；潘新藻著：《湖北省建制沿革》，湖北人民出版社，1987年；《湖广通志》卷三“沿革志”；《湖南省志》第二卷“地理志”修订本上册，1982年；许怀林著：《江西史稿》，江西高校出版社，1993年；中华人民共和国民政部编：《中华人民共和国县级以上行政区划沿革》，测绘出版社，1987年。

元代达到顶点，然后又直线下降，至清初停止下滑，开始上扬，清中叶稳定在较高比例上，然后下降。

2. 民族构成

据1982年的统计，鄂湘赣地区的居民以汉族为主，高达95%以上，少数民族有苗族、土家族、瑶族、侗族、畲族、维吾尔族、回族等40多个。具体来说，至1982年，湖北省共有43个民族，其中汉族的比重为96.28%，土家族为3.11%，少数民族绝大部分都分布在恩施地区。湖南省已识别的民族共有39个，其中汉族占95.94%，苗族占全省少数民族总人口的34.7%，土家族占34.0%，瑶族占14.5%，侗族占12.5%。江西省共有39个民族，其中汉族占99.93%，比重之大居全国首位，少数民族仅占总人口的0.07%，人口较多的回族和畲族也不超过8000人。①

第三节 饮食文化发展阶段的划分及其特点

长江中游地区饮食文化历史悠久，其发端于石器时代，经楚人的开拓，经历了秦汉至南北朝的积累期，隋唐宋元的成长期，至明清已成熟定型。20世纪以来，进入了繁荣转型期。②

一、饮食文化的萌芽期

长江中游地区是中国古代人类的发祥地之一。根据考古发现，距今约100万—50万年就有古人类在这里生活。那时的猿人已能使用简单的石制工具进行狩猎或采集，过着“食草木之实，鸟兽之肉”的生活，并开始了由生食向熟食的过

① 胡焕庸、张善余:《中国人口地理》下册，华东师范大学出版社，1986年，第183页。
② 赵荣光、谢定源:《饮食文化概论》，中国轻工业出版社，2000年，第69~76页。

渡。10万年前，湖北长阳下种家湾龙洞中有“早期智人”在这里生活，他们学会了人工取火和用火，并掌握了烤、炙、炮、石烘的制食方法。至新石器时代，这里出现了大溪文化、屈家岭文化、青龙泉文化和印纹陶文化。人们学会了种植粮食、饲养畜禽，能制作并使用陶制炊具蒸、煨、煮制食物。

二、饮食文化的开拓期

夏商周时期，长江中游地区饮食文化迅速发展，随着楚国的强盛，楚文化凸显出夺目的光彩。楚人之先祖祝融集团处于三苗与中原夏人之间，长期挣扎在强邻的胁迫之中。周成王时，楚人在荆山立国。楚人发扬“筚路蓝缕”的艰苦创业精神，兼采华夏文化和蛮夷文化之长，发奋图强，终于将楚从方圆不过百里的蕞（zuì）尔小邦，发展成威震江南、雄兵百万、方圆五千里的煊赫大国。公元前505年至前278年为楚国的鼎盛期，楚人创造了光芒四射的楚文化。除了农业、商业、城市建设有突出成就外，它的青铜冶铸工艺、髹（xiū）漆工艺及美术、乐舞等均有较高造诣。这些文化艺术都从不同角度滋养着楚国的饮食文化。形成了自古以来，楚人追求美食，注重饮食质量，烹调意识强烈，具有较强的烹饪技术的多种优势，有些烹调技术还上升到理论的高度，对烹饪实践起到了促进作用。关于菜肴口味的标准，《楚辞·招魂》中就做了总结：“食多方些”“辛甘行些”“臑若芳些”“厉而不爽些”等。此时的楚国经济昌盛，文赋纷华，饮食文化迅速发展，并形成了独特的风格特点。那个时候，一些哲人就把厨艺与政治哲学相类比，楚人老子用“烹小鲜”来比喻“治大国”；庄子的《庖丁为文惠王解牛》，生动地描绘了庖丁精湛的技术旨在说明做任何事情都要顺其自然，以此解析人在社会生活中的一些道理。

1. 粮果畜禽原料丰富

随着楚国农业的快速发展，食源空前充足。其主要粮食作物为稻、粟、稷、麦。公元前611年“楚大饥”，位于楚西方的几个国家乘机攻楚，楚尚能从粮仓里拿出粮食以供军需，可见粮食储存之丰。《战国策·楚策》记苏秦游说楚威王，言楚“粟支十年”。《楚辞·大招》中记载了楚地众多的蔬菜瓜果及畜兽禽鸟、水产品种，反映出当时食物品种十分丰富。

2. 发达的青铜食器和先进的烹调技术

楚国的青铜器大体可分为饪食器、酒器，盥（guàn）、水器，乐器及其他四大类。饪食器有镬、鼎、鬲（lì）、甗（yǎn）、簋（guǐ）、敦、豆、俎（zǔ）、盏、匕等。其中，1987年湖北随县（今随州市）曾侯乙墓出土的一个青铜炉盘，高21.2厘米，分上下两层。出土时上盘有鱼骨，经鉴定为鲫鱼，盘边有烟熏火烤痕迹，据考证，当为煎、炒食物的炊具。也就是说，楚国除沿用烧、烤、煮、蒸等直接用火制作以及水煮、汽蒸等烹调方法之外，还出现了煎、炒类油烹方法。由单纯用水及水蒸气为介质烹调发展到用油烹调，这是烹调史上的一次飞跃。

3. 精美的漆制食器

楚国漆器的种类相当丰富，按用途可分为生活用具、娱乐用具、工艺品、丧葬用品和兵器等。饮食用器有几、案、俎、笥（sì）、盒、匣、豆、樽、壶、钫、耳杯、盘、匕等。楚漆器造型精巧，纹饰优美，无论数量还是质量，都堪称列国之冠，并大量输往各诸侯国，被各诸侯、王公贵族使用和收藏。

4. 菜品制作已十分讲究

随着国家的强盛和经济的繁荣，楚国的物产不断丰富。家养自种的畜禽五谷、渔猎捕捉的山珍野味均进入了人们的“餐桌”。由于烹饪器具的改进，人们可以采用锋利的刀将原料切割得精细、均匀；咸、甜、酸、辛香等调料的广泛采用，可使菜肴风味增强；厨师可以用煎、炒、蒸、煮、焖、烧、烤等多种烹调方法，把肴馔做得丰富多彩。那时，人们的饮食已有主食、副食之分，饭、菜、汤、点之别。筵席上也开始讲究口味与菜点的搭配、作料的协调使用，以及上菜顺序的衔接。

5. 具有鲜明楚乡情韵的饮食风俗

楚人立于东西南北之中，介乎华夏与蛮夷之间，在其开疆拓土的扩张过程中，既顽强地保持了浪漫的情调和淳朴气息的传统，又广泛吸收了周边各民族的文化菁华，形成了色彩斑斓的民情风俗。楚人的饮食场所及设施都有着自己的风格，房屋追求高广，而室内摆设却是低矮的。楚墓出土的几、案均为矮腿，符合当时席地而坐的习惯。楚人尚左、尚东、尚赤，至今鄂菜的菜品中红色的菜肴占相当比例。

楚人有独特的饮食嗜好，喜欢芳香饮料，尤爱饮酒，爱吃鱼和稻米饭、菰米饭。那时等级森严，不同等级的人能否吃肉，能吃多少种肉，吃什么样的肉都是有规定的，而鱼则是上至君侯，下至百姓均可食用的肉类食物。楚人的饮食讲究“五味调和”，酸甜苦咸辛俱全。

三、饮食文化的积累期

秦汉魏晋南北朝时期，长江中游地区的饮食文化经过约八百年的积累，已彰显出浓厚的文化底蕴，主要呈现出以下几个主要特点：

1. “饭稻羹鱼”特色形成

楚文化发源地，在经历了几个世纪的积累、开发之后呈现出一派生机。自东汉末开始，历经魏晋至南北朝，中国的气候转入了近五千年来的第二个寒冷期。北方气候恶劣，战乱频繁，民不聊生，致使大量人口南迁，为长江流域的开发注入了“新鲜血液”。长江中游水田广布，稻谷成为人们的主粮。又因河湖密布，鱼鲜产品得自天然，既多且贱，所以鱼虾成为人们的重要副食品，长期以来鱼米丰足，逐渐形成“饭稻羹鱼”的饮食文化特色。

2. 食物加工器具与灶具的改进

汉代以前，中国的粮食加工大体经历了巨石碾盘、臼杵两个历史阶段；汉代以后，旋转磨的广泛使用，使面粉、米粉制品和豆制品大量进入了百姓的餐桌。炼铁技术的进步，铁制刀具的使用，给屠宰和烹调切割提供了锋利的工具。铁釜和铁镬能耐高温，给煮炖和爆炒食物提供了更有利的器具。多火眼灶的使用，既节省了能源和烹调时间，又可一灶多用，使用方便。烟囱的改进，可以提高灶的火力和温度，为提高烹调速度和菜肴质量创造了条件。工具的改进，促进了烹饪技艺的进步，使煎、炸等油烹法得到普及，也使菜肴向精细美观、质感多样、味感丰富的方向发展。

3. 食物种类繁多，形成一批荆楚名肴

从湖南长沙马王堆汉墓中发掘出了一大批食品实物和记载着食物名称的10个木牌，汇总起来相当于现在的食单或菜谱。1972年春天首次发掘的马王堆汉墓出土的食物种类极多，其中“食简”就记有150种。墓中48个竹笥中就有30个盛有食品。此外，在湖北云梦睡虎地秦墓、江陵凤凰山汉墓中也出土了大量记载食物名称的简牍和食品实物。

荆楚菜品在当时享有很高的声誉。《淮南子》有“煎熬焚炙，调齐和之适，以穷荆、吴甘酸之变”的赞美。西汉时枚乘《七发》赞美楚食馔为“天下之至美”。

“武昌鱼”“槎（chá）头鳊”“镂鸡子”等名食脱颖而出。三国时，吴国曾两次迁都武昌（今鄂州），有民谣“宁饮建业水，不食武昌鱼”，是说建业的百姓眷恋家乡，不愿迁都去武昌，宁可就喝家乡的水，也不去吃武昌的美食——鱼。这则民谣从侧面反映出“武昌鱼”在当时有较高的知名度。南北朝时鄂西北襄阳所产的槎头鳊曾作为贡品送往建康，因负责办此事的官员是雍州刺史（镇襄阳）张敬儿，后来有人给襄阳岘山鳊鱼加了个“槎头刺史”的官衔。晋代江陵还出现了经过雕刻美化了的鸡蛋“镂鸡子”，揭开了我国食品雕刻艺术新的一页。

4. 荆楚饮食风尚已初步形成

梁朝宗懔（lǐn）所著《荆楚岁时记》全面地反映了当时长江中游地区人们岁时节令的饮食风貌。其中还提到了食疗食养观念在这一时期已经形成。

四、饮食文化的成长期

隋唐宋元时期，长江中游地区的饮食文化有了较大发展，并在诸多方面得以体现。

1. 饮茶之风流行与茶文化的形成

这一时期，长江中游地区饮茶之风盛行，种茶也作为不少人谋生的职业。复州竟陵（今湖北天门）人陆羽将儒、释、道三家文化精髓与饮茶融为一体，首创中国茶道精神，著就了堪称"茶学百科全书"的《茶经》，自此确立了中国茶文化的基本格调和文化精神。

2. 士大夫阶层饮食文化的兴起

唐以前的菜肴多讲究肥厚，制作上也较粗放，直至唐代，士大夫的饮食生活仍有古风。到了文化高度繁荣的宋代，壮志难酬的有识之士越来越多，他们开始注重日常饮食与内心世界的协调。由于他们有一定的经济基础，有条件讲究吃喝而又有较高的文化修养和敏锐的审美感受，对精神生活有较高的追求，这势必会提高饮食生活的艺术性、文化品位和格调，令饮食格调清新雅致，具有浓厚的文化色彩。

隋唐宋元时期，本区文化名流辈出，唐初，王勃赴滕王举办的盛宴，兴奋之余赞江西"物华天宝，人杰地灵"。孟浩然、杜甫、陆羽、皮日休、王安石、欧阳修、文天祥、朱熹、曾巩、黄庭坚、周敦颐等均为本区籍人士，而张九龄、李白、杜牧、苏轼、柳宗元、范仲淹、陆九渊等众多名士或在此为官，或客居于此。特别是江西，学风很盛，既有博学多才的文坛大家，又有众多有志于学的普通文人，形成了一个人数可观的士大夫阶层。尤其是苏轼、黄庭坚、朱熹等人在饮食文化方面的影响，使士人饮食渐成独特风格。

3. 食品加工业的发展与饮食市场的形成

这一时期长江中游地区制糖业、酿酒业、制茶业等食品加工业发展较快。随着城市的兴起，餐饮市场也逐渐形成。

五、饮食文化的成熟期

明清时期的五百多年间，长江中游地区饮食文化进一步发展。

1. 粮食生产在全国居于举足轻重的地位

到了明末至清中叶，长江中游地区的粮食生产在全国所占的地位已经十分突出，“湖广熟，天下足”的谚语广为流传。

2. 甘薯、玉米等作物的引进对本地区的食物结构产生较大影响

甘薯、玉米及马铃薯的推广，打破了长江中游地区居民的传统食物结构。从总体上讲，除水稻仍占主导地位，鄂北部分地区仍以麦粮为主外，杂粮构成已发生了明显变化，即甘薯、玉米所占比重大增，传统杂粮比重下降。

3. 传统饮食风俗成形

长江中游地区传统饮食风俗在春秋战国时期既已萌生了具有地方特色的楚地食风，到了南北朝时期既已初具雏形，后经过一千多年的发展，至清末基本成形。

4. 饮食风味基本定型与食疗养生理论成熟

明末清初辣椒的引入，促使长江中游地区形成了以鲜、辣、酸为显著特点的饮食风味特征。长江流域的江西、湖南和四川数省民众都以嗜吃辣椒著称。人们

常不无戏谑地说江西人是“辣不怕”，湖南人是“怕不辣”。湖南甚至因为盛行吃辣椒的缘故，“湘妹子”也因此多了一个“辣妹子”的别称。辣椒的引进和传播，对长江中游地区饮食文化产生了深刻的影响。辣椒增强了湘菜、鄂菜、赣菜的表现力，特别是使湘菜更具个性，增加菜品的冲击力和霸气，为湘菜赋予了灵魂。

明代湖广（今湖北）蕲春人李时珍所著《本草纲目》是我国历史上的医药经典著作，书中对食物的食疗保健功能作了全面介绍，对本地区及我国食疗与饮食保健理论的发展起到了巨大的推动作用，使本地历史上早就有的食疗食养传统得到进一步发扬光大。

六、饮食文化的繁荣期

清末民国时期，由于战乱、人口的频繁流动、南下的北人增多等诸多因素，使长江中游地区的饮食文化呈现大融合、大发展的局面。随着饮食业的兴盛，长江中游地区中的风味流派迅速发展，名菜、名点、名酒、名茶、名师、名店、名筵席层出不穷，食俗发生嬗变。与此同时，本区湘菜也开始走向全国，自此，长江中游地区的饮食文化进入了繁荣时期。

1. 食物原料的交流与饮食结构的丰富

长江中游地区传统菜肴的结构是：植物类以蔬菜为主，动物类以猪肉、禽类、淡水鱼鲜类为大宗，其他种类菜肴所占比例极少。传统主食结构中以米制品占绝对优势，面制品较少。本地区菜点的这种构成在19世纪中叶以后发生了明显变化，出现这种变化的主要原因是本地区食物生产结构的调整和外来海产品、牛羊肉、果品和面粉的大量输入，而外来食品的输入则是引起本地区饮食结构变化的重要物质因素。

2. 餐饮业的迅速发展

人口的增加，商业的发达，使得长江中游地区的城镇数量不断增多，规模不断扩大，餐饮业随之发展和繁荣，出现了酒楼、饭馆、风味熟食小吃店、包席馆、西餐馆及茶馆等餐饮场所。

在经营特点上，民国初年的餐饮店已具备“中西大菜、南北筵席”的各色风味，这一时期成就了一批饮食名店，如老通城、五芳斋、小桃园煨汤馆、老会宾、冠生园、曲园、玉楼东、奇珍阁、裕湘阁、徐长兴、奇峰阁等。这些名餐馆的菜品制作精细，重视火功，讲究烹饪艺术，且服务热情周到，讲究文化情趣与环境卫生。

这一时期，长江中游地区的饮食风味各流派迅速发展，出现不少名菜、名点，以鱼虾等水产为原料的名肴众多成为该地区的一大特色。猪牛鸡鸭等畜禽名菜多色重味厚，经济实惠，呈现出鲜明的乡土特色。以米制食品为代表的面点小吃异彩纷呈，一批名酒名茶脱颖而出。

3. 繁华城市的奢靡之风盛行

清末民国时期，由于食物原料的充足及餐饮业的发达，长江中游地区的城市出现了过度消费的景况，特别是湖南长沙、湖北武汉等较繁华的城市，筵宴奢靡之风盛行。

七、饮食文化的变革期

新中国成立以来，长江中游地区的食品科技与饮食文化竞相发展，食品工业、餐饮业的发展日新月异。各地风味，各领风骚。人们的消费观念向着健康快乐的方向发展，饮食文化处在不断更新的变革期。

1. 少数民族饮食文化特色鲜明

长江中游湘鄂赣的少数民族，主要居住在多山的相对比较封闭的地区，饮食资源古朴而天然；饮食习俗豪放，热情好客；崇祖重礼，尊老爱幼；同时还十分注重饮食的养生保健作用。

2. 各具特色的地域饮食

长江中游各地区饮食风味有同有异，相同之处是继承了楚人注重调味的特点，以淡水鱼虾菜品为主要食材，擅长煨、蒸、烧、炒等烹调方法，喜食鲜味、辣味的食品。不同之处是，形成了风味各异的湘菜、鄂菜及赣菜三个地方流派。鄂菜以鲜味为本、中庸兼容，湘菜以酸辣为魂、阳刚霸气，赣菜以香辣为魄、刚柔相济。

3. 吃出健康吃出快乐的饮食理念

当今中国餐饮潮流的主旋律已经是营养与品味相结合的新曲调。人们在满足温饱后，开始追求饮食享受、讲究科学膳食。饮食已朝着快乐化、营养化、便捷化方向发展。

人们的审美情趣也在悄然变化，他们既欣赏“古色古香”，又追求“新潮现代”，特别是年轻人，对“洋味”和流行食品充满浓厚的兴趣。许多人已不再那么崇尚山珍海味了，“正宗”观念也淡漠了，更信奉“食无定味，适口者珍”。“迷宗菜”“江湖菜”“新潮菜”颇有市场。

新中国成立以来长江中游地区居民饮食生活的发展经历了从粗茶淡饭，勉强吃饱到基本解决温饱，再到鸡鸭鱼肉进入寻常百姓家的几个阶段；居民的饮食生活水平已有大幅度提高，开始向小康生活迈进。

4. 食品工业与餐饮业得到快速发展

食品工业的发展从低谷到繁荣。食品工业在新中国成立后的前三十年发展缓慢。改革开放后，食品工业快速发展，成为长江中游地区的重要支柱产业；产品质量明显提高，形成了一批优势品牌；食品工业结构调整成效显著，方便食品、绿色食品快速发展。餐饮业在改革开放后得到巨大的发展，从恢复“老字号”到“新字号”的崛起，再到餐饮业白热化的品牌竞争，一路迅跑。

第二章 史前时期饮食文明之滥觞

根据考古发现，距今约100万—50万年，长江中游地区就有古人类在这里生活。那时的猿人已能使用简单的石制工具进行狩猎或采集，过着“食草木之实，鸟兽之肉”的生活，并开始了由生食向熟食的过渡。至10万年前，在今湖北长阳下种家湾龙洞中发现有“早期智人”生活过的遗迹，他们学会了用火和人工取火，并懂得了烤、炙、炮、石烘等烹制食物的方法。至新石器时代，这里曾出现了大溪文化、屈家岭文化、青龙泉文化和印纹陶文化。当时人们的食物范围扩大了，既有自己生产的粮食，自己饲养的畜禽肉食，又有采集的蔬果，渔猎的野生禽兽和鱼、龟等水产品。并能制造和使用鼎、釜、鬲、鬶（guī）、甑、甗、豆、杯、碗等陶制炊饮器，能用陶制炊具蒸、煨、煮制食物。

第一节　旧石器时代人类的饮食生活

一、旧石器早期人类的饮食生活

1. 古老的人类发祥地

长江中游地区是我国古代人类生息繁衍地之一。1976年发现的郧阳猿人，据推测距今约100万—50万年，属晚期猿人。在湖北郧县梅铺龙骨洞先后经过采集和发掘，发现四颗均属左侧的猿人牙齿，伴出的哺乳动物化石主要有嵌齿象、桑氏缟鬣（liè）狗和小猪等1976年在湖北郧西县神雾岭白龙洞，发现猿人左上第二前臼齿、左下第一前臼齿各一颗。同时出土的动物化石计有鬣狗、猪、豪猪、牛、犀牛、剑齿象、大熊猫、熊、獏、獾、虎、豹、竹鼠、鹿、麂、羊等19个种类。①

早期猿人主要靠采集天然的果实、幼芽、嫩叶、根茎为主，以捕捉昆虫，以及一些雏鸟、龟等小型动物充饥。正如《淮南子·修务训》中所说，“古者，民茹草饮水，采树木之实，食蠃蠬（lóng，通‘蚌’）之肉。”在人类的早期，为了生存，他们逐渐把狩猎作为补充食物的重要来源之一。同时先民们对工具进行改进，以便能猎获更多的肉类食物，从而使食物中的肉类比重有所增加。

2. 火的运用与熟食开始

在这一时期，人类饮食史上发生了一件划时代的大事，即火的利用和控制。然而，人们对火的认识和掌握，却经历了一个极为漫长的过程。

火是一种自然现象。人类在长期劳动和与火接触的实践中，逐渐认识了火的性能，使火为人类服务，造福于人类。

火的使用是人类饮食史上的一个里程碑，使人类从此结束了“茹毛饮血”“生吞活剥”的时代，由生食变为熟食，使烹调成为可能。使许多难以下咽、质地坚硬、味道苦涩的植物经加热成熟后变得可口且易于消化了；使味道腥臊、难以下咽、不易消化的动物性原料，在烧熟后产生香味和鲜美的口味。可以说，火的使用“第一次使人支配了一种自然力，从而最终把人同动物界分开。”② 火的使用，使人类扩大了食物的品种和范围，使人体吸收了更多的营养，从而大大地

---

① 吴永章：《湖北民族史》，华中理工大学出版社，1990年，第1页。

② 恩格斯：《反杜林论》，《马克思主义恩格斯全集》第20卷，人民出版社，1979年，第126页。

图2-1　湖北旧石器时代郧西人用火后的灰烬（湖北省博物馆、湖北省文物考古研究所网站）

促进了人类体质的发展，特别是促进了人类脑髓的发达。

当然，最初的熟食是极为简单的，最原始的办法是烧和烤。人们将采集和狩猎的食物原料，用燃起的火堆烧熟植物子实、根茎，把动物的肉丢在木火余烬中煨烧，或以树架木架起来烤。

二、旧石器中晚期人类的饮食生活

稍晚于北京猿人的人被称为“古人”（早期智人），约从五万年前开始至一万年前的人称“新人”（晚期智人）。古人比猿人的体质有所进步，已基本接近于现代人类，智慧也比较发达，劳动工具已有了相当的改进，例如工具的刃部均较锋利，类型也不断增多，食物来源和种类也在增加。这一时期的人类饮食生活已进入原始的以渔猎为主的时代。

1957年发现的长阳人，时代距今约十万年，属古人，发现于湖北长阳下钟家湾龙洞。长阳人遗址中出土的动物化石有：鬣狗、猪、豪猪、水牛、剑齿象、大熊猫、貘、獾、虎、竹鼠、古豺等十余种。1980年在长阳果酒岩发现一批人类及动物化石。[1]在湖南桂阳木墟岩出土了一件磨制刻纹的骨锥，属新人化石和旧石器晚期遗存。

随着渔猎经济的发展，人们常因追逐野兽而转移，过着游居生活，当时要保存和传递火种是很困难的。所以，发明人工取火就成为当时迫切的社会需求。到旧石器中晚期，人类已能掌握用打击石头的方法人工取火了。随着磨制技术和钻孔技术的出现，人类又发明了摩擦、锯木和压击等取火方法。这些方法虽然在我国旧石器考古学中已找不到具体例证，但在古代传说里却有这类记载，《韩非子·五蠹》曰燧人氏“钻燧取火以化腥臊”；《太平御览》第八百六十九卷引《河图挺佐辅》“伏羲禅于伯牛，错木作火”等。

人工取火的发明，对饮食的影响是巨大的。人们可以随时燃起火把，在黑暗中追击野兽，甚至烧林围猎，使人们的猎物大增。熟食的普及，大大地缩短了人们消化食物所需要的时间，减少了疾病，增进了健康，促进了大脑的发展，延长了人类的寿命。人工取火的发明，是人类认识自然、进而利用自然的第一个伟大胜利，是人类从必然王国向自由王国迈出的一大步，使人类的饮食生活进入了一个全新的阶段。

旧石器中晚期，采集、狩猎经济仍然是人们生产活动的中心。在长期狩猎实践中，人们积累了经验，改进了狩猎工具，提高了狩猎效率，促进了狩猎经济的发展。这一时期，出现了石球、弓箭和网罟（gǔ）这些新的、具有代表性的狩猎武器。工具的革新换代，为捕捉禽兽、捕捞水族提供了有利的条件。《尸子》载：“燧人氏之世，天下多水，故教民以渔。宓羲之世，天下多兽，故教民以猎。”《易·系辞》：“古者庖牺氏之王天下也……作结绳而为网罟，以佃以渔。”从文献记载可以看到古人结绳为网的一些捕鱼方法。

采集活动也有所发展。尖木棒、木制鹤嘴锄可能是最常用的采掘工具，尖状器可能是挖掘植物块根时使用的。一般多采摘可食植物的果实、草籽和植物

---

① 中国社会科学院考古研究所编：《新中国的考古发现和研究》，文物出版社，1984年，第17页。

的块根。

狩猎采集经济的发展，为人类的相对定居提供了稳定的物质基础，为农业、畜牧业的产生创造了条件，为人们饮食生活的改善奠定了基础。

三、原始烹饪技术的产生

烹饪，伴随着人类对火的控制和使用而产生。《易·鼎》："以木巽火，亨（烹）饪也。"原始意义上的烹饪是极其简单的，只是将生的食物放在火上烧熟而已。旧石器时代的烹饪方法主要有如下几种：[①]

烧，是一种最原始、最简单的烹饪法，它与现代意义上的"烧"不同，制作时不用任何烹饪器，直接把兽肉或植物放入火中烧至熟或半熟。

烤，这种方法比"烧"出现得晚，它是利用火的辐射力使食物成熟，较之"烧"法进步。烤，是把肉类原料或可食的植物根茎、果实置于火堆旁烤；或者将食物用树枝、竹竿串起来，架在火堆上方悬烤或斜插在火堆旁烤；或用泥土、树叶、树皮把食物包起来放置在火堆中烤。后来到了《礼记》成书的时代，将远古的烹饪方法总结为四种，其中有三种似应归烤制法内。《礼记·礼运》篇说："昔者……未有火化，食草木之实，鸟兽之肉，饮其血，茹其毛。……然后修火之利，范金，合土，……以炮，以燔（fán，焚烧），以烹，以炙，以为醴酪。"文中的炮、燔、炙是远古常用的烹饪方法。《说文·十下·炙部》："炙，炮肉也，从肉在火上。"战国简书"炙"形作"㚌"，像一块吊着的肉在火苗上烘烤。这三种方法极为相似，彼此之间又有一些差异。《说文·十上·火部》："炮，毛炙肉也。"字或作"炰（fǒu）"。段玉裁《注》："毛炙肉，谓肉不去毛炙之也。"《礼记·内则》郑玄《注》："炮者，以涂烧之为名也。"可能是用泥涂在外面而用火烤，烤熟后，将泥带毛一起剥下，相当于当今的泥烤法。《说文·十上·火部》：

---

① 姚伟钧：《中国饮食文化探源》，广西人民出版社，1989年，第99~100页。

“燔，爇（ruò）也。”《诗经·大雅·生民》郑玄笺：“傅火曰燔。”这是一种将成块的肉一面一面平傅于火上翻烤的炙法，与“炮”法不相同。不但要烤熟，还要烤干。“炙”《礼记·礼运》郑玄《注》说，“贯之火上也”，大约与今天烤羊肉串之类相似，在古代常用此法烤鱼。《诗经·小雅·瓠叶》郑玄笺云：“凡治兔之宜，鲜者毛炮之，柔者炙之，干者燔之。”

石烘，是一种通过烧热的石板传热将食物烘烙成熟的烹调方法。远古时代，人们在掌握了用烧烤的方法加工肉类食物之后，还有新的问题没解决，有些小形体的植物性原料不像动物肉那样容易串起来或包起来放于火上烧烤。通过实践，先民发明了石烘法，即将食物置于扁平的天然石板上，石下烧火，利用石板传热令食物成熟。《礼记·礼运》孔颖达《疏》云：“其时未有釜甑也”，“以水洮释黍米，加于烧石之上以燔之，故云‘燔黍’。”就是指的石烘法。

石烹，是一种特殊的煮食方法。比烧烤烘法出现得晚。有人认为煮法发端于陶器的产生，其实不然。在陶器发明以前，人类已经发明了各种各样的煮法。最盛行的方法就是这种石烹法，即先在木制、树皮制或牛皮制成的器皿里盛上水和食物，同时把一些石块烧红，继而投入水中使水沸腾，从而把食物煮熟。

在陶制烹饪器具没有出现之前，上述四种烹饪方法保持了相当长的历史时期，所以三国蜀汉谯周的《古史考》上有这样的记载：“古者茹毛饮血；燧人氏钻火，始裹肉而燔之，曰‘炮’；神农时食谷，加米于烧石之上而食之；黄帝时有釜甑，饮食之道始备。”

第二节　新石器时代人类的饮食生活

经过漫长的旧石器时代，人类渐渐进入了新石器时代，时间大约是距今一万年。这一时期，掀起了人类文明史上的第一次“农业革命”。农业的兴起，使人类脱离了仅仅依赖于环境的生存状态，加速了人类社会发展的进程。

从长江中游地区新石器时代文化遗址分析，该地区有代表性的新石器时期文化遗址有大溪文化、屈家岭文化和长江中游龙山文化遗址。“大溪文化”的发现，揭示了长江中游的一种以红陶为主并含彩陶的地区性文化特征。① “屈家岭文化”主要分布在湖北地区，以江汉平原为中心，东起大别山南麓，西至三峡，北到豫西南，南抵洞庭湖北岸。以泥质黑陶和泥质灰陶为主要特征。②此外，还有地处江汉地区，在时间上比屈家岭文化稍晚的文化遗存，称作“湖北龙山文化”，或泛称为“长江中游龙山文化”。

一、从野生采集到人工栽培作物

先民在长期的采集实践中，年复一年，经过反复观察，逐渐认识了某些植物的生长规律。他们发现，在适宜的土地、水分、气候等条件下，有些种子可以发芽、开花、结果，有的还能移植。这是一个重大的发现。人们在实践中渐渐地明白了某些植物的生长特性，便主动播种。经过反复试种，终于摸索出了栽培作物的方法，催发了原始农业的产生。我国古书《白虎通·号》中讲：“古之人民，皆食禽兽肉，至于神农，人民众多，禽兽不足，于是神农因天之时，分地之利，制耒耜，教民农作……”《新语·道基》中又说：“至于神农，以为行虫走兽，难以养民，乃求可食之物，尝百草之实，察酸苦之味，教民食五谷。”这就是原始农业的真实写照。

中华民族的祖先在农耕生产中因地制宜，将一些食用价值较大，种植较方便的野生植物，人工培育成为农作物。例如禾本科植物的子粒，既是充饥的好食物，干燥后又易于保存到来年再种植，所以成为最早被先民们培育成粮食的农作

①《中国大百科全书》总编委会：《中国大百科全书·考古卷·大溪文化》，中国大百科全书出版社，1986年。

②《中国大百科全书》总编委会：《中百大百科全书·考古卷·屈家岭文化》，中国大百科全书出版社，1986年。

图2-2　新石器时代炭化稻米，湖南澧县梦溪乡八十垱遗址出土（湖南省博物馆网站）

物。如果说黄河流域孕育了我国最早的黍、稷，那么，长江流域则培育了我国最早的稻谷。

历年在本地区发现有栽培稻遗存的新石器时代遗址有：湖北京山屈家岭、天门石家河、武昌洪山放鹰台、宜都红花套、枝江关庙山、江陵毛家山、郧县青龙泉，江西修水跑马岭，湖南澧县梦溪三元宫、永州道县玉蟾岩和澧县城头山等。据不完全统计，截至目前，长江中游地区发现稻作遗存的新石器时代遗址多达60处以上，超过长江下游地区一倍多，超过其他地区数倍甚至十倍，而且所处年代之早也跃居世界前列。20世纪90年代初期，湖南省道县玉蟾岩遗址发现了距今一万年左右的稻谷遗存，是目前为止最早的稻谷遗存，后经专家证实为野生稻和人工栽培稻共存，“证实了长江中游（是中国，同时）也是世界上最早栽培稻类作物的地区，从而使学术界人士认识到必须对长江中游史前稻作遗存的发现成就、影响和它在中国稻作起源问题研究中的至关重要的地位。”[①] 丁颖（1888—1964年），著名的农业科学家、教育家、水稻专家，中国现代稻作科学主要奠基人）先生曾对屈家岭、石家河和放雁台三处标本作了鉴定，推断其全部属于粳稻，而且是我国比较大粒的粳型品种。

① 向安强：《论长江中游新石器时代早期遗存的农业》，《农业考古》，1991年第1期。

图2-3 新石器时代彩陶簋，湖北麻城金罗家出土

在湖南高坎垄遗址出土了大量的粮食储存器，所出土的陶器，大多厚重、粗大。特别是罐、瓮之类的储存器更为突出。如出土的黑陶弦纹大瓮，器皿高达52.3厘米，最大腹径为41.5厘米，如果用它储存粮食，足可盛约35千克。这反映了当时该地区的粮食生产和农业生产有了相当的规模。[①]

在农耕开始及播种谷物的同时，可能已开始了蔬菜瓜果的栽培。在江西修水山背房址的烧坑旁曾发现四粒岩化的花生和岩化的山核桃果实。《国语·鲁语上》载："昔烈山氏之有天下也，其子曰柱，能殖百谷百蔬。"这说明我国蔬菜的栽培和农作物栽培是同时出现的。蔬菜含有丰富的维生素、纤维素和矿物质，对人体的正常代谢和生命活动具有重要的生理意义。

农业的发展为长江中游地区提供了比较稳定的食物，从而提高了人类的物质生活水平，对家畜饲养业的发展也创造了有利的条件。

---

① 舒向今：《湖南高坎垄新石器时代农业遗存》，《农业考古》，1988年第1期。

二、从狩猎到人工饲养牲畜

随着人口的不断增长，对食物的需求量越来越大，游移不定的狩猎经济不能满足需要。肉类食物独特的鲜美滋味及丰富的营养刺激着社会的需求。恩格斯指出："如果不吃肉，人是不会发展到现在这个地步的。"①他又指出："肉类食物几乎是现成地包含着为身体新陈代谢所必需的最重要的材料；它缩短了消化过程以及身体内其他植物性的即与植物生活相适应的过程的时间，因此赢得了更多的时间、更多的材料和更多的精力来过真正动物的生活。这种在形成中的人离植物界愈远，他超出于动物界也就愈高。……但是最重要的还是肉类食物对于脑髓的影响；脑髓因此得到了比过去多得多的为本身的营养和发展所必需的材料，因此它就能够一代一代更迅速更完善地发展起来。"②

在旧石器时代，人们对动物性食物没有选择性，捕了即食。当人类进入到新石器时期，农业出现了，人类开始了定居生活。定居生活为动物的驯养提供了必要的条件，人们逐渐将一些暂时吃不完的活的动物放在天然地洞内或圈以栅栏养起来，以备捕捉不到野兽时食用。随着社会的发展，豢养的野兽逐渐增多，随着时间的推移，一部分野兽的性情开始温驯起来，进而驯化为家畜。正如《淮南子·本经训》中所说，人们在摸索中逐渐掌握了"拘兽以为畜"的驯养方法。

农业和畜牧业的产生与发展，标志着人类有了稳定的食源。考古发掘表明，长江中游地区新石器时代已饲养了几种家畜家禽。

1. 猪

已发现的长江中游地区新石器时代的猪骨骸有：

---

① 恩格斯：《劳动在从猿到人转变过程中的作用》，《马克思恩格斯全集》第20卷，人民出版社，1979年，第515页。

② 恩格斯：《劳动在从猿到人转变过程中的作用》，《马克思恩格斯全集》第20卷，人民出版社，1979年，第515页。

发现地点	物品	所引文献
湖北郧县	猪骨	《考古》1961，10：526
湖北房县七里河	猪颌骨	《江汉考古》1984，3：8
湖北宜昌杨家湾	猪骨	《江汉考古》1984，4：36
湖北随州西花园	猪骨	《江汉考古》1984，3：13
湖北天门石家河	红陶猪	《江汉考古》1980，2：103
湖南澧县三元宫	猪骨	《考古学报》1979，4：463
湖南石门皂市	猪骨、猪牙	《考古》1986，1：10

从我国新石器时代遗址发掘的材料来看，新石器时代长江中游家畜数量最多的是猪。家猪的驯养和原始农业有密切的关系，它不同于牛羊等家畜可以游牧放养，养猪必须是以定居为前提的。长江中游地区因河湖密布，丘陵广布、缺乏开阔的牧场，自然环境缺乏食草动物赖以生活的条件，而农耕生产的发展为饲养家畜提供了较多的饲粮。猪是杂食动物，耐粗饲料，繁殖快，早熟易肥，出肉率高。这些因素决定了长江中游先民主要畜养的不是牛、羊、马，而是猪。由于该地区猪的喂养广泛，所以猪肉是人们生活中最普通的肉食来源之一。这直接影响到长江中游地区饮食风格的形成，即以稻米、猪肉、鱼类水产为主要食材的饮食文化。

2. 狗

在长江中游地区的不少新石器时期遗址中均发现了狗的骨骸。狗是最先被人类驯化的动物之一。狗的祖先是狼，远古的人们出于狩猎的需要而豢养狗，狗成为人们狩猎时的得力助手。狗被驯养之后，人们发现狗易喂养，繁殖力较强，人们不太费气力就可以获得肉食。驯养狗的成功，为人类驯服其他动物提供了有效的经验。狗虽为人们狩猎的帮手，但在猎物不足的饥饿之时，人们也是要杀狗充饥的。

3. 牛

牛在新石器时代已成为家畜。下列遗址中出土了牛的骨骸：

地点	物品	所引文献
湖南澧县三元宫	牛骨	《考古学报》1979，4：474
湖南石门皂市	水牛骨齿	《考古》1986，1：10
湖北黄冈螺虫狮山	牛骨	《考古》1985，7：656

长江中游地区饲养的可能是水牛，表明水牛的畜养与水稻的种植有密切关系。当时没有犁，不可能用牛耕田，但却有可能和黎族人民的耕作方法相似，用牛来踩烂泥，随后即播种。清《边蛮风俗杂钞·琼黎一览》载："生黎不知耕种，惟于雨足之时，纵牛于田，往来践踏，俟水土交融，随以手播粒于土，不耕不耘，亦臻成熟焉"。不过，这一时期，人们养牛的目的是继承渔猎时代的生活，以食其肉、用其皮骨为主。

4. 羊

新石器时期长江中游地区羊的骨骼发掘不多：

地点	物品	所引文献
湖北天门石家河	红陶羊	《江汉考古》1980，2：103
湖南澧县三元宫	羊骨	《考古学报》1979，4：463

羊是比较温顺的动物，饲料也很简单，是人类最早饲养的动物之一。一般来说，长江中游地区养羊的历史可能晚于北方，但至迟在新石器时代晚期，江南已经比较普遍养羊则是可以肯定的。

5. 鸡

江西万年仙人洞新石器时代早期遗址发现了野生原鸡的遗骨，说明原鸡在长江中游很早就有分布。考古资料表明，家鸡的饲养在长江中游地区新石器时期已相当普遍，发现鸡的遗骨较多，如：

地点	物品	所引文献
湖北天门石家河	红陶鸡（4件）	《江汉考古》1980，2：103
湖北天门石家河	陶鸡	《农业考古》1984，1：115，《考古》1956，3：16

虽然农业和畜牧业已经出现，极大地改善了人类的生活，但由于这两种新的经济形态还处在原始阶段，尚不能完全满足社会的最低需要，因此采集和渔猎在整个社会的经济生活中依然占有一定的地位，有关技术也有较大的改进。

新石器时代人们采集的范围十分广泛，既采集各类植物性食物，也捕捉昆虫和其他小动物充饥。狩猎活动中石球和弓箭的广泛运用，捕鱼活动中网坠的推广，使人们能够更有效地捕获动物性食物。

考古发现表明，大溪文化中渔猎、采集等辅助经济仍占一定比重。有些地段的文化层内，夹杂较多的鱼骨渣和兽骨，包括鱼、龟、鳖、蚌、螺等水生动物，以及野猪、鹿、虎、豹、犀、象等遗骸。[①] 屈家岭文化在泸溪、澧县、湘乡等地的遗存中，还出土了用于捕鱼的网坠，狩猎的石球和箭镞。石家河遗址中的陶塑

图2-4　新石器时代石锛，湖北武昌放鹰台出土

① 《中国大百科全书》总编委会：《中国大百科全书·考古卷·大溪文化》，中国大百科全书出版社，1986年。

图2-5 新石器时代晚期灰陶鬶，江西出土（江西省博物馆网站）

图2-6 新石器时代红陶鼎，湖北宜都伍相庙出土（湖北省博物馆、湖北省文化考古研究所网站）

小动物几乎是一个品种繁多的动物群，除有一些家畜家禽外，还有象、豹、猴、鸟，以及鱼、龟等野生动物陶塑。江西万年仙人洞遗址中还出土了大量的兽骨，如老虎、猪、羊、兔、麂、鹿、麞、猪獾、中国小灵猫、果子狸、狸、猕猴等骸骨，还有各种鸟骨。[①]

三、陶器的发明与使用

1. 陶器的发明与发展

陶器出现于新石器时代，和农业的发展有十分密切的联系。由于农业的出现，人类开始种植庄稼，收获粮食。农业不仅为人类提供了比较稳定的食物，促使了定居生活的出现，还使粮食成为农业部落的主食。但是，粮食为颗粒状的淀粉物质，同鱼、肉等动物原料相比，是不耐火的，很难在火上直接烧烤，需要一种更和缓的烹饪方式，于是陶器便发明了。正如《太平御览》卷八三三引《逸周

① 中国社会科学院考古研究所：《新中国的考古发现和研究》，文物出版社，1984年，第131页。

图2-7　新石器时代红陶碗，湖北宜都伍相庙出土（湖北省博物馆、湖北省文化考古研究所网站）

图2-8　新石器时代红陶圈足盘，湖北宜都出土（国家数字文化网全国文化信息资源共享工程主站）

书》曰："神农耕而作陶"。

在长期的生产和用火实践中，人类逐渐发现黏土和水后具有可塑性，干后可以定型，被火烧过的黏土具有坚硬、牢固、不漏水和耐火等特性。于是人类按照自己的意愿，做成各种形状的陶制容器。由于陶器耐烧不易被火烧裂，而又有传热的优点，而且取材便利，制作简便，所以被人们当作主要的生活用器，用它来作炊煮器、盛水器、盛食器。

陶器的出现，是人类饮食史上划时代的一大进步。陶器在先民生活上的使用，意味着人类饮食文化生活的一个重大突变，它标志着人们的饮食生活由"炰生为熟"向蒸煮熟食生活的演变，煮食方法只有在陶器产生后才得以普遍使用。陶器的发明和使用，促进了人类定居生活的更加稳定，并加速了生产力的发展，揭开了人类饮食生活的新篇章。

长江中游地区新石器时代各阶段炊煮器具中的陶器，存在着一些差异，不仅体现在器形的变化上，而且反映在陶质纹饰上。

在大溪文化遗址出土的陶器有杯、盘、碗、盆、钵、瓮、豆、壶、瓶、釜、鼎、簋、器盖和支座等。[①] 这些器具，一般以经过陶洗的泥质红陶为主。在当时，

①《中国大百科全书》总编委会：《中国大百科全书·考古卷·大溪文化》，中国大百科全书出版社，1986年。

先民们已注意到了饮食器具的外观美，如在泥质红陶器的外表，施以鲜红或深红色的陶衣，器内为黑色，并在器皿的肩部、口沿和圈足上饰以各种纹饰。安乡汤家岗出土的戳印碗，其形制大小和胎质厚薄均与现代碗类似。在枝江关庙山、宜都红花窑、江陵毛家山等地遗址出土有夹砂陶釜、陶鼎、陶甑和陶器盖，以及簋、罐、筒形瓶、盆、钵等陶器。甑和器盖的出现，说明利用沸水蒸气来蒸熟食物的炊事技术已出现。在澧县三元宫遗址中出土的红陶锅形体大，外表光滑，其造型、作用都与现代的大锅相似。

屈家岭文化遗址出土的陶器有些是经过慢轮修整的，器类增多，部分陶器的形制趋向规范化。[①] 此时的陶器以圈足器和凹底器为主，此外还有少量的平底器和三足器，那种容易倾斜而不稳当的圜底器则逐渐减少。陶器种类繁多，大中小各型号俱全，其中又可以分为12种不同的专用器皿：有贮藏用的缸、瓮、罐、盆，有烹饪用的鼎、甑、锅，以及饮食用的碗、豆、盘、碟、杯等，几乎包括了现代生活中日常陶瓷所有品类。

图2-9　新石器时代陶釜，湖南道县玉蟾岩遗址出土（湖南省博物馆网站，陶片复原）

① 王杰：《屈家岭文化人的饮食生活》，《中国烹饪》，1988年第11期。

这些炊饮器的造型颇有特色。如鼎即有釜形、罐形和敞口圜底盆形等几种。罐形鼎大的高40cm左右，小的高10cm左右。釜形鼎与之相当，其容量不及罐形鼎，它是从早期的釜发展演变而来，可用来煮粥、炖肉。在京山屈家岭和天门石家河等许多遗址出土的大型陶锅，更是长江中游原始居民独创的进步炊具，其造型、作用与现代大铁锅相似。屈家岭出土的一件陶锅，经试验，作饭可供五十人食用，煮粥可供二三十人食用；足够当时一个氏族的集体成员饱餐一顿。当时，甑已广泛使用，造型有三四种之多，常用的有两种：一种是附加有盖，底部施有五个较大镂孔，容量较大；另一种底部满布圆形小镂孔。这两种甑使用方法相同，均是蒸制食物。可用来蒸大米饭和鱼、肉。足部有圆锥、扁锥、鸭嘴、柱形和扁平形等。另外杯、碗、豆的使用也较广泛。杯是饮器，有多种型体，最多的是高圈足杯、平底杯和蛋壳彩陶杯等。这种陶杯陶质细腻，胎薄如蛋壳，其精致的程度颇似现代使用的酒杯，说明人们在饮食中已很注意美的感受。屈家岭文化中出土的碗独具特色，口径在10cm至20cm左右，可能是为不同年龄的人而准备的。常用的豆是碗形豆和盘形豆，这两种豆形深浅不同，形态各异，甚是

图2-10　新石器时代红陶盉，湖北天门石家河出土（湖北省博物馆、湖北省文物考古研究所网站）

美丽。[①]

长江中游地区龙山文化的饮食器皿与前两个文化不同，依其用途向两个极端分化，既有粗糙、厚重的容器、炊器，如尊、缸、锅等；又有小型、精致薄胎的食器，如碗、杯等。在大型炊食器中，主要以三足器为主，其中以鼎最多，如平江舵上坪遗址中出土的鼎占整个器物的40%左右，从而说明熟食生活在原始社会末期，已成为一种主要的饮食习俗了。这一时期生产发展，粮食增多，遂出现了与酒有关的器皿，有专门温热流质饮料的袋足器、陶鬶、陶斝（jiǎ）、陶盉，造型奇特。还有一种数量众多的红陶小杯，这种小杯胎厚容积小，用来饮水难以解渴，可能就是酒杯。

在新石器时代还出土了谷物和其他食品的加工器具，常见的有石杵、石臼和陶制擂磨器等。其中擂磨钵内布满深刻凌厉的沟漕，是人们擂磨植物的块根、块茎的工具。经过擂磨器加工后，即可将浆和渣作成细嫩的羹状饮料，也可澄滤出淀粉或将浆汁作为饮料。剩渣还可喂养牲畜或充饥。

2. 陶制炊具引起的烹饪变革

由于陶器的发明，新石器时代的烹饪方法，除了继续沿用旧石器时代常采用的烧烤之法外，还发展了以煨、煮、蒸制食物为主的方法。[②]

煨，陶制炊具发明之初，人们常将罐、盆或釜置于火上加热，因炊具与火很近，中间没有多少空隙，其加热方式类似现代的煨。

煮，是将食物和水放入烹饪器中，再架火直接加热烹制食物一种方法，它是通过烹饪器受热，使水沸腾让生食变熟食。这种烹法的特点是水多，要浸漫过所煮的食物，严格意义上讲，加热应是明火，炊具所接触的火力应比小火的煨要猛。当时用于煮食物的炊具主要是釜、鼎、鬲、罐、鬶等。

---

①《中国大百科全书》总编委会：《中国大百科全书·考古卷·屈家岭文化》，中国大百科全书出版社，1986年；《江汉地区新石器时代文化综述》，《江汉考古》，1980年第1期。

② 姚伟钧：《中国饮食文化探源》，广西人民出版社，1989年，第100~102页。

蒸，是利用水蒸气传热使食物变熟的一种方法。蒸法比煮法出现要晚一些，蒸器是在煮器的基础上发展起来的。蒸器常见的有甑和甗两种。著名历史文献学家张舜徽在《说文解字约注》中指出：“甑之为言层也，增也，以此增盖于釜上，高立若重屋然。古以瓦，今以竹木为之，有穿孔之通气，所以炊蒸米麦以成饭也。”甑、甗的出现，使我国古代早期社会的烹饪方法基本完善，所以《古史考》中认为黄帝时有釜甑，饮食之道始备。食物蒸制方法巧妙地借助蒸汽来熟化食物，达到了单独使用水或火均不能达到的效果，它的发明是人类饮食史上一个新的里程碑。

综上所述，新石器时代长江中游地区人们的食物范围扩大了，既有自己生产的粮食，自己饲养的畜禽肉食，又有采集的蔬果，渔猎的野生禽兽和鱼、龟。当时人们能制造和使用鼎、釜、鬲、鬶、甑、甗、豆、杯、碗等陶制炊饮器，能用陶制炊具蒸、煨、煮制各类动植物菜肴，煮蒸饭粥，创造了辉煌的陶烹时代。

第三章 夏商周时期楚地饮食初现风韵

夏商周时期，长江中游地区饮食文化迅速发展。东周以后，楚国强盛起来，从方圆不过百里的蕞尔小邦，发展成威震江南、雄兵百万、方圆五千里的煊赫大国。楚文化繁盛而光彩夺目，除了农业、商业、城市建设有突出成就外，青铜冶铸工艺、髹漆工艺高超。文化思想、文学艺术，如老庄哲学、屈原诗文，美术、乐舞等均有较高造诣。这些均从不同方面滋养着楚国饮食文化的发展，从而促使其形成了独特的风格特点。楚人注重饮食质量，烹调意识强烈，具有较强的烹饪技术优势，有些烹调技术还上升到理论的高度，并对烹饪实践起到了促进作用。

第一节　食物构成与农业发展

一、农业生产工具与农耕技术的进步

贯穿中国奴隶制社会始终的夏商周王朝，是长江中游地区饮食文化的奠基时期。这一时期，农业生产在人们饮食生活中的地位越来越高，正如恩格斯所言：

“农业是整个古代世界的决定性的生产部门。”[①] 农业生产的发展程度决定了食物资源的丰富与否，而农业的生产状况又直接受农业生产工具与生产技术的制约，因而农业生产工具与生产技术总是相伴而行。

夏代是我国历史上第一个奴隶制王朝，氏族部落联盟已向奴隶制国家过渡，成批的奴隶投入农业生产，为人类饮食生活创造了巨大的财富。夏代的农业生产工具虽然还是石、木、骨、蚌等器，但造型上已有改进，很便于使用了。

商代长江中游地区的农业生产工具主要由铜和石两种材料制成。青铜在当时尚属贵重金属，奴隶主在奴隶不断增加的情况下，一般采用加强奴隶劳动强度、延长劳动时间等办法来增加劳动成果，因此青铜用来大量制造农业工具的可能性很小。不过青铜农具在商代遗址中也有发现，如湖北黄陂盘龙城商代遗址墓葬中出土了一件铜镢（jué）、两件铜锸（chā）；湖北随县淅河出土了两件铜镢，一件铜锸。[②]

自西周初至秦统一全国，华夏大地形成了各具风格的多种区域文化。历史学家李学勤先生将其划分为七个文化圈，其中影响最大的是中原文化圈和楚文化圈。楚学泰斗张正明教授认为：北支的中原文化“雄浑如触砥柱而下的黄河”，南支的楚文化“清奇如穿三峡而出的长江”。[③] 楚是东周列国中最强大的诸侯国之一，曾占有半个中国。是中国南方各民族与文化的交流中心，并且对中原华夏文化也具有很强的影响力，创造了辉煌的物质文化和精神文化。[④] 楚人凭借灵活的民族政策，兼收并蓄的开放意识，敢为天下先的创新精神，勇往直前的冒险精神，把一个西周初年方圆不过百里的蕞尔小邦建成一个方圆约达五千里的煊赫大国。

西周是楚文化的滥觞期，劳动人民用他们的智慧和血汗，艰苦劳作，有力地

---

① 马克思、恩格斯：《马克思恩格斯全集》第21卷，人民出版社，1979年，第169页。

② 徐学书：《商周青铜农具研究》，《农业考古》，1987年第2期。

③ 张正明：《楚文化志》，湖北人民出版社，1988年，第1~3页。

④ 王会昌：《中国文化地理》，华中师范大学出版社，1992年，第53页。

推动了农业、畜牧业和手工业的进步，为饮食文化的发展创造了时代可能达到的高度。考古发现，西周农业生产工具中青铜用具的比例已有所上升，如江西南昌李家庄出土了一件铜锸；湖北圻春毛家咀西周遗址出土了一件铜锸；江西奉新县境出土了一件铜锸，等等。

春秋战国时期，楚国的农业有较大的发展。从楚武王（？—公元前69年）起，楚不断对周边各国用兵，到春秋中晚期，楚已成为雄踞南方的一个大国。楚不仅攻占周边地区，而且兼收并蓄接纳各民族的优点并创造性地加以发挥，使楚国的经济文化迅速发展。当时，楚国控制了湖北大冶铜绿山的铜矿，有了丰富的铜，便能用以制造较多的性能远较木器、石器优越的生产工具。铜制农具的广泛使用有力地推动了农业生产的发展，而铁制农具的产生则促进了农业突飞猛进的进步。长江中游地区开始使用铁器不会迟于春秋晚期。据考古资料研究可知，我国早期的铁器以楚地出土最多，其中以生产工具为大宗。农业生产工具的种类相当齐全，除不见犁外，其他农具大体都有，如掘土和锄草用的锄、取土用的锸、破土起土用的䦆、刺土翻地用的耒耜、收割用的镰、伐木用的斧等。据不完全统计，在春秋战国时期（以战国中晚期为主）的楚地共出土铁器223件（不包括镞和未判明的杯），其中农具包括凹口锸5件、锥2件、凹口锄28件、一字形锸4件、各式斧29件、凹口耒3件、长口形锸1件、各式凿12件、镰2件、耙2件、锤4件、六角形锄4件、夯锤4件、锛1件、锄1件、铲2件、长方形锸4件、锉1件。此外，还有兵器：各式剑29件、矛3件、刮刀13件、戈2件、匕首1件；其他铁器：带钩6件、铁足铜鼎7件、削37件、釜4件、坩埚1件、鱼钩1件、环1件、鼎3件、圆形器1件、扁条1件、铁丸1件、铁条1件、残器2件。①

铁农具在楚国铁器中所占比重之大及铁农具品种的基本齐全，说明了铁制农具在楚国农业生产中的重要作用。在《孟子·滕文公》中载有孟子与当时楚国著名农家许行的弟子陈相的一段对话，记录了楚人当时在农业生产中相当普遍地使

① 黄展岳：《试论楚国铁器》，湖南省博物馆、湖南省考古学会：《湖南考古辑刊》2，岳麓书社，1984年。

用铁农具的情况。“（孟子）曰：‘许子以釜甑爨（cuàn）、以铁耕乎？’（陈相）曰：‘然。’‘自为之与？’曰：‘否，以粟易之。’”

农业生产发展的另一标志，是水利工程的兴建。楚庄王（？—公元前559年）时期，令尹孙叔敖主持修建了我国最早的大型水利工程期思陂，[①]他还在沮漳河下游主持修建了水利工程。《史记·循吏列传》集解引《皇览》载：“孙叔敖激沮水作云梦大泽之池。”《七国考·楚食货》亦载“孙叔敖为楚相，截汝坟之水，作塘以溉田，民获其利”。楚康王时（公元前559—前545年），楚司马芳（wěi）掩为了“量入修赋”，曾“书土田”，即对全国土地进行了一次登记。《左传·襄公二十五年》记其事曰：“甲午，芳掩书土田：度山林，鸠薮泽，辨京陵，表淳卤，数疆潦，规偃猪，町原防，牧隰（xí）皋，井衍沃。”从中可以看出楚人对土质已有一定认识，楚国当时确有不少水利设施，不然，芳掩是不会把“堰猪”（陂塘田）“原防”（堤防间地）专门分为一类的。文中“井衍沃”就是用水灌溉的平美之地。凿井溉田，楚国本来就有。《庄子·天地》载：“子贡南游于楚，反于晋，过汉阴，见一丈人方将为圃畦，凿隧而入井，抱瓮而出灌。”这反映出当时楚人已发明了畦种法。“圃畦”就是用畦种法种植的蔬菜园圃。

铁工具广泛使用后，楚国的水利有了更大的发展。大约在楚顷襄王时期（公元前298—前263年），子思主持修建了更大的水利工程芍陂。[②]楚国在灌溉中常使用桔槔（gāo）、辘轳等汲水工具，辘轳较之桔槔更加先进。

楚国还十分重视对边塞和荒野的开发垦殖。《吕氏春秋·开春》曰：“吴起谓荆王曰：‘荆所有余者，地也；所不足者，民也。今君王以所不足益所有余，臣不得而为也。’于是令贵人往实广虚之地”。

金属农具的广泛应用，水利建设的发展，农业生产技术的提高，使国家有了较充裕的粮食。《左传·文公十六年》载，公元前611年“楚大饥”，位于楚西

① 何浩：《古代楚国的两大水利工程期思陂与芍陂考略》，《楚文化新探》，湖北人民出版社，1981年。
② 何浩：《古代楚国的两大水利工程期思陂与芍陂考略》，《楚文化新探》，湖北人民出版社，1981年。

方的几个国家乘机攻楚，楚即从粮仓里拿出粮食以供军需，说明粮食储存之丰。《史记·伍子胥列传》记，楚国悬赏捉拿出逃的伍子胥时承诺："楚国之法，得伍胥者赐粟五万石，爵执珪。"可见当时楚国储粮之多。《战国策·楚策》记苏秦游说楚威王（公元前339—前329年在位），言楚"车千乘，骑万匹，粟支十年"。《史记·越王勾践世家》记楚威王时，越北伐齐，齐派使者游说越王，劝其伐楚。说辞中讲："复雠（chóu）[复况犨（chōu）]、庞、长沙，楚之粟也。"讲的是犨、庞、长沙三邑乃楚国的粮食产区，说明战国时楚国有些地方已成为粮食生产基地。在今湖北江陵纪南城内的陈家台发现原楚国在战国时代的铸造作坊遗址，在其西部有五处被火烧过的稻米遗迹，最大的一处长约3.5米，宽约1.5米，厚5~8厘米。[①]在其中发现的炭化稻米，应是当时作坊工匠的食粮。一个作坊，五处存放粮食，可见其粮食之充足。《楚辞·大招》中有"五谷六仞"一语。一仞七尺（一说八尺），六仞为四十二尺，战国一尺合今0.23米，那么，六仞就是10.66米了，真乃粮食堆积如山。从楚国丰富的粮食景况，便可推想其农业生产之兴旺。

二、《楚辞》《诗经》等典籍中的楚地饮食[②]

1. 稻谷为主，兼食杂粮的主食构成

随着农业生产技术的提高，粮食的品种及产量均有增加。这在一些历史文献中都有较翔实的记载。《楚辞·大招》盛称楚国之乐，内有"五谷六仞"一语，王逸《注》："五谷，稻、稷、麦、豆、麻也。"夏商周时期的长江中游地区以稻米为主，兼食杂粮。稻谷外，还有粟、稷、麦和雕胡（即菰米）搭配。

稻。长江中游地区在新石器时代就已广泛种植，在先秦时期更是广为栽种，并成为当时楚国人的主要粮食。《楚辞·招魂》："稻、粢（zī）、穱（zhuō）麦，

---

① 湖北省博物馆：《楚都纪南城的勘查与发掘（下）》，《考古学报》，1982年第4期。

② 姜亮夫：《楚辞通故》第三集，齐鲁书社，1985年，第163~233页、第509~805页。

挐（rú，搀杂）黄粱些。”王逸《注》：“稻，稌（tú）；粢，稷；穱，择也，择麦中先熟者也。挐，糅也。言饭则以秔稻糅稷，择新麦糅以黄粱，和而柔嬬，且香滑也。”有的专家认为当时的稻已有糯稻（稬 nuò）、籼稻、粳稻几种品种。

粟。《战国策·楚策》记苏秦对楚威王讲：“粟支十年”，这里的粟是泛指粮食。但既然当时已用“粟”字，说明必有粟的存在，而且反映出春秋战国时代，粟在谷物中的地位是比较重要的。

稷。稷是一种古老的粮食作物。《楚辞·招魂》：“稻、粢、穱麦。”王逸《注》：“粢、稷。”《广雅疏证》云：“高粱不黏者粢稷也，其黏者众秫也。”由稷演化出来的黍类作物以其耐旱、耐瘠、生长旺盛、生长期短等优点，在农业生产的早期，自然成为最易栽培的谷物和人们的主要粮食之一。这与我国古代文献中根据传说的记述，把最先领导人们从事农业的人称为“后稷”，也是相吻合的。

麦。是我国古老的栽培谷物之一，从甲骨文至金文，“麦”“来”是一个字，之后陆续出现了大同小异的约近八十种写法。① 20世纪70年代在湖南长沙马王堆汉墓中出土了小麦，说明先秦时期长江中游已有小麦的栽培。

荆楚最独特的粮食是一种叫“菰”的农作物。嫩茎称茭白，可作蔬。菰米曰雕胡，可作饭食。《楚辞·大招》：“五谷六仞，设菰粱只。”王逸解释说：菰就是雕胡。菰粱做的饭，芬香柔滑。

总之，荆楚地区的粮食具有多样性的结构特征，先秦楚人养成了以食用米饭为主，兼食杂粮为辅的饮食特点。同时，他们还有将多种粮食放在一起煮食的习俗，“稻、粢、穱麦，挐黄粱些”就是一道典型的“四宝饭”。多种粮食混做的饭不仅味道好，而且有营养互补的效果。

2. 水乡特色鲜明的瓜果蔬菜

蔬菜瓜果从新石器时代起就开始作为人们的副食了。《尔雅·释天》将“饥

---

① 李长年：《略述我国谷物源流》，《农史研究》，1987年第2期。

馑”解释为：“谷不熟为饥，蔬不熟为馑”。在商代甲骨文中出现的“囿”“圃”等字，说明到殷商时代，蔬果的栽培在农业生产中已有专业性的分工，并且有专门栽培蔬菜瓜果的园圃了。西周以后，种植蔬果的园圃有了很大的发展，不仅王侯有专门种菜的菜圃，而且出现了平民经营的圃。《周礼·地官司徒》有“场人”“闾师”等官职。场人的职责是：“**掌国之场圃，而树之果蓏、珍异之物，以时敛而藏之。凡祭祀、宾客，共其果蓏（luǒ）。享亦如之。**”贾公彦《疏》：“**果，枣李之属。蓏，瓜瓠之属。珍异，蒲桃、枇杷之属。**”闾师是乡官，主征六乡贡赋之税，他的职责还有：“**任圃以树事、贡草木。**”郑玄《注》：“**贡草木，谓葵韭果蓏之属**”。《庄子·天地》中记述的：“**过汉阴，见一丈人方将为圃畦，凿隧而入井，抱瓮而出灌。**”则是楚人发明的用畦种法种植蔬菜园圃的方法。从西周以后，关于蔬果的记载已渐详细，现分别介绍如下：

（1）蔬菜的主要品种　“菜”字的原意即有“采集”的意思。后渐演变为专指充当副食的植物的叶、茎、根、花、果等部位。在长期人工栽培过程中，蔬菜品种逐渐丰富起来。长江中游地区先秦时期的蔬果资料在《楚辞》《诗经》中多有记载，主要有：

芹，先秦时期长江中游地区普遍食用。《吕氏春秋·孝行》举菜之美者，有“**云梦之芹。**”《尔雅·释草》：“**芹，楚葵。**”郭璞《注》：“**今水中芹菜。**”由此可以推断那时的芹菜，可能是后世所说的水芹。

蘋，当时所食用的蘋是从水中采集的水生植物，在当时属于低级的菜类，后世逐渐从人们的食物中淘汰了。《诗经·召南·采蘋》：“**于以采蘋，南涧之滨。**”《尔雅·释草》：“**萍，蓱，其大者蘋。**”那时蘋与萍两字通用，今为两种不同科属的植物。

薇，《诗经·召南·草虫》：“**陟彼南山，言采其薇。**”《尔雅·释草》：“**薇，垂水。**”郭璞《注》：“**生于水边。**”又陆机《疏》：“**山菜也。茎叶皆以小豆，蔓生，其叶亦如小豆，藿可作羹，亦可生食。今官园种之，以供宗庙祭祀。**”据此分析，当时薇可能是既可生长于山中又可生长于水边的野菜，后逐渐培育于园中。

荠，先秦时为野生蔬菜。《楚辞·九章·悲回风》：“故荼荠不同亩兮。”荠即今俗称的荠菜、地米菜，其嫩株可食，味甘甜，古人采集用以煮羹或将其剁碎做馅。

蘩，《诗经·召南·采蘩》：“于以采蘩，于沼于沚。”《尔雅·释草》：“蘩，皤蒿。”郭璞《注》：“白蒿。”

荷，荷字在《楚辞》中出现了12次，始见于《离骚》：“制芰荷以为衣兮，集芙蓉以为裳。”王逸《注》：“荷，芙蕖也。”《说文》：“莲，芙蕖实也。”《尔雅》也称：“荷芙蕖，其实莲。”郭璞《注》：“莲谓房也。”荷还可指其根藕。《楚辞》多以荷设喻。可以推断，莲、藕可能是楚人最常食用的水生植物之一。考古实物发现，在湖北荆门包山、江陵望山和湖南临澧九里的战国遗址中都出土过藕和莲子。①

芋，是亦粮亦菜之物。《楚辞·七谏·乱曰》：“列树芋荷。”《说文》：“芋大叶实根骇人，故谓之芋。”《史记·项羽本纪》：“士卒食芋菽。”芋即今人所说的芋头，《史记·楚世家》记有“芋尹”的官职。《正义》：“芋尹，种芋园之尹也。”可见楚国是推广栽培芋较早的地区，并已有专种芋的芋园和专门的芋官。

苴（jū）蓴（pò），亦名襄荷，叶如初生的甘蔗，根如姜芽。花穗和嫩芽可食，根状茎可入药。《楚辞·大招》：“醢（hǎi）豚苦狗，脍苴蓴只。”王逸《注》：“苴蓴，襄荷也。……切蘘（ráng）荷以为香，备众味也。”

荼，《楚辞·九章·悲回风》：“故荼荠不同亩兮。”又《楚辞·九思·伤时》云：“堇荼茂兮扶疏。”王逸《注》：“荼，苦菜也。”苦菜是当时人们常吃的一种蔬菜。

藿，即豆叶，古代劳动人民常吃之物。历史上曾将地位卑微、饮食水平低下的下层劳动者称为“藿食者”，将上层社会的贵族称为“肉食者”。《楚辞·九叹·愍（mǐn）命》：“耘藜藿与蘘荷。”《诗经·小雅·白驹》：“皎皎白驹，食我场藿。”文中的藿均指的是豆叶。

① 熊传新：《湖南战国两汉农业考古概述》，《农业考古》，1984年第1期，第234页。

堇，是一种野菜。《楚辞·九思·伤时》：“堇荼茂兮扶疏。”王逸《注》：“堇，蓟（jì）也。”《诗经·大雅》：“堇荼如饴。”陆机《毛诗草木虫鱼疏》云：“苦菜生山田及泽中，得霜恬脆而美，所谓堇荼如饴。”堇又称水堇。元时称回公蒜。李时珍称其苗可作蔬食，味辛而滑，故有椒葵之名。

莞，俗名“水葱”“席子草”，为野蔬，嫩茎可食。《楚辞·九叹·愍命》：“莞芎弃于泽洲兮。”据楚辞学家姜亮夫先生考证，莞为生于泽洲的美蔬。陶弘景谓：人家多种莞，叶厚而大，可生啖，亦可蒸食。

蒿蒌，当时一种野蔬。《楚辞·大招》：“吴酸蒿蒌。”王逸《注》：“蒿，蘩草也。蒌，香草也。《诗经》曰：‘言采其蒌。’一作芼蒌。注云‘芼，菜也。言吴人善为羹，其菜若蒌，味无沾薄，言其调也’。”

藜，今俗称藜蒿，古以为常蔬。《楚辞·九叹·愍命》：“耘藜藿与蘘荷。”《汉书·司马迁传》：“粝粱之食，藜藿之羹。”《尔雅翼》：“藜茎叶似王刍，兖州蒸为茹。”古代藜藿二字多连用，指贫者之食。

葵，古代的一种常用蔬菜。《楚辞·七谏·怨世》：“蓼虫不知徙乎葵菜。”王逸《注》：“葵菜，食甘美。”《诗经·豳风·七月》：“七月烹葵及菽”。

蓼，为具辛味的常用蔬菜，有多种。《楚辞·七谏·怨世》：“蓼虫不知徙乎葵菜。”《说文》：“蓼，辛菜。”《礼记注》：“烹鸡豚龟鳖，皆实蓼于其腹中。”这可能是为了去腥解腻而采取的措施。

除了上述蔬菜外，历史文献中记述的还有蒺藜、枲（xǐ）华、藂（cóng）菅、瑶华、屏风、芝等食用菜蔬。

（2）瓜果　长江中游地区是柑橘的原产地之一，春秋战国时期，楚国因广栽橘树而闻名于世。直至今天湘西的武陵山、雪峰山中还有成片的野生橘林。《山海经·中山经》曰：荆山“多橘、柚”，洞庭之山“其木多柤、梨、橘、柚”。《吕氏春秋·孝行·本味》：“果之美者……江浦之橘，云梦之柚。”江浦、云梦均属楚国。《战国策·赵策一》：“大王（赵王）诚能听臣，……楚必致橘、柚云梦之地。”将橘柚做云梦之地的定语，可见其特产的闻名程度了。楚大夫屈原在《楚辞·橘颂》中对橘树更是大加赞美：“后皇嘉树，橘来服兮！受命不迁，生南国兮！深固南徙，更一志兮！绿叶素荣，纷其可喜兮！”

梅，我国是梅树的原产地，湖北至今仍有成片的野生梅林。战国楚墓中曾多次出土了梅的实物残骸，如湖北江陵战国遗址出土了梅子①，河南信阳楚墓中出土了梅核。《诗经·召南·摽有梅》：“摽有梅，其实七兮……其实三兮……倾筐塈（jì，取）之。”

甘棠、杜，均是先秦时代野生梨的品种。《诗经·召南·甘棠》：“蔽芾甘棠，勿剪勿伐。”《楚辞·九叹·思古》：“甘棠枯于丰草兮，藜棘树于中庭。”王逸《注》：“甘棠，杜也。”陆机《诗草木疏》：“甘棠今棠梨子，色白少酢滑美，赤棠子，涩而酢无味。”《尔雅·释木》：“杜，赤棠，白者棠。”

枣、棘，栽培枣树是由野生枣树（又名棘）驯化而来。《楚辞·九叹·愍命》：“折芳枝与谅华兮，树枳棘与薪柴。”王逸《注》：“小枣为棘。枯枝为柴。”《九思·悯上》：“鹄窜兮枳棘，鹈集兮帷幄。”湖南临澧九里战国墓葬遗址中曾出土枣核。②

柤，同楂，是先秦时期颇受人们喜爱的水果。《山海经·中山经》：“洞庭之山……其木多柤、梨、橘、柚。”《庄子·天运》中讲：“柤、梨、橘、柚，其味虽别，各适其口。”

瓜，湖南临澧战国墓葬中出土的实物瓜子经鉴定是甜瓜子。③这是长江中游地区目前发现的最早的瓜子，可以推断楚地最早栽培的瓜应是甜瓜。贾谊《新书》记有：“梁大夫宋就者，为边县令，与楚邻界。梁之边亭与楚之边亭皆种瓜。”反映出当时种瓜还是相当普遍的。至于吃瓜的方法，大部分以生吃，一部分以腌渍作蔬菜。《小雅·信南山》：“中田有庐，疆场有瓜，是剥是菹（zū，腌

---

①《文物》，1966年第5期，第54页；《农业考古》，1982年第1期，第140页。

② 熊传新：《湖南战国两汉农业考古概述》，《农业考古》，1984年第1期，第234页。

③ 熊传新：《湖南战国两汉农业考古概述》，《农业考古》，1984年第1期，第234页。

菜），献之皇祖。”郑玄《笺》：“剥瓜为菹也。”

樱桃，古称含桃。在湖北江陵战国古墓中出土的樱桃种子，经鉴定为中国樱桃。说明战国以前，长江中游地区的先民便将樱桃树培育为栽培果木了。樱桃个体虽小，然而色美味甘，颇受人们喜爱，周代特作祭品。《礼记·月令》：“仲夏之月……天子……羞以含桃，先荐寝庙。”

菱、芡，水生草本植物。在长江中游的河湖中生长广泛，当时已被人们所普遍食用，并作祭祀用品。《国语·楚语上》：“屈到嗜芰（jì），有疾，召其宗老而属之曰：祭我必以芰。”这里的“芰”即菱。芡的种子俗称鸡头米或芡实，种子仁可食用，经碾磨成淀粉。《周礼·天官·笾人》：“加笾之实，菱芡。”郑玄《注》：“菱，芰也。芡，鸡头也。”

苌楚，即羊桃、猕猴桃，是源于我国的一种野生藤本植物，结果形状似梨，故又有藤梨，绳梨之称。由于猕猴喜食，所以又称猕猴桃，现湖北地区仍有称羊桃的。《尔雅·释草》：“长楚，铫芅（yì）。”郭璞《注》：“今羊桃也”。《楚辞·七谏·初放》：“斩伐橘柚兮，列树苦桃。”王逸《注》：“苦桃，恶木。”羊桃之苦当指汉代及以前，现已改良为味美适口的水果。

唐棣，《诗经·召南·何彼秾矣》：“何彼秾矣？唐棣之华。”陆玑《毛诗草木鸟兽虫鱼疏》：“唐棣，奥李也。一名雀梅，亦曰车下李，所在山皆有。其华或白或赤；六月中熟，大如李子，可食。”

栗，是一种富含糖、蛋白质、脂肪等营养成分的果实。很早就成为先民采集、食用的对象。在湖北江陵战国墓葬遗址和湖南临澧九里战国墓葬遗址中都曾发现栗。

除了上述果品外，柰（nài，即苹果）、苦李等水果也被当时人们所采食。

3. 家养禽畜与野生鸟兽并重的肉食结构

先秦时期长江中游地区的动物性食物的主要来源是人工饲养的畜禽、狩猎获得的陆生野味（也有少量两栖类动物），以及渔捞得到的水生动物等。

先秦时期的畜牧业并不发达，还不能满足人们生活的基本需要，宰杀牲畜受到严格的限制。《礼记·王制》中就作了规定，即便是统治阶层，除了祭祀、庆典、节日、宴飨等外，也是不能随意宰杀牲畜的。随着社会的发展，饲养家畜家禽的用途各有侧重。春秋以后，牛马主要用为畜力不供食用，肉食的家畜家禽品种转向较小的个体，主要是猪、羊、犬、鸡、鸭等。所食用的动物食品可分为畜兽类、禽鸟类、水生及其他类。

据考古发现和文献记载，先秦时期长江中游地区的畜兽类食品主要有：牛、羊、猪、狗、马、虎、骡、驴、兔、貒（tuān）、貉、豹、鹿、麇、猨、文狸、豺、赤豹等。

牛，当时已被广泛饲养。湖北随县曾侯乙墓出土了牛遗骸和玉雕的牛，江西清江出土了铜牛首形器，[①]湖北随州擂鼓墩出土了有水牛图形的铜鼎盖，[②]湖北沙市周梁玉桥商代遗址出土了水牛的肋骨、桡骨、腕骨、膝盖骨等。[③]可见当时饲养牛的普及。殷商时，牛已成为一种隆重祭祀时用的牺牲。在周朝，由于牛逐渐运用于农业生产，因此牛显得贵重了，在祭祀和宴享中用牛的数量比商代有所减少。《国语·楚语》："**其祭典有之曰：国君有牛享，大夫有羊馈，士有豚犬之奠，庶人有鱼炙之荐，笾豆、脯醢则上下共之。**"意为牛是国君的祭品，羊是大夫的祭品，猪是士以下官员的祭品。这反映了春秋战国时期牛肉的珍贵，以及饮食生活中的等级差别。《礼记·王制》："**诸侯无故不杀牛。**"是农业生产需要牛的反映。[④]

猪，是当时的六畜之一。湖北宜昌覃家沱和黄土包都曾出土了周代的猪牙床。[⑤]由于农业的副产品可以为杂食性的猪提供充分的饲料，因而养猪在畜牧中

---

① 陈文华、程应林、胡义慈：《江西清江战国墓清理简报》，《考古》，1977年第5期，第312页。

② 刘彬徽：《随州擂鼓墩二号墓青铜器初论》，《文物》，1985年第1期，第21页。

③ 彭锦华：《沙市周梁玉桥商代遗址动物骨骸的鉴定与研究》，《农业考古》，1988年第2期。

④ 姚伟钧：《中国饮食文化探源》，广西人民出版社，1989年，第53～55页。

⑤ 湖北省博物馆：《宜昌覃家沱两处周代遗址的发掘》，《江汉考古》，1985年第1期，第45页。

便逐渐居于首要地位，成为人们生活中比较常见的肉食。殷商以后，肉猪在人们生活中的地位日趋重要，甲骨文中的家字从“宀”从“豕”，说明猪已成为家中重要的家畜。猪当时以谷物为饲料，《说文解字》：“以谷圈养豕也。”因此，猪的饲养量受到粮食产量的制约。《礼记·王制》规定；“士无故不杀犬豕。”《孟子·梁惠王》中说：“鸡、豚、狗、彘（zhì）之畜，无失其时，七十者可以食肉矣。”①可见猪的数量有限。

羊，在中国古代是吉祥如意的象征。在先秦时期的江陵望山遗址（在今湖北）和随县曾侯乙墓均出土了羊的遗骸，说明了羊是长江中游地区先民的重要肉类食物。《礼记·王制》规定：“大夫无故不杀羊。”《礼记·月令》中说：“孟者之月，……天子食麦与羊。”可见，先秦时期羊主要供权势者享用。在乡饮酒礼中，若是只有乡人参加就只吃狗肉，如果大夫参加则要另加羊肉。②

狗，由于狗容易喂养，繁殖力强，因此当时食狗之风十分盛行，屠狗逐渐成为社会上一种职业。《史记·樊哙列传》载秦末，刘邦的大将樊哙即“以屠狗为事”。这说明社会上养狗普遍，食狗肉人多。

貒，即猪獾。《楚辞·九思·悼乱》：“貒貉兮蟫（yín）蟫。”洪补云：“貒音湍，似豕而肥。一音欢。”

狸，俗称狸猫、野猫。《楚辞·九歌》：“乘赤豹兮从文狸。”王逸《注》：“狸一作貍。”《楚辞·九思·怨上》：“狐狸兮徾徾（méi，相随貌）。”《正字通》：“野猫。貍有数种，大小似狐，毛杂黄黑，有斑，如猫。员头大尾者为猫狸，善窃鸡鸭，肉臭不可食。斑如貙（chū）虎，方口锐头者为虎狸，食虫鼠果实。似虎貍尾黑白钱文相间者为九节狸。……”其中果子狸肉质最美，果子狸又名牛尾狸，玉面狸。俗谚曰：“天上龙肉，地下狸肉”，“沙地马蹄鳖，雪天牛尾狸”，均是赞美果子狸质佳味美的。

---

① 姚伟钧：《中国饮食文化探源》，广西人民出版社，1989年，第49~52页。
② 姚伟钧：《中国饮食文化探源》，广西人民出版社，1989年，第55~58页。

豺，是一种凶猛的犬科兽类，似狗。《楚辞·大招》：“味豺羹只。”王逸《注》：“豺似狗，言宰夫巧于调和，先定甘酸，乃内鸧（cāng）鸧黄鹄，重以豺肉，故羹味尤美也。”

鹿，是鹿科动物的通称。《楚辞·天问》：“惊女采薇鹿何祐。”“撰体协胁，鹿何膺之。”历代以为补阳佳品。

麋，即麋鹿。《楚辞·九歌·湘夫人》：“麋何食兮庭中？蛟何为兮水裔？”王逸《注》：“麋，兽名，似鹿也。”

先秦时期长江中游地区的禽鸟种类颇丰，主要有：鸡、鸭、雁、鸿、鸥、枭、驾鹅、鹌鹑、苍鸟、鹊、鸲鹆（qúyù）、朱雀、麻雀等，现依据有关资料将可食禽类介绍如下。

鸡，是早期被驯化的家禽之一。先秦时期，鸡肉、鸡蛋在人们的饮食生活中占有重要位置。商代，鸡已成为祭祀中的常品。周代还设有“鸡人”官职，掌管祭祀、报晓、食用所需的鸡。当时是上自贵族下至平民都爱饲养和食用鸡。在湖北江陵望山一号墓和江西清江营盘里遗址均有先秦时期的陶鸡出土。《楚辞》中也屡次出现“鸡”字，如《七谏》：“鸡鹜满堂壇兮”等。可见养鸡和食鸡之广泛。

鸭，先秦时期为供食之常见家禽，《曲礼·疏》：“野鸭曰凫，家鸭曰鹜。”同“鸡”一起在文献中多有提及，如《楚辞·九章》：“鸡鹜翔舞。”《楚辞·卜居》：“将与鸡鹜争食乎。”

雁，有多种，《玉篇》：“大曰鸿，小曰雁。”《楚辞·九辩》：“雁皆唼夫梁藻兮。”《九思》：“归雁兮于征。”《说文》：“雁，鹅也。”其实雁是鹅的祖先，鹅是由雁驯化而来。

鸿，是鸭科雁属少数大型种类旧时的泛称；或专指豆雁。《楚辞·招魂》：“煎鸿鸧些。”王逸《注》：“鸿，鸿雁也。”《大招》：“鸿鹄代游。”“鹍（kūn）鸿群晨。”《楚辞·七谏》：“斥逐鸿鹄兮。”《楚辞·九思》：“鸿鸬兮振翅。”王逸《注》：“鸿，雁也。”“鸿鹄，大鸟。”《说文》：“鸿，鹄也。”鸿是当时楚国著名的美食，所以屈原在“招魂”时将鸿列入祭品单中。

鸧，是当时的一种佳肴原料。《楚辞·招魂》：“煎鸿鸧些。”王逸《注》：“鸧，鸧鹤也。”《正字通》：鸧“大如鹤，青苍色，亦有灰色者；长颈，高脚，顶无丹，两颊红。关西呼为鸹鹿，山东呼鸧鸹，讹为错落，南人呼为鸧鸡，江人呼为麦鸡”。

鹌鹑，先秦时即为楚国名食，《楚辞》中屡次出现。《九怀·株昭》：“鹑鷃飞扬。”

野鸭，古称凫。《楚辞·招魂》：“鹄酸臇（juǎn）凫。”《楚辞·大招》：“炙鸹烝（zhēng）凫。”《楚辞·卜居》：“若水中之凫乎。”朱熹《集注》：“凫，野鸭也。”

麻雀，《楚辞·大招》：“煎鲼（jì）雀臛。”《楚辞·九章》：“燕雀乌鹊，巢堂坛兮。”

天鹅，古称鹄，大于雁和鹤，列为楚国美食之一。《楚辞·招魂》：“鹄酸臇凫，煎鸿鸧些。”《楚辞·大招》：“内鸧鸧鹄，味豺羹只。”其中都谈到由天鹅制成的美肴。

枭，通“鸮（xiāo）”。《诗经·鲁颂·泮水》：“翩彼飞鸮。”陆玑《疏》：“其肉甚美，可为羹臛。”

4. 以鱼类为主的水产原料

《史记》记载先秦楚地食俗为“饭稻羹鱼”，可见鱼类是先秦荆楚人民最主要的食物之一。以水产、爬行、两栖类为主，主要有：鲼鱼、鲇鱼、鳙鳙（yúyōng）、鳖、鸱龟、黾、青蛙、紫贝、文鱼、鲍、鱏（xún）、水母、鳣等。

鲼，又名鲋，即今之鲫鱼。《楚辞·大招》：“煎鲼臛雀。”《埤雅》曰：“味甚佳，头味龙胜。”

鲇，又称鳀鱼、鳀鱼，为无鳞鱼。《楚辞·九思·哀岁》曰：“鼋鼍（yuán tuó）兮欣欣，鳣鲇（zhānnián）兮延延。”《尔雅·释鱼》注：“鲇别名鳀，江东通呼鲇为鳀。”

鳣，又名黄鱼、蜡鱼，为无鳞鱼。《楚辞·九思·哀岁》："**鳣鲇兮延延。**"《尔雅·释鱼》鳣，郭璞《注》："**大鱼，似鱏而短，鼻口在颔下，体有邪行甲，无鳞，肉黄。大者长二三丈，今江东呼为黄鱼。**"李时珍以为即鲟鳇鱼。古说大鲤亦名鳣。

鱏，鲟鱼的古称。《楚辞·九怀·通路》："**鲸鱏兮幽潜。**"《尔雅·释鱼》邢昺疏："**鱏长鼻鱼也，重千斤。**"

鳖，今俗称团鱼、脚鱼、水鱼、圆鱼、王八，生于江河池沼中。《楚辞·九歌·湘君》："**群鸟所集，鱼鳖所聚。**"《楚辞·哀时命》曰："**驷跛鳖而上山兮。**"《尔雅翼》："**鳖卵生，形圆而脊穹，四周有裙。**"《纲目》曰："**鳖行蹩躠（bié bì），故谓之鳖。**"

此外，还有鸱龟，见于《楚辞·天问》："**鸱龟曳衔**"。黾，是蛙的一种，见于《楚辞·七谏》："**黾黾游乎华池。**"王逸《注》："**黾，虾蟆也。**"紫贝，见于《楚辞·九歌》："**紫贝阙兮朱宫。**"文鱼，见于《楚辞·九歌》："**乘白鼋兮逐文鱼。**"鲍，即鲍鱼，见于《楚辞·七谏·沈江》："**过鲍肆而失香。**"等。

总之，从这些著名的典籍中，我们看到了先秦时期长江中游地区丰富的食物资源，既有家养的，也有野生的；既有天上飞的，也有陆上行的，还有水里游的。正是这些丰富的食物原料，才为先秦时期菜馔制作水平的提高提供了可能。这也体现了楚人"五谷为养、五果为助、五禽为益、五菜为充"的优良饮食结构。

第二节　饮食器具的突破性进展

楚文化是在"华夏"文化基础上发展起来的、高度发达且风格独特的区域文化。在饮食文化方面，表现出浓重的荆楚特色、水乡异趣及南方风韵尤其是饮食器具有了突破性的进展，其重要标志是青铜器的广泛应用，这是烹饪史上由陶烹到金属烹的划时代变革；其次是漆制食具的大量制作与应用。

一、楚风浓郁的精美青铜饮食器具

青铜，是指红铜和其他化学元素的合金，商周时代的青铜古称金或吉金，其化学成分是锡青铜和铅锡青铜。在人类技术发展阶段中，使用青铜兵器和工具的时代就称为“青铜时代”。

随着特权阶段的形成，各阶层在生活待遇上逐渐分化。在饮食方面主要表现为：饮食内容上存在常食肉与少食肉的区别，饮食器具存在青铜食器与陶制食器的差异。

夏商周时期长江中游地区的青铜饮食器大体可分为饪食器、酒器、水器、乐器等四大类型，兹分述之。①

1. 饪食器

鼎，青铜鼎有祭祀、丧葬和宴享等各种用途。当时的鼎是贵族们的专门食器，主要用途多数不再是烹煮食物，而是作为盛食使用。烹煮食物的鼎叫做镬，无足的圆底锅，实际上是在列鼎之外专门用于煮牲肉的鼎。《淮南子·说山训》：“尝一脔肉，知一鼎之味。”高透《注》：“有足曰鼎，无足曰镬。”《周礼·天官·亨人》：“掌共鼎镬，以给水火之齐。”郑玄《注》：“镬所以煮肉及鱼腊之器。既孰，乃脀（zhēng，以牲体纳入）于鼎。齐多少之量。”王室贵族列鼎而食，就是把肉食先在镬中煮熟，然后分别盛在各自的鼎内。镬在西周应已从鼎类器具中分化出来，但在墓葬中出现却较晚，长江中游所见最早的镬是春秋晚期至战国末年这一时期的，为大口、平沿、束颈、折肩，腹壁较直。

作为食器、礼器的鼎，镬烹好后的食物升于另鼎，即为升鼎，它是青铜礼器中的主要食器，专以盛装熟肉并调味。在古代社会中，它被当作国家政权的象征，用来“明尊卑、别上下”。周礼将这种分工明载于祀典而加以规范，升鼎成为祭祀的中心而称为“正鼎”。又依特权等级差别，逐渐形成了西周的列鼎制度。

① 马承源：《中国青铜器》，上海古籍出版社，1988年，第83~275页。

图3-1　春秋牛角形耳云纹铜鼎，湖南湘乡何家湾出土（湖南省博物馆网站）

图3-2　战国升鼎，湖北随县曾侯乙墓出土（国家数字文化网全国文化信息资源共享工程主站）

列鼎，是指按照礼制要求排列的一组形制相同、大小递减的鼎的组合。贵族等级愈高，使用的鼎数就愈多。据周礼规定，西周时，天子用九鼎，盛牛、羊、豕、鱼、腊、肠胃、肤、鲜鱼、鲜腊。东周时国君宴卿大夫，有时也用九鼎，诸侯一般用七鼎。卿大夫用五鼎，士用三鼎或一鼎。①

鬲，鬲是煮器，鬲有三足而鬲中空，《汉书·郊祀志》中谓鬲就是空足鼎。新石器时代普遍使用陶鬲，青铜鬲最早出现在商代早期，如在湖北黄陂盘龙城出土的侈口矮颈锥足式鬲，侈口束颈，圆肩立耳，鼓腹分档，尖锥形空足。

甗，是当时常见炊具，由两部分构成，上体为甑，下体为鬲，上体盛米，中间是箅（bì），下体装水，用来蒸煮食物。如在江西新干县大洋洲遗址出土的商代鹿耳四足青铜甗即是。与中原地区比较，差别主要是下体的鬲，楚器为高裆高足，中原同一时期的鬲则矮裆矮足。

簋，是盛放食物的器具。圆口，圈足，无耳或有两耳、四耳，方座，带盖等形制。如在湖北黄陂盘龙城李家嘴出土的商代早期的无耳深腹圈足簋和兽首耳深

① 马承源：《中国古代青铜器》，上海古籍出版社，1988年。

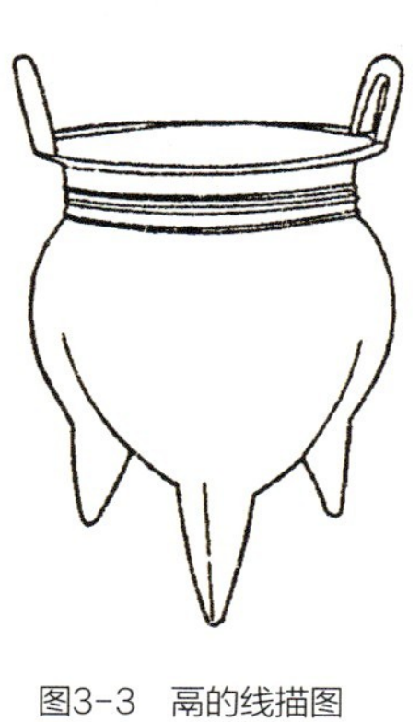
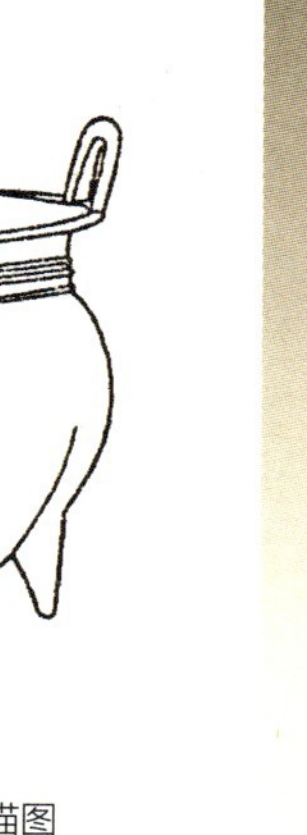

图3-3　鬲的线描图

图3-4　商代鹿耳四足青铜甗，江西新干县大洋洲遗址出土（江西省博物馆网站）

图3-5　无耳深腹圈足簋的线描图

图3-6　兽首耳深腹圈足簋的线描图

图3-7　春秋素面扁足铜簋，湖北当阳赵家塝3号墓出土（湖北省博物馆、湖北省文物考古研究所网站）

腹圈足簋。春秋早中期，长江中游与中原均流行圈座下加三小足的圆簋，器形差别不大，春秋晚期起，楚出现方座簋直至战国末年。此类簋造型、装饰都很精美，与中原的素面而简朴的风格形成鲜明对照。

簠（fǔ），是祭祀和宴飨时盛饭食的器具。《周礼·舍人》：“凡祭祀共簠簋。”郑玄《注》：“方曰簠、圆曰簋，盛黍、稷、稻、粱器。”簠一般为长方体，如盨棱角突析，壁直而底平埋，足为方圆或矩形组成的方圈。盖和器形状相同，大小

图3-8　西周马纹铜簋，湖南桃江县连河冲金泉村出土（湖南省博物馆网站）

图3-9　春秋子季嬴青簠，湖北襄阳山湾出土（湖北省博物馆、湖北省文物考古研究所网站）

一样，上下对称，合起来成为一体，分开则为两个器皿。如湖北襄阳山湾出土的春秋子季嬴青簠。簠出现于西周早期后段，但主要盛行于西周末春秋初，战国晚期后逐渐消失。

敦，敦是盛放饭食的器皿，由鼎、簋的形制结合发展而成。敦产生于春秋中期，盛行于春秋晚期至战国晚期，秦代以后消失。《尔雅·释丘》疏引《孝经纬》说："敦与簠、簋容受虽同，上下内外皆圆为异。"如湖北襄阳祭坡4号墓出土的战国嵌红铜几何纹龙形足铜敦。楚敦的器形基本特征是器盖与器身同形（春秋晚期有的盖钮与器足稍异，盖浅而器稍深），合之成球状或椭圆形，盖钮与器足同形。

豆，豆是用以盛放腌菜、肉酱等调味品的器皿。《周礼·醢人》："**掌四豆之实。朝事之豆，其实韭菹、醓**（tǎn，肉汁）**醢、昌本**（菖蒲根）、**麋臡**（nǎn）、**菁菹、鹿臡、茆菹、麇臡。**"豆有圆口与方口之分，还有有盖与无盖之别。如江西樟树市吴城遗址出土的商代圈点纹假腹原始瓷豆和湖北江陵藤店出土的战国早期方豆。铜豆出土较少，人们常以陶豆、漆豆为主，青铜豆出现于商代晚期，盛行于春秋战国。

图3-10　战国嵌红铜几何纹龙形足铜敦，湖北襄阳蔡坡4号墓出土（湖北省博物馆、湖北省文物考古研究所网站）

图3-11　商代圈点纹假腹原始瓷豆，江西樟树市吴城遗址出土（江西省博物馆网站）

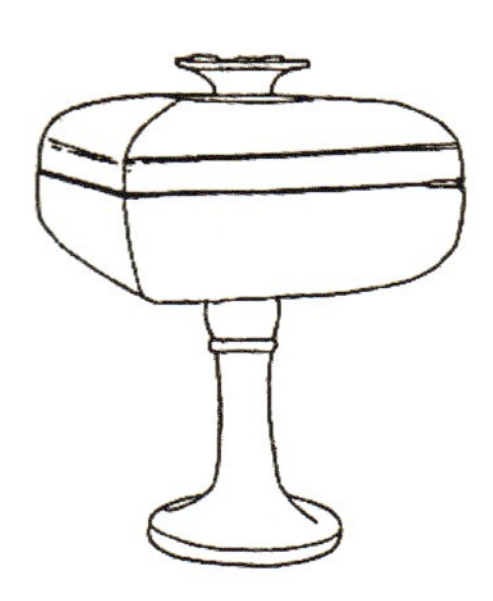

图3-12　战国早期方“豆”的线描图，湖北江陵藤店出土

俎，俎是切肉、盛肉的案子，为长方形案面，中部微凹，案下两端有壁形足。它也为礼器，常与鼎豆相连。《周礼·膳夫》载："王日一举，鼎十有二，物皆有俎。"《礼记·燕义》说："俎豆、牲体、荐羞，皆有等差，所以明贵贱也。"俎很少出土，可能当时多为木制。

盏，盏的形态似簋、敦，但没有圈足或方座。特别是直口束颈，深腹圜底，三矮蹄足，有隆起之盖，盖上四环钮，腹部有二耳和二钮。传世器有王子申盏[①]，出土器有湖北的鯍（yú）于为盏。[②]河南淅川楚墓、湖北襄阳宜城、当阳江陵楚墓均有出土。盏流行于春秋中晚期，战国晚期仍有出土，但已接近敦形，仅器盖小于器身而已。

匕，匕是挹（yì）取食物的匙子。《仪礼·少牢馈食礼》："**廪人概（gài）甑甗匕与敦于廪爨。**"郑玄《注》："**匕所以匕黍稷者也。**"《士昏礼》："**匕俎从设。**"《注》："**匕所以别出牲体也。**"可见匕的用途是挹取饭食和牲肉。考古发现的匕常与鼎、鬲同出，如湖北随县曾侯乙墓出土的14件匕均与鼎、鬲共出，其形

① 郭宝钧：《商周铜器群综合研究》，文物出版社，1981年。

② 刘彬徽：《楚国有铭铜器编年概述》，《古文字研究》第九辑，中华书局，1984年，第331~372页。

图3-13　商代象形铜尊，湖南醴陵出土（国家数字文化网全国文化信息资源共享工程主站）

图3-14　商代晚期青铜四羊方尊，湖南宁乡出土（楚学文库）

图3-15　湖北随县曾侯乙墓铜尊（湖北省博物馆、湖北省文物考古研究所网站）

各异。

2. 酒器

尊，尊是酒器的共名，凡是酒器都可称尊。金文中称礼器为尊彝，尊像双手奉酉形，彝像双手献沥血的鸡，乃所以尊酒奉鸡牲祭祀之意。尊彝是祭祀的礼器之共名，不是指某种礼器之专名。青铜器中专名的尊特指侈口、高颈、似觚而大的盛酒备饮的容器。也有少数方尊和形制特殊的尊，模拟鸟兽形状，统称为鸟兽

图3-16 “壶”的线描图

图3-17　战国壶，湖北江陵望山2号墓出土（湖北省博物馆、湖北省文物考古研究所网站）

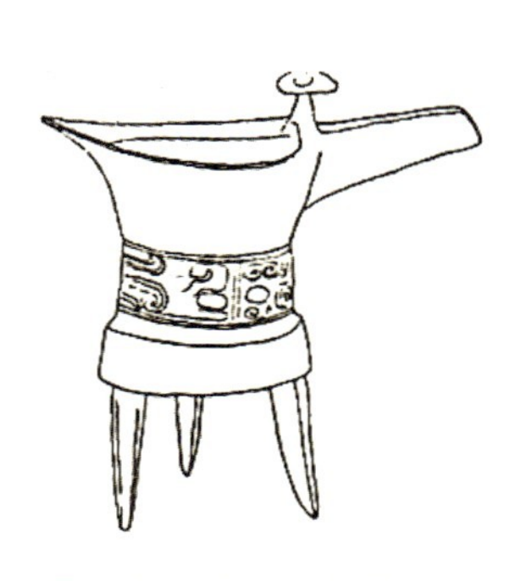

图3-18 “爵”的线描图

图3-19 湖北黄陂盘龙城商代铜斝（湖北省博物馆、湖北省文物考古研究所网站）

尊。长江中游地区出土了大量的青铜尊，如湖南醴陵出土的商代象形铜尊和宁乡出土的商代晚期青铜四羊方尊。后来，尊又指酒杯，写作“樽”。尊盛行于商代和西周初期。

壶，分盛酒与盛水两种。作为贮酒器的壶，深腹，敛口，楚地多流行方壶和圆壶两种。如湖北黄陂盘龙城李家咀出土的商早期的长颈圆壶就是其中的一种。

爵，用于飨饮酌酒之器，少数用以烹煮酒或温酒。爵的一般形状为前有流，即倾酒的流槽，后有尖锐状尾，中为杯，一侧有鋬（即把手），下有三足，流与杯口之际有柱。如湖北盘龙城出土的商早期的杯体双柱爵。爵盛行于商和西周，尤以商代最多，春秋战国时已很少见。

斝，为盛酒行祼（guàn）礼之器，或云兼可温酒。形状似爵，但较大，有三足，口沿有一柱或两柱，侈口，有的有盖，有的无盖，腹有直筒状、鼓腹状，底有平底、圆底，形制较多。无流和尾，有大鋬可执。如湖北黄陂盘龙城商代铜斝。斝主要盛行商代。

觥（gōng），又作觵（gōng），古代盛酒器或饮酒器。《说文·角部》：“觵，兕牛角可以饮者也。”《诗经·周南·卷耳》：“**我姑酌彼兕觥。**”郑玄《注》：“**罚爵也。**”“**旅酬必有醉而失礼者，罚之亦所以为乐。**”觥的形状不止牛头一种，它出现于商代，早期的觥形状像牛角横置形，下承长方圆足，前端作龙头状，有盖。后来觥演化为像一有流的瓢，上有盖，盖覆流处成为兽头，向上昂起，后有鋬，下有圈足。有的觥附有小斗可挹酒。觥也有完全成为动物形的。觥的使用延至西周中期，后来这种酒器被淘汰，被改造为盥水的器具。

罍（léi），用于盛酒和盛水的器具。《诗经·周南·卷耳》中有：“**我姑酌彼金罍。**”《尔雅·释器》郭璞《注》：“**罍形似壶，大者受一斛。**”罍又兼可盛水。《仪礼·少牢馈食礼》：“**司宫设罍水于洗东。**”罍有方形和圆形两种。方形罍宽肩、两耳、有盖。圆形罍大腹、圈足、两耳。罍主要盛行于商和西周。湖北江陵岳山、河南桐柏县月河左庄均有出土。

鑘（léi），盛酒器。鑘实际上是罍的演变，都是小口大腹的容酒器。它们之间的区别在于罍有三耳，而鑘仅有肩上二耳，而罍名消失或罕见之时，正是鑘的行用之时。鑘出现于西周晚期，沿用至春秋。湖北枣阳赵湖、河南光山均

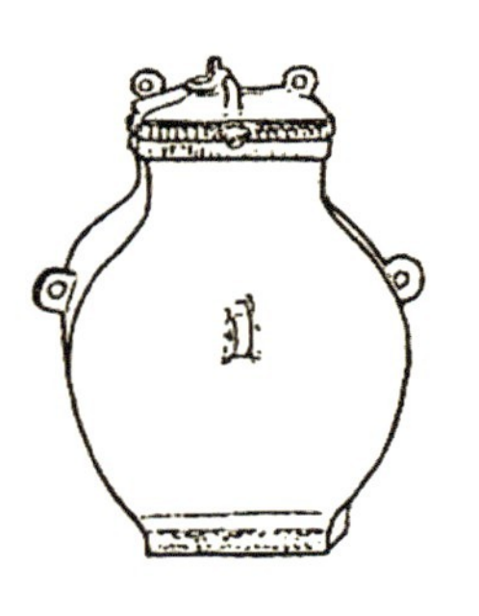

图3-20 “缶”的线描图

图3-21 战国盉，湖北江陵望山1号墓出土
（湖北省博物馆、湖北省文物考古研究所网站）

图3-22 “瓿”的线描图

图3-23 “甀”的线描图

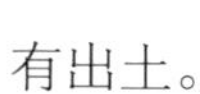

有出土。

尊缶，为盛酒器。古人多用陶质缶。《说文》：“缶，瓦器。所以盛酒浆，秦人鼓之以节謌（gē），象形。”青铜尊缶见于春秋中期，皆敛口而大广肩的形状。淅川下寺楚墓和蔡昭侯墓内均有出土，自名为尊缶。

盉，盛酒或调和酒之器。《说文·皿部》：“盉，调味也。”王国维《说盉》云：“盉之为用，在受尊中之酒与玄酒而和之而注之于爵。”盉的形状较多，一般是深腹、圆口、有盖，前有流、后有鋬，下有三足或四足，盖与鋬之间有链相连接，也有无盖和链的。盉盛行于商和西周。

瓿（bù），是盛酒浆或水的礼器，大的古称瓮，小的古称甂（biān）。上古三代时期没有“瓿”字。汉以后说法颇多。《说文·瓦部》：“瓿，甂也，从瓦音声。”“甂，似小瓿，大口而卑，用食，从瓦扁声。”这类酒器大约流行于商中期至晚期前段。湖南宁乡黄材有出土。

甀（zhuì），盛酒器。《玉篇》云：“甀，罂也。”《方言》：“罃，韩郑之间谓之甀。”这类器高度一般在25～30厘米之间，其大者可达50厘米以上。甀始于春秋早期，形体宽而扁，有方扁和圆扁两种。安徽寿县蔡侯墓有出土。

枓（zhǔ），挹酒器。本作斗，为区别量器斗，故取“枓”字。徐锴《说文解字系传》云：“枓，勺也，从木斗声。臣锴按，字书枓，斗有柄，所以斟水。”

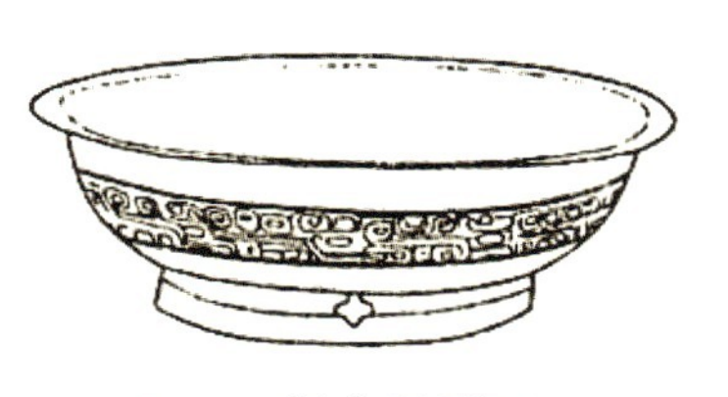

图3-24 “盘”的线描图

图3-25 “匜”的线描图

枓既可挹酒，也可斟水。枓有柄，像北斗之形。湖北随县曾侯乙墓有出土。

勺，取酒浆之器，与斗作用相似，但形状不同。《说文》：“勺，枓也，所以挹取也。”枓勺皆有小杯，枓柄曲。湖北随县曾侯乙墓有出土。

3. 水器

水器大致可分为承水器、注水器、盛水器以及挹水器四种，包括盘、匜、鉴、汲壶等。

盘，是承水器。商周宴飨时饭前宴后要行沃盥礼。《礼记·内则》曰：“进盥，少者奉槃，长者奉水，请沃盥，盥卒授巾。槃，承盥水者。”以盘承接弃水。青铜盘流行于商周。湖北黄陂盘龙城、江西靖安和湖北江陵藤店均有出土。

图3-26 战国鉴，湖北荆门包山2号墓出土

图3-27 春秋百乳铜鉴，湖南湘乡牛形山27号墓出土（湖南省博物馆）

匜（yí），是盥手注水器，是与盘配套使用的，也是长江中游地区当时最常见的盥洗器之一。《左传》曰："奉匜盥沃"，即执匜浇水于手洗沫。匜流行于西周晚期至春秋时期。湖北随县曾侯乙墓及安徽寿县朱家集均有出土。

鉴，乃盛水盛冰之器，可用以照容貌、保存食品、沐浴。《说文》："鉴，大盆也。"青铜鉴，于春秋中期至战国出现并流行。特别值得一提的是曾侯乙墓出土的制作十分精巧的冰鉴，当中为一方酒壶，外为一大方鉴，方鉴与壶之间有较大空隙，估计夏可镇冰，冬可填炭，经试验，夏季冰酒需填冰块100多斤。

4. 宴飨乐器

夏商周三代贵族的饮食是颇讲究的，往往在歌舞乐曲声中进餐。出土的青铜乐器有钟、镈（bó）、钲（zhēng）、錞（chún）于、鼓等。

钟，是周代的青铜打击乐器。钟乐是楚国朝聘、祭祀和宴享奏乐时不可缺少的。1978年至1980年在河南淅川发掘了春秋楚墓25座，其中1、2、3号墓出土了编钟4套共52件，战国时代的编钟完整的有3套，其中质量最佳的是擂鼓墩1号墓所出土的一套曾侯乙编钟。

镈，是大型单个打击乐器，与编钟、编磬配套使用，一般作为贵族宴飨或祭祀时用。镈如大钟，用以指挥乐队的节奏性。随县擂鼓墩曾侯乙墓出土的整体编钟下层有一大钟，一般认为是镈，形如深腔之平口纽钟，舞（钟体的顶部名舞）上饰透雕蟠龙纹纽。

錞于，打击乐器。《周礼·地官·鼓人》："以金錞和鼓。"郑玄《注》："錞，錞于也，圆如头，大上小下，乐作鸣之，与鼓相和。"錞于可用于祭祀集会、宇庙享孝时的宴乐。湖南泸溪、长沙、龙山白羊等处均有出土。

鼓，多为木质，我国商周青铜鼓遗存只有两具，其中长江中游地区一具。鼓在古代应用范围很广泛。《周礼·地官·鼓人》："掌教六鼓四金之音声，以节声乐，以和军旅，以正田役。"用于宴飨演奏是其用途之一。

二、艳丽华美的楚国漆制饮食器具

我国漆器的历史悠久，风格独特，在原始社会时期就已开始用漆。商周以后，生漆的应用开始向人们生活起居的多方面扩展，其中以楚地漆器最为有名。1958年，在湖北蕲春毛家嘴西周早期遗址中发掘出的漆杯，呈圆筒形，黑色和棕色漆底上绘红彩，纹饰分四组，每组由雷纹或回纹组成带状纹饰。制作之精美，说明当时的漆制品工艺已很成熟。东周时，我国髹漆工艺进入了一个兴盛时期。近几十年来，楚墓出土的漆器最多，保存也最好。屈原在《楚辞·招魂》中所描绘的"羽觞""竽瑟""华酌"等器物及其纹样装饰，从现已出土的漆器实物中均可得到印证，足见楚髹漆工艺之发达。

优越的地理条件、温和湿润的气候为漆树、油桐等树木的生长提供了良好的环境。楚国铁器在生产上的普遍使用，大大地提高了漆器木、竹胎的生产效率，从而使大量生产漆器成为可能。春秋战国之际，轻巧华美、耐酸碱，经久耐用的漆器得到了迅速发展。楚国漆器不仅数量多，品种全，而且漆色艳丽丰富，纹样内容和表现形式极为繁复。楚人所用的漆，除黑漆外，还有红、黄、白、紫、褐、绿、蓝等各色油漆。最难制造的金、银色漆在楚漆器中也有应用，为我国髹饰史写下了新的篇章。

楚漆器种类相当丰富。据《楚文化志》综合分类，按用途楚漆器可分为生活用具（包括饮食器等、日用器）、娱乐用具、工艺品、丧葬用品和兵器等。饮食用具有几、案、俎、笥、盒、匣、豆、樽、壶、钫、耳杯、杯、盘、碗、勺、匕等，其中以盛食器具的数量最为丰富。

下面介绍几种主要的漆制饮食用具。①

卮（zhī），即樽，是古代的一种酒器。《战国策·齐策》中说："**楚有祠者，赐其舍人卮酒。舍人相谓曰：'数人饮之不足，一人饮之有余。请画地为蛇，先**

① 张正明:《楚文化志》，湖北人民出版社，1988年，第61~92页。

图3-28　卮

图3-29　漆耳杯的线描图

成者饮酒。'一人蛇先成，引酒且饮之，乃左手持卮，右手画蛇，曰：'吾能为之足。'未成，人之蛇成，夺其卮曰：'蛇固无足，子安能为之足？'遂饮其酒。为蛇足者，终亡其酒。"在这则"画蛇添足"的故事中，楚国贵族的门客用的就是漆制酒杯，即卮。亦说明卮的容量不大。卮在长沙、江陵等墓葬中均有出土。

漆耳杯，即羽觞。古代用于盛酒、盛羹或盛食。楚国出土的漆器中漆耳杯数量很多。《楚辞·招魂》中也说："实羽觞些。"王逸《注》："实，满也。"耳杯杯口一般呈椭圆形似耳状故名，弧壁，平底，少数有假圈足。器内一般髹红漆，外髹黑漆。大致有方耳杯、圆耳杯和高座耳杯三种。

漆盒，用以盛装食物的食具。有方盒、罐形盒、鸳鸯形盒、带足盒、龟形盒、矩形盒、圆盒、椭圆形长盒等形制。其中曾侯乙墓出土的鸳鸯形盒造型别致，整体似鸳鸯，身部雕空，背上有一长方孔，安置一长方盖，盖上浮雕夔龙。全身黑漆地，朱绘鳞纹，间饰小黄花圆点。腹身两边分别绘撞钟图和击鼓、舞蹈图。

漆豆，盛食器。形状与高足盘相似，盘上有的带盖，有的无盖，有的作鸳鸯形，有的作方盒形。其中江陵雨台山427号墓出土的鸳鸯形漆豆，盖与盘合成一只鸳鸯形，盘颈侧视，双翅收合，蜷爪，尾略翘。尾部两侧绘有两只对称的金

图3-30　战国彩漆木雕鸳鸯形盒，湖北随县曾侯乙墓出土（湖北省博物馆、湖北省文物考古研究所网站）

图3-31　战国漆鸳鸯豆复原件，湖北江陵楚墓出土

凤，作回首站立状，栩栩如生。

漆箱、漆桶，战国漆箱仅发现于曾侯乙墓，依所装物品不同，可分为衣箱、食具箱、酒具箱等。酒具箱为长方盒形，内髹朱漆，外髹黑漆。器身与器盖内横隔成长短不一的五格，器身内有一长格又加一竖板隔开，故共为六格。格内分别装方形漆盒、圆罐形漆盒、漆耳杯等物。食具箱长方形，盖、身基本等高、等大，盖底两旁均钉铜扣，箱外黑漆，箱内朱漆。

漆案，一种有短脚的盛食物的托盘。湖北江陵天星观战国中期1号墓、随州曾侯乙战国早期墓、河南信阳长台关战国中期1号墓均有出土。

漆勺，用以舀汤，出自几座大墓。如曾侯乙墓出土的3件漆勺有两种样式。一种是长柄为扁体，断面为矩形，末端最宽，靠近末端弯曲，勺身为椭圆斗形。全身黑漆，木勺柄的面上施朱绘云雷纹。另一种是长柄作圆杆状，勺身呈铲状，全身黑漆，没有纹饰。

此外，还有漆盘、漆碗等漆器。饮食类漆器的大量出土，说明楚地使用漆制食器十分广泛。

第三节 食物加工、制作技术的进步与楚地贵族饮食

一、楚人常用的调味料与“五味调和”的理念

随着人们对饮食烹饪认识的深入，不再满足于各种食物的自然本味。在长期的实践中，开始将一些调味料用到日常饮食中。

周时即对“五味”已有了较为明确的认识，《周礼·天官·疾医》：“以五味、五谷、五药养其病。”《礼记·礼运》曰：“五味六和十二食，还相为质也。”郑玄《注》：“五味：酸、苦、辛、咸、甘也。”

1. 咸味调料

盐，长江中游地区的人们在远古时期就已开始食用盐。盐在夏商周时期已成为人们应用最为广泛的一种调味品。盐是人体血汗中不可缺少的成分，其主要作用能调节细胞间渗透平衡及正常的水盐代谢。

醢，醢是以肉为原料制成的肉酱，最初可能是先民们保存肉类和鱼类的一种方法，后发展成为日常的调味品了。“醢”字在《楚辞》中曾出现十余次。

豆豉，一种豆制食品，调味品之一。豆豉的生产和食用早在战国的长江中游地区就出现了。《楚辞·招魂》中曰：“大苦咸酸，辛甘行些。”王逸《注》：“大苦，豉也。辛，谓椒姜也。甘，谓饴蜜也。言取豉汁，和以椒姜，醎酢和以饴蜜，则辛甘之味，皆发而行也。”东汉人刘熙在其《释名·释饮食》中说：“豉，嗜也，五味调和须之而成，乃可甘嗜也。故齐人谓豉声同嗜也”。

2. 甜味调料

长江中游地区乃至全国最早利用的甜味品是野蜂的“蜜”，以及用淀粉谷物制成的饴和蔗糖糖浆。

饴，饴是楚国常见的食品，味甜，主要甜味成分是麦芽糖。《楚辞·招魂》中说：“粔籹（jùnǚ）蜜饵，有怅馆些。”粔籹，即今之馓子；蜜饵，即饴糖

制作的糕饼。东汉许慎的《说文解字》收进了“糖”，注曰：“饴也，从米，唐声。”从此“糖”成为甜味剂的统称。

蔗浆，早在战国时期的长江中游地区就已开始使用蔗糖浆，它是从甘蔗中榨取的。一般用于饮料、甜味料或甜味食品。甘蔗是喜温性植物，楚地宜于栽培。《楚辞·招魂》：“胹（ér）鳖炮羔，有柘浆些。”柘与蔗通，柘浆即甘蔗汁。许慎《说文解字》收进了“蔗”字：“蔗，藷蔗也。”段玉裁《注》：“藷蔗”即“甘蔗”，并引述服虔《通俗文》曰：“荆州竿蔗”。

3. 酸味调料

梅，梅是最早的酸味调料之一，长江中游地区很早就产梅。梅在湖北江陵和河南信阳楚墓中均有发现，《诗经·君南·摽有梅》中也有记载。梅是青梅一类的果实，这类果实有极强的酸味；在荤腥鱼肉中调入梅汁或梅酱就会使食品显得味美可口。因为酸有解腻及分解蛋白质的作用，在烹调中能使鱼肉的骨骼易于酥软。因此，《尚书·说命》中讲：“若作和羹，尔惟盐梅”。

酢，也称酸、醯（xī）。楚人用酢作酸味调料是较普遍的。《楚辞》中有五六处提到食物的调酸。《招魂》：“和酸若苦，陈吴羹些。”王逸《注》：“言吴人工（善于）作羹，和调甘酸，其味若苦而复甘也。”《招魂》又云：“大苦咸酸。”五臣云：“酸，酢也。”可见酸本酢名，酢之酸味者曰酸。引申之，凡味之酸如酢者，皆可称作酸。

4. 辛、香味调料

辛、香调料在烹调中具有除腥解腻的作用，并能给食物增加风味，因此当时已广泛使用于烹饪，屡见于先秦文献。荆楚潮湿阴冷，多食辛辣可以暖胃、祛湿、驱寒，地理环境与饮食风格决定了楚人嗜辛辣的习惯。

花椒，春秋战国时期楚国已广泛使用。《楚辞》中“椒”出现过14次。长沙马王堆出土花椒百余颗，湖北随县曾侯乙墓出土花椒500余粒。[①] 花椒具有特殊的香麻味，属较早的香辛味型调味料。

蘘荷，香味原料。《楚辞·九叹》："耘藜藿与蘘荷。"王逸《注》："蘘荷，蓴菹也。"《楚辞·大招》："脍苴蓴只。"王逸《注》："苴蓴，蘘荷也……脍、炙切蘘荷以为香，备众味也。"可见蘘荷不仅味香，而且可以用作调料。

桂，桂作调料的部分为其皮和花。《楚辞·九歌·东皇太一》："奠桂酒兮椒浆。"王逸《注》："桂酒，切桂置酒中也。言已供待弥敬，乃以蕙草蒸肴，芳兰为藉，进桂酒椒浆，以备五味也。"说明当时是以桂为香料加入酒中饮用的。[②]

酒，既是饮料，至春秋战国时期又作调料。如《周礼》郑云《注》：制作醢时就要"渍以美酒"。酒是很好的有机溶剂，易于挥发，可增加菜肴的香味，减轻油腻感，除膻去腥。

此外，辛香调料还有蓼、姜。

5. "五味调和"——古人对饮食美味的理想追求

调味品是中国饮食文化不可分割的重要组成部分。当调味进入人们生活时，人类才真正开始享受食物带来的愉悦。楚国已经使用盐、酱、豆豉、糖、醋，以及香辛料等调味品进行调味，体现了中国古人追求饮食"五味调和"的理念。

中国人将"五味调和"看作是调味的最高标准。味，是饮食五味的泛称，和，是中国古代哲学思想的精髓，在这里代表饮食之美的最佳境界。古人认为"辛、甘、酸、苦、咸"各有其味，单一味道给人的感受并不尽善尽美，必须经过调和，才能取长补短，相互作用，达到适口和芳香，令人回味无穷。《吕氏春秋·本味》中讲："调和之事，必以甘、酸、苦、辛、咸，先后多少，其齐甚微，皆有自起。鼎中之变，精妙微纤，口弗能言，志不能喻。若射御之微，阴阳之化，四时之数。故久而不弊，熟而不烂，甘而不哝，酸而不酷，咸而不减，辛而

---

① 湖北省博物馆：《曾侯乙墓·上册》，文物出版社，1989年，第452页。

② 姜亮夫：《楚辞通故》，齐鲁书社，1985年，第646页。

不烈，淡而不薄，肥而不𦢈”。

春秋战国特别是汉代以后，“五味调和”理论得到进一步延伸，它以天人相应的阴阳五行学说为基础，以五行衍生五味、五脏，以五味与五脏相匹配构成了中华民族饮食文化“以养为目的，以味为核心”的宗旨。无论在饮食文化理论中，还是在烹饪实践制作中，都遵循着以“五味调和”的阴阳平衡，去协调五脏的阴阳平衡。体现了中国古代先民最本初的哲学思想。《黄帝内经·素问》曰：“阴阳者，天地之道也，万物之纲纪，变化之父母，生杀之本始，神明之府也。”要做到五味调和，各种调味料的互相配合是必不可少的。古人对各种调味料以五味进行分类，并总结了各自的功效。使用时根据食材的特点，弥补食材的不足或欠缺，调剂其过分的味道，以达到和谐适中，令食者吃出健康与快乐。

二、食物加工技术的进步和油烹法的诞生

1. 原料初加工的进步

粮食的初加工。谷物加工工具最早的形式即研磨器或称磨谷器，它贯穿着几乎整个新石器时代，它的效率虽然不及后来的杵臼，但比起用手搓，或用两片石头对搓，效率还是高多了。代替研磨盘的是杵臼。杵臼出现于新石器时代末期，《周易·系辞》中所说的“断木为杵，掘地为臼，臼杵之利，万民以济”，指的就是这类加工方法之滥觞。早期的杵臼存在着较多的缺陷，这其中主要是米与土常常混杂在一起。张舜徽在《说文解字约注》“臼”字注中说：“太古掘地为臼，米与土自相杂，故重在择米，其后既穿木石为臼，而米渐纯洁。”说明这种加工方法是在不断完善的，臼逐渐被石、陶所替代。杵臼的产生，是谷物加工工具发展史上的第一次飞跃，它的工效无疑比平板的或马鞍式的磨谷器高得多。[1]

---

[1] 姚伟钧：《中国饮食文化探源》，广西人民出版社，1989年，第92~93页。

杵臼只能加工出整粒粮食。随着社会生产力的提高，人们要求进一步改善自己的生活条件，制作更美的食物。正如考古学家郭宝钧所说：“粮食加工及炊饪烹调等程序，无非是舂之礳（mò）之，以省咀嚼；煮之蒸之，以助消化；烹之调之，以和五味；干之腌之，以便携带和贮藏，如此而已。”[①]春秋时期，更为先进的谷物加工工具石磨可能已出现了。先秦时把石磨称为“硙”（wèi）或“礳”，《世本·作篇》中讲：“公输作硙。”公输班是春秋末年鲁国著名工匠。东汉许慎《说文解字》中说：“硙，礳也。古者公输班作硙。”张舜徽在《说文解字约注》中指出：“合两石琢其中为齿相切以磨物为硙。北人谓之硙，江南谓之磨，实一物也。”1975年在湖北云梦睡虎地出土的秦墓竹简，为我们提供了明确的以“麦”加工制粉的记载。《秦墓竹简·仓律》：“麦十斗，为䴬三斗。”[②]《说文》：“䴬，麦核屑也。十斤为三斗。”䴬是麦麸中还杂有面的名称，麦十斗除去三斗䴬外，其余自然是细面了。面粉加工的出粉率已作法律的规定，面食在秦时自然是常见的食品了，磨，自然是最得力的工具。[③]小麦面粉的出现，为后来馒头、面条、饼子等面制食品的发明提供了原料，从“粒食”到“粉食”，是人类饮食生活的一大进步。

鱼肉蔬菜的刀工处理。夏商周时期的长江中游地区不仅有大量的铜制刀具，还有为数不少的铁制刀具，以及用于加工烹调原料的“削”出土。在湖北江陵、湖南长沙、衡阳以及韶山、资兴旧市均有楚国铁削出土。

关于当时刀工的技术水平，历史文献中多有所反映。西周时，对肉的加工列有专门官员负责，即《周礼·天官》所说的“内饔”和“外饔”。《庄子·养生主》记载了庖丁高超的解牛技术，从中可见当时刀工技术的普及和技艺的高超。

---

① 江西文管会：《南昌老福山西汉木椁墓》，《考古》，1965年第6期，第268~272页。

② 睡虎地秦墓竹简整理小组：《睡虎地秦墓竹简》，文物出版社，1978年，第45页。

③ 姚伟钧：《中国饮食文化探源》，广西人民出版社，1989年，第94页。

2. 煎炒类等油烹法的产生

三代期除了沿用新石器时代的烧、烤、煮、蒸、烩等火烹、水烹、汽烹等烹调方法之外，还出现了煎、炒等用油烹调的方法。由单纯的用水及蒸汽为介质烹调发展到用油烹调，这是烹调史上的又一次飞跃。

要对烹饪原料进行煎炒，必须具备三个条件，即有锋利的刀具、油脂和传热迅速且耐高温的金属炊具。考古资料证明，“炒”法至迟在春秋时期，至少在当时的楚国已经出现了。①

1923年在河南新郑县春秋时期的墓葬中出土的“王子婴次之炒炉”，据考古工作者鉴定是一种专作煎炒之用的青铜炊器，该炉高11.3厘米，口径长45厘米，宽36.6厘米，形状似长方盘，器壁内侧刻有“王子婴次之𤼵（chǎo）炉”。对此，考古学家陈梦家在《寿县蔡侯墓铜器》一文中指出：“东周时代若干盘形之器，并不皆是水器。”《礼记·礼器》注云：“盆，炉盆也。”似指新郑所出“王子婴次之炒炉”。该器的质地比较薄，适合煎炒之用。另外，东周铜器铭文中凡从火字的均写作“𤼵”，这是当时的书写特点。𤼵，从广炎（chǎo）声，即现在的“炒”字，“𤼵”即“炒”字。可见“𤼵炉”乃煎炒之器。

楚国区域内也先后出土了一些可作煎炒之用的器具。如1978年湖北随县曾侯乙墓曾出土了一个青铜炉盘，高21.2厘米，分上下两层，上盘口径39.2厘米，下炉盘口径38.2厘米、上盘足高9.6厘米、下炉足高7.5厘米、链长20厘米。下盘深3.5厘米，盘底有13个镂空的长方形孔，盘下有三个蹄式矮足。出土时炉内还有木炭，实际就是一个烧木炭的炭炉。上层为盘，出土时盘上有鱼骨，盘底有烟熏火烤痕迹，经鉴定为鲫鱼。盘的深度不高，可能是为了便于煎炒的操作而设计的。1979年4月，江西靖安出土了一件春秋时期徐国之器，自铭“炉盘”，其形状和曾侯乙炉盘大体相同。

以上所述大致可以说明三代期长江中游地区已经出现了专作煎炒之用的炊具，

① 姚伟钧：《中国饮食文化探源》，广西人民出版社，1989年，第102~104页。

人们已经开始运用煎炒之法进行烹饪。这在古代文献中可以进一步得到证明，《楚辞》“招魂”“大招”等篇章中，就有“煎鸿鸧”“煎鲼臛雀”等菜肴名称。

三、古代“冰箱”及早期的食品保藏法

随着农业生产的发展，促进了粮、肉、果蔬等食物储藏方法的改进。粮食贮存从窖穴存放到陶质罐、缸储存，继而到仓、廪保藏，使粮食保存的效果逐步提高。对于肉类以及蔬果、饮料等的保藏也出现了多种方法，大体上可分为腌酱法、干制法和冷藏法三大类。

1. 腌酱法

蔬菜类原料加以腌制称之为“菹”，肉类原料腌制成的酱称之为“醢”。这类食品保藏法在当时极为常见。《楚辞》中多次提及。

2. 干制法

干制法就是将原料中的水分脱去一部分，以增加保藏时间。《楚辞·离骚》云：“**固前脩以菹醢。**”脩，即脯，亦即干肉。可见楚人已掌握并使用了制作干肉的方法。楚人还懂得将米炒熟制成不易变质的干粮。《楚辞·九章》中讲：“**愿春日以为糗（qiǔ）芳。**”糗是炒熟的米、麦等谷物。有捣成粉的，有不捣成粉的。

3. 冷藏法

冷藏法是降低贮藏食物的温度，以延缓或防止食物变质的一种方法。这类方法有井藏（利用井与地面的温差）和冰藏两种。其中最值一提的是用冰鉴保藏食物的方法。《周礼·天官·凌人》中讲：“**春始治鉴，凡外内饔之膳羞鉴焉。凡酒浆之酒醴亦如之，祭祀共冰鉴，宾客共冰，大丧共夷槃冰，夏颁冰掌事，秋刷。**”曾侯乙墓出土了制作十分精巧的冰鉴，当中为一方酒壶，外为一大方鉴，鉴壶之间有较大空隙，估计夏可镇冰，冬可填炭。经试验，夏季冰酒需填冰块50多千克，

比今之冰箱略小。《楚辞·招魂》云：“挫糟冻饮，酎清凉些。”王逸《注》：“冻，冰也。言盛夏则为覆蹙干酿，提去其糟，但取清醇，居之冰上，然后饮之”。

四、《楚辞》“二招”中的楚国贵族饮食

随着国家的强盛和经济的繁荣，楚国的物产开始丰富起来，畜禽五谷、山珍野味均端上了人们的几案。由于烹饪器具的改进，可以采用锋利的刀将原料切割得精细、均匀。咸、甜、酸、辛香等调料的普及可以使菜肴五味调和。“厨师”可以用煎、炒、蒸、煮、焖、烧、烤等多种烹调方法把肴馔做得丰富多彩。加之食物保藏法的改进，使人们可常年吃到较新鲜的食物。那时，人们的饮食已有主食、副食之分，饭、菜、汤、点、酒之别，筵席上也开始讲究营养、口味、菜点的搭配。这一时期楚人的饮食生活已达到了较高的水平。《楚辞》中的《招魂》和《大招》篇给我们留下了两张相当齐备且具代表性的菜单，是当时楚国贵族饮食生活的真实写照。

《招魂》列举的肴馔有：

室家遂宗；食多方些。（宗族相聚举行祭祀，有多种多样的食物。）

稻粢穱麦，挐黄粱些。（稻米粟麦作粥饭，饭中掺着黄粱。穱：麦的一种。挐：掺杂。黄粱：黄小米。）

大苦咸酸，辛甘行些。（大苦与咸的酸的有滋有味，辣的甜的也都用上。大苦：一说豆豉；一说苦味甚者。）

肥牛之腱，臑若芳些。（肥牛腱子肉，小火煨得烂又香。臑：通“胹”，煨烂。）

和酸若苦，陈吴羹些。（五味调谐真鲜美，这是吴式好羹汤。）

臑鳖炮羔，有柘浆些。（清炖甲鱼烤羔羊，还有新榨的甘蔗浆。）

鹄酸臇凫，煎鸿鸧些。（醋烹天鹅煮野鸭，雁肉鸧鹏煎得香。）

露鸡臛（huò）**蠵**（xī），**厉而不爽些。**（火烤鸡和龟羊汤，味道鲜美胃不伤。

露：一说借为“卤”；一说借为“烙”，火烤。臛：肉羹，不加菜，纯粹用汤来煮。蠵：大龟。厉：烈也。爽：败也。）

粔籹蜜饵，有𫗦餭（huáng）些。（油炸麻花裹蜂蜜，馓子甜酥请君尝。粔籹：用蜜和米面做成的馓子。蜜饵：捣黍加蜜制成的餻。𫗦餭：干的饴糖或一种面食。）

瑶浆蜜勺，实羽觞些。（进蜜酒，酌琼浆，装满酒杯端上堂。）

挫糟冻饮，酎清凉些。（冰镇清酒真爽口，请饮一杯甜又凉。）

华酌既陈，有琼浆些。（精美的酒具已摆好，玉液琼浆美名扬。酌：盛酒的斗。华酌：即光华美丽的酒斗。琼浆：同“瑶浆”。）

《大招》列举的肴馔有：

五谷六仞，设菰梁只。（五谷堆的山样高，筵席上将雕菰米饭陈放。）

鼎臑盈望，和致芳只。（一排食鼎列庭堂，五味调和传芳香。鼎臑：用鼎煮好的食物。盈望：所见皆是。）

内鸧鸽鹄，味豺羹只。（鸧鹒、鸽子、天鹅与豺狼，飞禽野味作羹汤。）

鲜蠵甘鸡，和楚酪只。（鲜美的大龟和嫩鸡，调和楚国好酸浆。）

醢豚若狗，脍苴蓴只。（烤乳猪、炖狗肉、蘸着酱，杂用脍炙，切蘘荷以为香。）

吴酸蒿蒌，不沾薄只。（吴国酸菜味道美，不浓不淡正适当。）

炙鸹蒸凫，煔（qiān）鹑膗只。（烤乌鸦蒸野鸭，鹌鹑煮得烂又香。鸹：乌鸦。煔：将生料在沸汤中烫熟。）

煎鲼膗雀，遽爽存只。（煎鲫鱼，雀肉汤，吃罢永远不会忘。遽爽存：《楚辞通释》：“遽，与渠同。犹言如许也。爽，食之有异味，今俗言味佳者为爽口。存，犹在也。”）

四酎并熟，不涩嗌只。（四种醇酒一时熟，不涩不辣又不呛。四酎：四重酿。酎指重酿酒，经过两次以至多次复酿的醇酒。嗌：咽喉。）

清馨冻饮，不歠（chuò）役只。（冷冻饮料真清凉，到口甘滑流入肚肠。役：意为用。歠：饮。不歠：意为甘滑随口而下，不用饮。）

吴醴白蘖，和楚沥只。（吴国甜酒、白米曲蘖，调和楚酒更芬芳。）

这两张食单告诉我们，当时楚贵族的饮食是十分讲究的，从口味上看，酸甜苦咸辛五味俱全；从食物类型看，有菜肴，有点心，有主食，还有冷饮。对照起来共有二十九种主副食品，如米饭、菰米饭、炖牛蹄筋、吴国的羹汤、清炖甲鱼、火炮羔羊、醋烹天鹅肉、煎炸大雁、煎炸黄莺、红烧鱼肉、卤鸡、蜜糕、糖饼、清炖黄莺、清炖鹁鸽、清炖天鹅、豺肉汤、美酒等。另有一些文献也记有楚国肴馔，如：枯鱼，公元前600年前后，当时楚国的令尹孙叔敖是一个清白的官，他出门时坐的是柴车，每餐的菜肴也只有菜汤和枯鱼，《韩非子・外储说左》曰："栈车牝马，粝饼菜羹枯鱼之膳"。说明枯鱼是极平常和普通的菜。

长江中游地区的先民以芬芳的饮料为美，尤爱美酒。至春秋战国时期人们所生产的酒主要是发酵酒。那时的酒可分为浊酒和清酒两大类型。

浊酒：是不经过滤、汁滓混合的酒，味醇滓多的有"醴"和"醪"两种，味薄汁多的有醨。醴酒在《楚辞》中多有记载，如"曲醴""吴醴白蘖""欲酌醴以娱忧兮"等。醴酒的特点是酿造时间短，曲少米多，成酒稠浊，其味稍甜，略带酒味。庄子有"君子之交淡若水，小人之交甘若醴"之说，从某种意义上讲，它只能算是一种甜饮料。楚国盛产醴类名酒，如楚国的腹地现湖北宜城一带所产醴酒十分有名，远销各地，进贡京城。这种酒可连滓一起饮用（类似现在的米酒），也可以滤去滓饮用。有的学者认为醴与醪的区别在于：醴中的米粒是融合在酒液中，酒液呈黏稠状；醪中米滓漂在酒面上，众多如同浮蚁，而且醪的酿造时间略长于醴，度数也较醴稍高。①

醨，是一种稍带米糟的薄酒。《楚辞・渔父》："众人皆醉，何不铺其糟而歠其醨"。

清酒：清酒是楚人常饮用的酒。清酒的特点是酿造的时间较长，度数较高，滋味醇厚，酒液清澈。清酒与浊酒在滋味上有甜、辣之别，色泽上有清、浊之

---

① 后德俊：《楚国科学技术史稿》，湖北科学出版社，1990年，第161页。

别，酿造时间上有长、短之别。《楚辞·大招》有“吴醴白蘖，和楚沥只”，“沥”就是一种经过滤的清酒。王逸《注》曰：“沥，清酒也。言使吴人醲醴，和以白米之曲，以作楚沥，其清酒尤醲美也。”“醲”指酒性浓烈；醴，甜酒。随县曾侯乙墓中出土了用以冰酒的用具冰鉴，所冰之酒就是经过过滤了的清酒。

清酒中的“上品”是用包茅（可能是一种香草）过滤的香酒，使酒更美。1987年在楚国故地河南信阳地区罗山蟒张乡天湖商代墓地出土了我国现存最早的古酒，经河南省食品工业研究所的测试，证明每百毫升酒内含有8.239毫克甲酸乙酯，并有果香气味，这种酒虽经过三千多年的水解、醇解、氨解等一系列化学变化，至今还能测出它的成分，说明这是一种浓郁型香酒。

第四节　楚国的饮食风俗

一、楚人的饮食礼仪

至春秋战国时，地处长江中游地区的楚人已形成了独特的民情风俗，“楚人立乎东西南北之中，介乎华夏与蛮夷之间，既顽强地保持着充满浪漫情调和淳朴气息的传统，又在扩张、兼并的过程中采取了‘入乡随俗’的政策，从而广泛地吸收了各民族的文化因素，使之与本民族的文化传统融为一体，由此形成了色彩斑斓的乡风民俗。”[①] 楚学家张正明主编的《楚文化志》将楚人的风俗和信仰分为拜日、崇火、尊凤，尚赤、尚东、尚左，尚武、爱国、忠君，尚鬼、崇巫、喜卜、好祀以及日常生活和审美观念几个方面。

楚人的尚赤之风盛行朝野，楚墓所出土的漆器，大量施用红彩。豆、盘、卮、樽、勺、耳、杯、盒等生活用具，一般内壁全髹红彩，外壁以黑彩作底，突

① 张正明:《楚文化志》，湖北人民出版社，1988年，第397页。

出表现各类红色的精美花纹。楚人尚左，楚伐随，季梁对随侯说：“**楚人上左，君必左，无与王遇。**”[①] 楚人宴席之中以东为上，至楚汉之际，遗风尚存：“**项王、项伯东向坐，亚父南向坐。**”“**沛公北向坐，张良面向侍。**”[②] 项羽东向坐是自居尊位而当仁不让，亚父乃重臣坐位仅次于首席，刘邦势单力薄，屈居亚父之下。作为民俗传承至今，长江中游部分地区仍遗存古风，喜用红凳、红桌、红筷、红菜，以添喜庆气氛，长者面东，首席居其左。

楚国饮食礼仪是很有讲究的，等级制度森严，这从饭食器具、祭祀和食物内容等方面明显地反映出来。

楚国陶礼器的特殊风格主要表现在形制上，所有陶礼器的总体风格可以说是清秀素净。各种鼎共同的发展趋势是鼎足由矮变高。对于铜礼器，楚人所追求的不是修长淡雅，而是体型的精巧和纹饰的富丽。

进食的内容因身份不同而有差异。《国语·楚语上》：“**国君有牛享，大夫有羊馈，士有豚犬之奠，庶人有鱼炙之荐，笾豆、脯醢则上下共食之。士食鱼炙，祀以特牲；庶人食菜，祀以鱼。**”贵族吃的是大鱼大肉，而庶人平时只能吃点蔬菜，只有在祭祀的时候才能用鱼。

楚人的饮食场所及设施也有自己风格。他们对房屋求高广，而室内摆设却低矮。楚墓出土的几、案均为矮腿，是依楚人席地而坐的习惯所设计制作的。

二、楚人的饮食嗜好

楚人除了嗜酒外，楚国贵族还崇尚钟鸣鼎食的就餐氛围。音乐是最能与人内心世界沟通并产生共鸣的，内心自我约束的“礼”与音乐往往能够达到水乳交融的和谐状态。饮食讲求“五味调和”，而音乐追求“五音和谐”，本质上与中国的

① 左丘明：《左传·桓公八年》，中华书局，1980年。
② 司马迁：《史记·项羽本纪》，中华书局，1982年。

“和”文化是一脉相通的。一般楚国贵族在宴享时会有伴乐。1978年在湖北随县出土了震惊世界的曾侯乙编钟及石磬，1981年考古工作者又在湖北擂鼓墩二号墓发掘出一套编钟，其音色、音律与曾侯乙编钟相通。

楚人爱吃鱼。楚国是以鱼多著称于世。世人刘向《说苑》谓：“**今日渔获，食之不尽，卖之不售，弃之又惜，故来献也。**”捕捉到的鱼吃不完，卖不掉，弃掉又可惜，可见鱼之多。《说苑》又曰：“**孔子之楚，有渔者献鱼甚强，孔子不受。献鱼者曰：‘天暑市远，卖之不售，思欲弃之，不如献之君子。’孔子再拜受。**”可以看出当时渔民每日的捕鱼量是很可观的。《战国策》引墨翟的话说：“**江汉鱼鳖鼋鼍为天下饶。**”楚人范蠡写下了世界上最早的一部养鱼专著——《养鱼经》。这些均反映出楚国鱼产丰富，捕鱼、养鱼已具有相当丰富的经验。

调味注重五味调和。楚人使用的咸味调料有食盐、肉酱、豆豉等，甜味调料有饴、蜂蜜、蔗浆等，酸味调料有梅和酢，辛香味调料有花椒、襄荷、桂、酒、蓼、姜等。总而言之，荆楚北面乃黄河流域民族，注重咸味；又东临吴越，其味嗜甜；西接巴蜀，爱好辛辣。荆楚兼容并蓄，将各方之味都吸收融合，养成了注重五味调和的口味特征。①

偏爱飞禽走兽、山珍野味。《楚辞·大招》和《楚辞·招魂》中列举的食品，一般是当时人们比较喜欢和质量比较“高档”的。其中以动物原料为主，其品种有牛蹄筋、甲鱼、羔羊、天鹅、大雁、黄莺、鱼、鸡、鹌鹑、野鸭、乌鸦、鸽、雀、豺、狗、龟、豚等。

三、楚人的祭祀饮食习俗

在远古氏族社会，除狩猎、采集、畜牧等活动外，在宗教、祭祀、艺术等方

① 李玉麟：《先秦荆楚饮食研究》，兰州大学硕士论文，2009年第5期，第1~56页。

面的活动中也莫不与饮食有关。部落狩猎前向山神和百兽之神祭祷；狩猎完毕后向山神和兽神谢恩，向代表被猎物的神祇祈祷，请求原谅；播谷前向地母和稷神祈祷，收割后向地母和稷神谢恩。凡此种种，本质上都是对自然的敬畏、祭祀与崇拜，是大自然赐予了人类的生命与饮食。随着生产力水平的提高和获取食物方式的进步，与食物有关的祭祀活动日趋规范化、礼仪化，如春祈谷，秋报功。尚鬼、崇巫、喜卜、好祀的楚人格外注重祭祀，因此，楚祭祀过程中的饮食活动气氛十分浓郁。楚人常举行的祭祀活动有如下几种：

1. 春之祭

在先秦时期，农历一月的岁时活动是以“立春”为中心展开的，活动的中心内容是以祈求五谷丰登为目的的祭仪。楚人在立春及其前后的祭仪有祭祀农具之神、先祖及火神、社神、饮食神等。

祭祀农具之神的习俗在中原地区很早就已流行，《夏小正》云“初岁祭耒”，耒是一种较原始的手耕农具。到了周代，祭耒已有固定日期（立春日）和丰富内容，如礼仪性的春耕、祭天地祖及四方之神，贵族和庶民分别群聚饮酒欢庆。至迟在春秋时，楚人便将祭耒演变成为祭田，并融合进一些自身特色的活动，如饮椒酒、茹葱，佩戴各种除疫之物等。

祭火神之俗由来已久。据《史记·楚世家》载，楚人祖先重黎、吴回都曾担任“火正”一职，即《汉书·五行志》中所说的“掌祭火星，行火政”的司火之官，黄帝赐姓“祝融氏”。既要仰观天象授时，又要俯察地理以放火烧荒，还要主持与用火有关的一系列祭祀活动。故后人将“祝融”视为司火之神，从而形成了楚人在祭祀火神的同时也兼而祭奠祖神祝融的活动，传承至今，逐渐演变成后世腊月二十四日前后的“灶王节”。

祭社神分春、秋两祭，春祭在农历二月进行。对于先秦各民族来讲，社神往往由祖先神兼任，楚人的社神就是祖先神重黎，《礼记·月令》郑玄《注》曰：“后土亦颛顼（zhuānxū）氏之子，曰犁（按：即重黎），兼为土官。”楚人在春社日的节令食品主要是“糗”（即干饭屑，干粮），此种食品便于在春嬉活动中随身携带。《楚辞·九章·惜诵》：“梼木兰以矫蕙兮，凿申椒以为粮。播江离与滋菊兮，愿春日以为糗芳。”即是以楚人制作春社日食用的干粮为写照的，其中“糗芳”意为“芳香的干粮”。

祭饮食神和大司命神（仲春祭大司命，仲秋祭小司命，前者表现为迎神，后者为送神）也在农历二月举行。其中祭饮食神传统习俗中突出楚人特色的当推“膢（lǘ）”（古代祭祀名，古籍中存在不同说法）。《说文》释曰：“楚俗以二月祭饮食也。”《风俗通》卷八记云：“楚俗常以十二月祭饮食也。”其初指田猎前后的祭兽仪式，是氏族社会捕猎阶段的遗风，最初的祭祀对象是以虎（或狸、狼）等为原型的具有山神格和兽神格的灵兽。祭祀时，依身份不同所设供品而不同，士以上可用牛、羊、猪等品祭祀，而庶人只能以鱼作供品。

2. 夏之祭

祭獬（xiè）豸（zhì）神。先秦时期的楚人有以角黍（即后世所说的“粽子”，古又称“楝实”）类熟食投享獬豸神兽的习俗。如《拾遗记》卷二载：“（周昭王）时东欧献二女，……此二人辩口丽辞，巧善歌笑，步尘上无迹，行日中无影。及昭王沦于汉水，二女与王乘舟，夹拥王身，同溺于水。故江汉之人，至今思之，立祠于江湄。……至暮春上巳之日，禊集祠间，或以时鲜甘味，采兰杜包裹，以沉水中。或结五色纱囊盛食，或用金铁之器，并沉水中，以惊蛟龙水虫，使畏之不侵此食也。”又如《尔雅翼》卷九“楝”字注云：“宗懔引《风俗通》，以为‘獬豸食楝，原将以信其志也’。”獬豸是先秦楚人和齐人崇拜的一种独角神羊，传说它能分辨曲直，充当神判兽，又能决犹豫、定吉凶。它应是居于水中，与蛟龙共处。奉享獬豸的方法是投楝实于水中，为了免被蛟龙窃食，就以具有辟邪、厌胜功能的“五色丝”缠缚楝实。正因为江汉地区原就有投楝实于水中祭享东欧二女及上古江滩居民崇拜江水女神奇相的古老风习，所以到了战国与秦汉之际便很容易地被附会和置换成了吊享赴水而死的屈原祭仪和蛟龙与屈原争食的故事。并演化成后来的端午节和端午食粽风俗，成为我国民间三大节日之一。端午节的正式形成时间虽然不在先秦，而在汉、晋之际，[①]但这个节日酝酿期都是在先秦时期，孕育、滋养这个节日的土壤也是楚文化氛围与楚国民俗传统。

祭火神庆典在农历六月举行。此月适逢一年之半，是新谷成熟的时节，也是大火星亮度最强的一个月，先秦时期的楚人在这个月要举行一次隆重的祭祖神兼火神祝融的节庆活动。活动的主要内容有祭祖、尝新、祈年、聚餐和歌舞联欢，以祈五谷丰登，家业兴旺。《礼记·月令》云："季夏之月，……昏心中，……其神祝融，……其祀灶。"这个月祭火神祝融乃华夏诸国庆典。只是对于楚人来讲，祭火神兼有祭祖神的意味，而且庆典气氛、规模也要热烈、隆重得多。秦汉之际，楚人的六月祭火神庆典已转化为祭灶仪式。西汉时期民间六月祭灶要聚饮联欢，许多官员也不能免俗，《汉书·孙宝传》记："后署（孙）宝为主簿，宝徙入室，祭灶请比邻。"祭灶时要邀请或组织邻里乡党聚饮，即是先秦祭火神后聚饮联欢习俗的遗存。东汉时期，灶神的神性和形象又与司命发生了叠合——后世汉族因此习称灶神为"一家之主"或"司命主"，祭灶的时间也因司命形象及神性的掺入而改在了农历二十二至二十四，日期未变，但月份变了。

在交通闭塞、与外界文化交流较少的西南地区，许多古代民俗得以从较原始的形态保存下来，部分民族的"火把节"即较多地保存了楚人祭火神节庆的习俗因子。如云南《建水州志》载："（六月）二十五日为星回节，于燃松炬，醵（jù）饮村落，以炬插田，设牲醴致祷，即《诗》'田祖有神，秉畀炎火'之意。"可见，"火把节"在六月份举行，与楚人的祭火神季节日期等有渊源。

3. 秋之祭

秋季楚人要祭织女星神、祭鬼、赏月、祈寿。这几项活动，大致相当于后世的乞巧节、中元节、中秋节和重阳节。秋天是收割的季节，楚人十分重视秋祭。

---

① 宋公文、张君：《楚国风俗志》，湖北教育出版社，1995年。

据推测祭织女星神是在初秋时节，那时新谷登场，瓜、果先后成熟，正是“秋尝”的好时节。祭鬼节也在初秋，主要是祭祖、迎拜刑杀之神，同时也尝新、聚宴。《月令》云：孟秋“农乃登谷，天子尝新，先荐寝庙”，即指的是“秋尝”。据《后汉书·章帝纪》注引《续汉书》载，汉代上至贵族，下至民间，还有“三伏立秋尝粢盛酎”的盛会称为“尝酎会”。

中秋节早在先秦时，楚国即已具雏形。战国时期楚人已将四仲之节气列为盛大庆典，特别是在中秋举行的祀秋活动显得特别隆重、热火。楚人在十五之夕有荡舟赏月之俗，并有餐菊饮露之俗。《离骚》：“朝饮木兰之坠露兮，夕餐秋菊之落英。”王逸《注》云：“言己旦饮香木之坠露，吸正阳（太阳）之津液；暮食芳菊之落华，吞正阴（月亮）之精蕊（秋菊是秋月和秋祀女神的化身和属类，秋菊之蕊及所沾夜露，涵有月华的精气），动以香净，自润泽也。”可见楚道家与学仙之徒已有秋夜餐月华精气的导引、吐纳活动了。宋玉《远游》也曾提到“餐六气而饮沆瀣兮”，沆瀣即是清露、月华之水。《三辅故事》也讲：汉武帝时“建章宫承露盘高三十丈，大七围，以铜为之。上有仙人掌承露和玉屑饮之”。汉武帝饮露食玉的求仙活动也是受到楚国故俗和楚方士的影响。

九九重阳节在先秦楚国也已见雏形，“重阳”之名最早即见载于《楚辞》。楚人在这个节日传承的民俗事象主要为哀悼火神、饮菊花酒、佩茱萸、食蓬饵、祈寿和登高求仙。楚人崇拜大火星，将之作为祖神兼火神祝融的化身。而在农历九月看天象，大火星就隐没不见了。在楚人的神秘想象中，大火星的隐入便意味着火神休眠或暂时地死亡了。于是，就有一个与“内火”现象相应的哀悼送终仪式（“内火”指大火星隐入了）。由于文献失载，当时景象不详，但从汉代及其以后人们在重阳节中的一些民俗活动来看，却多少可看出一些这个古老仪式的遗影来。如《西京九记》曰：“汉武帝宫人贾佩兰，九月九日佩茱萸，食蓬饵，饮菊花酒，云令人长寿。相传自古，莫知其由。”晋代周处《风土记》云：“汉俗（九月）九日饮菊花酒以祓除不祥”。

4. 冬之祭

周历十月（夏历十一月）蜡祭，是岁终对百神的祭祀。这个大年庆典是由庆丰年、酬百神、乡饮酒、息老物、祭先祖、祈来岁等组成。春秋战国时期，楚人已将周人的大蜡祭祀活动吸收过来了。《国语·楚语下》记有楚观射父评论“蜡祭”的一段言语：“天子遍祀群神品物，诸侯祀天地、三辰及其土之山川，卿、大夫祀其礼，士、庶人不过其祖。……国于是乎烝尝，家于是乎尝祀，百姓夫妇择其令辰，奉其牺牲，敬其粢盛，慎其粪除，慎其采服，禋其酒醴，帅其子姓，从其时享，虔其宗祝，道其顺辞，以昭祀其先祖，肃肃济济，如或临之。”这段话的意思是天子普遍祭祀群神万物；诸侯祭祀天地、日月星辰以及他们封国的山川；卿和大夫祭祀五祀和祖先；士和百姓只祭祀自己的祖先。国家在这时要举行秋祭和冬祭，百姓家这时也要举行秋祭和冬祭，百姓之家的夫妇们选择良辰，供奉祭牲，敬献黍稷，打扫清洁，郑重穿好祭服，滤清甜酒，率领自己的子弟和同族，举行四季的祭祀。主祭的宗祝虔诚地念着祝福的祭辞，来隆重祭祀他们的祖先，恭恭敬敬，济济一堂，如同神灵降临。

祭太一神。楚人在冬至节祭祀的主神为太一。太一，在南派道学家学说中是混浊、宇宙本体和原初的物质与精神的存在，在楚人的观念中则是北极星神和至上神。《楚辞·九歌·东皇太一》是祭太一的乐歌，楚人为了表达对太一的尊崇，特别加上了“东皇”二字。王逸《章句》云：“太一，星名，天之尊神，祠在楚东，以配东帝，故云东皇。”从《东皇太一》这首乐歌中，我们可以看到楚人在冬至节迎祭太一神上供的是美酒佳肴：“蕙肴蒸兮兰藉，奠桂酒兮椒浆。”《章名》对“蕙肴”的解释是“以蕙草蒸肉也”。《说文》对“奠”的解释是“置祭也”。这两句歌词的意思是：献上兰草垫着的用蕙草包着的蒸的祭肉，置上桂酒椒子汤。

对节气、对神灵、对农具的祭祀，是农耕文化的典型体现，他们祭祀春的生发，夏的耕耘，秋的收获，冬的守岁，寄托了心中祈盼风调雨顺、五谷丰登的美好愿望。表现了古人敬畏自然、热爱生态、重守天时节气，“看天道，做人事”，恪守“天人合一”的文化理念。

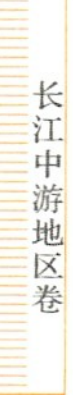

第四章 秦汉魏晋南北朝时期荆楚饮食特色的形成

秦汉魏晋南北朝时期，长江中游饮食文化有了长足的发展，呈现出以下几个主要特点："饭稻羹鱼"特色形成；旋转磨的广泛使用与炉灶的改进引起了饮食的变革；铁器和瓷器成为饮食器皿，是饮食史上的一大突破；食物种类繁多，一批荆楚名肴脱颖而出。荆楚饮食风尚已初步形成。

第一节　北人南迁促进了土地的开发及经济发展

秦代的水利工程沟通了长江与珠江水系的联络，汉代楚地诸王也很强势，促进了这一时期的经济发展。

自东汉末开始，历魏晋而南北朝，中国气候转入近5000年来的第二个寒冷期。中国北方气候恶劣，祸乱相循，关中和中原两大经济区遭到惨重破坏，各种天灾人祸一齐袭来。大难当前，人们为了活命，不得不背井离乡，去自寻一个可以安身立命之所在，从而形成了北方难民南迁的第一个高潮。

西晋末年，持续十六年之久的"八王之乱"尚未完全止息，内迁的少数民族军事贵族又起兵反晋，掀起了一场争夺北方统治权的血战，使黄河流域遭到空前惨重的破坏。《晋书·虞预传》载，那时已是"千里无烟爨之气，华夏无冠带之人。自天地开辟，书籍所载，大乱之极，未有若兹者也。”于是又掀起了北人南流的第二次高潮。

这一股空前巨大的难民流犹如洪水一般，一齐涌入江南，由沿江一带逐步向更远、更南的地区扩展。随着人口的南移和先进生产技术的引进，江南的农业生产迅速由粗耕向精耕转变，促进了当地的开发。这样，以长江为界，江南各地呈现出一派欣欣向荣的景象。特别是在南朝时期，豪门权贵们纷纷“抢占田土”“封略山湖”，还争先恐后地“占山”，连丘陵、缓坡也开辟为耕地，使农田大为增加。当南方是熙来攘往，男耕女织，鸡欢狗唱，稻谷飘香时，北方则是兵燹（xiǎn）饥馑，天昏地暗，到处是尸骨堆山，血泊成河。这样一来，全国的经济重心便自然南移了。

自东汉末年，长江中游地区在经济上表现出强劲的发展势头，最为突出的是人口成倍增长，劳动力充裕。长江中游地区人口、户数占全国总数的比例也在不断提高。据中国经济史学家梁方仲《中国历代户口土地田赋统计》一书所载相关资料综合粗略统计，西汉元始二年（公元2年）长江中游地区记载的户数和人口数分别占全国户口总数、人口总数的7%左右；而东汉永和五年（公元140年）则高达21.04%和18.01%；到刘宋，大明八年（公元464年）则高达24.02%和24.75%。人口的迅速增加，促进了社会生产力的提高，从而带来了农业生产的发展。

长江中游地区独特的自然环境，决定了其在相当长一段时间内处于“地势饶食”“饭稻羹鱼”的经济生活状态。《史记·货殖列传》写道：“楚越之地，地广人稀，饭稻羹鱼，或火耕而水耨，果蓏蠃蛤，不待贾而足，地势饶食，无饥馑之患，以故呰（zǐ）窳（yǔ）偷生，无积聚而多贫。是故江淮以南，无冻饿之人，亦无千金之家”。至三国两晋以后，长江中游的经济开发取得了较大的成就。江夏郡、南郡所在的江汉平原，豫章郡所在的鄱阳湖及赣水流域，长沙、衡阳、湘东、零陵、邵陵诸郡所在的洞庭湖以及湘资沅流域，原有的开发点与新的开发点鳞次栉比，连成一片。随着大面积的土地开发，江南涌现出一批顷刻之间可以散尽数千斛米的富商巨贾，据《抱朴子·吴失篇》载，这些富商们“僮仆成军，闭门为市，牛羊掩原隰，田池布千里”。《宋史·史臣论》中亦载：至刘宋时期，“荆扬二州，……地广野丰，民勤本业，一岁或稔，则数郡忘饥。会土带海傍湖，良畴亦数十万顷，膏腴上地，亩值一金，鄠（hù）、杜之间，不能比也。荆城跨南楚之富，扬部有全吴之沃，鱼盐杞梓之利，充仞八方；丝绵布帛之饶，覆衣天下”。

中国封建社会前期长江中游地区的土地开发，大体上可以划分为四个阶段，第一阶段是春秋战国时期，长江中游只有汉水流域得到局部开发，其他地区基本尚未开发。第二个阶段是汉至三国西晋时期，个别开发区接近黄河流域的水平，但就整个地区而言，还只是点线式的布局，连成片的开发区屈指可数，多数地区仍处于相当落后的状态。第三个阶段是东晋南朝时期，进入全面开发，其经济和社会发展的综合水平已经赶上黄河中下游平原，全国经济重心开始南移。第四个阶段是隋唐五代时期，长江流域的土地开发及社会经济发展水平已超过屡遭天灾人祸严重摧残的北方，完成了全国经济重心的南移。

第二节　从汉墓出土看食品原料之丰富

从两汉至魏晋南北朝时期，长江中游的食物资源有了进一步的开拓，食物品种也更加丰富。丰富而翔实的考古实物资料，为我们了解当时人们的饮食生活提供了有力的依据。这一时期的食物品类极多，仅湖南长沙马王堆一号汉墓“食简”就记有一百五十种之多。[①] 1975年12月在湖北云梦睡虎地发现的1155枚秦简，

① 参见湖南农业学院：《长沙马王堆一号汉墓出土动植物标本研究》，文物出版社，1978年；柳子明：《长沙马王堆汉墓出土的栽培植物历史考证》，《湖南农学院学报》，1979年第2期；高耀亭：《马王堆一号汉墓随葬品中供食用的兽类》，《文物》，1973年第9期；《座谈长沙马王堆一号汉墓》，《文物》，1972年第9期；知子：《西汉第一食简——长沙马王堆一号汉墓遣策食名一览》，《中国烹饪》，1987年第8期；周世荣：《湘菜源流及其主要特点》，《中国烹饪》，1988年第3期。

图4-1 西汉竹简，湖南长沙马王堆汉墓出土（《中国烹饪大百科全书》，中国大百科全书出版社）

记述了秦代关于粮食加工与管理的一套极为完备的制度，以及秦代从事农业生产的情况。

一、马王堆汉墓中的长沙地区食品

1. 动物性食品

根据中国科学院动物研究所脊椎动物分类区系研究室、北京师范大学生物系对马王堆一号汉墓随葬动物骨骼的鉴定报告，经鉴定的动物计有24种。其中兽类6种，鸟类12种，鱼类6种。兽类有：华南兔、家犬、猪、梅花鹿、黄牛、绵羊。鸟类有：雁、鸳鸯、鸭、竹鸡、家鸡、环颈雉、鹤、斑鸠、火斑鸠、鸮、喜鹊、麻雀。鱼类有：鲤、鲫、刺鳊、银鲴、鳡、鳜。

据一号汉墓简文中的记述，畜类中，牛羊各100头，牛居首位。汉代人盛行厚葬，日常吃的用的，以及一切可以显示豪华生活的东西（有的制成模型明器），都要埋入坟墓，所谓“厚资多藏，器用如生人”。

肉食类菜品有羹（又分酵羹、白羹、中羹、逢羹、苦羹）、肤、脼、脯、炙、濯、脍、肩载、熬、卵、腊等十余类。

在长沙马王堆二、三号墓及其他墓葬中也发现了一些实物遗存。三号墓中，共有竹笥52个，已严重腐朽，从保存的竹笥木牌来看，盛放食品的更有40笥之多。① 二、三号墓出土的动物食品有鹿、猪、牛、羊、狗、兔、鸡、雉、鸭、雁、鹤、鱼、蛋等。

2. 植物性食品

根据出土实物的鉴定，并参考木牌文字所记，墓里出土的粮食品种有稻、小麦、黍、粟、大豆、赤豆、麻子（当时也作食物），水果有梅、杨梅、梨、柿、枣、橙、枇杷、甜瓜等，其他农产品还有芋、姜、笋、藕、菱角以及冬葵子、芥菜子等。虽然这些实物大部分已经炭化，但外貌仍然保持原形，梨子的梗、杨梅的绒都清晰可辨，稻谷还可明显归纳为籼、粳和粳型糯稻等几种类型，由此可以推断，西汉初期长江中游地区的水稻品种极为丰富，籼、粳、黏、糯并存，有芒和无芒并存，长粒、中粒和短粒并存。

长沙一带素以盛产水稻著称，为何汉代却大量出现旱作物呢？这里除了葬谷习俗外，还有其他缘由。《汉书·食货志》曰："自周、秦以来，种谷必杂五种（即'五谷'），以备灾害。"因为当时人们还没有足够的力量战胜自然灾害，如果一旦遭旱，水稻歉收，就会给人们带来饥荒。因此水旱作物兼种，因地制宜，是旱涝保收的好办法。

图4-2　西汉稻谷，湖南长沙马王堆汉墓出土（《长沙马王堆一号汉墓出土动植物标本的研究》，文物出版社）

① 何介钧：《马王堆汉墓》，文物出版社，2004年。

另外，还有几种果品值得一谈，如棘、橘和石榴。

棘，据《尔雅》解释："棘"就是"樲（èr），酸枣"。《说文》："棘，小枣丛生者。"又《说文》："棘，酸小枣。"这些解释与出土实物鉴定不同：实物中没有酸枣，而是大枣。枣类是"五果"（桃、李、梅、杏、枣）之一。它是一种健脾胃，益血壮身的滋补药，同时也是一种可供充饥的"木本粮食"。民间称它是"铁杆庄稼"。汉代青铜镜中常有镜铭"尚方作镜真大巧，上有仙人不知老。渴饮玉泉饥食枣"等语。《史记·货殖列传》还说："安邑千树枣……此其人皆与千户侯等。"可想枣的价值多么大。

橘，《史记·货殖列传》载："蜀汉、江陵千树橘……此其人皆与千户侯等。"《山海经》中也说："洞庭之山，其木多橘。"洞庭湖有"橘里"，彭泽有"橘市"，而长沙"橘洲"也见于唐人杜甫诗句："乔口橘洲风浪起。"可见湘乡柑橘栽培由来已久。

石榴，马王堆三号汉墓帛书中有记载。古籍中多讲石榴是西汉武帝时张骞通西域时带回内地的，可是帛书中关于石榴的记载却比武帝时早了28年。

植物性食品仅从食简分析，即有稻食、麦食、黄粢食、白粢食、粔籹（蜜和米面制成的馓子）、幞促（一种饼的名称）、稻蜜糒（bèi）（用米掺和着蜜制成的块状或糊状食物）、稻粠（粠即糗）、棘粠（枣子和米麦一起熬制）、白粠等。

此外，还有烝秋（蒸米饭）、煎秋（米粥）、"麴"（即酒曲）。

3. 调味品

食简上所记的调味品有脂、彊（强）、酱、炀、豉、醢、盐、韰和菹等九大类十九个品种，以咸为主，有酸、辣、苦、甜各味。其中：

脂，当指动物脂肪。食简记有牛脂、鱼脂、彊脂三种，其中"鱼脂"系指鱼脂酱，《说文》："鮨，鱼脂酱也。"

鱿，原本指鱼子，作为调味品当指鱼子酱，或鱼酱油。

孝粝（xíng），粝即饧，湿糖。

菹，食简记有襄苛菹、笋菹、瓜菹三种，指酸菜，既能佐饭，又可作为调味品。

4. 饮料

食简记有白酒、温酒、肋酒、米酒四种。其中：

温酒，当指精酿之酒。

肋酒，肋为沥或滤，系指经过滤的清酒。

米酒，系指不经过滤而汁滓相将的甜米酒。

二、云梦睡虎地、凤凰山汉墓中的江汉地区食品

1975年12月在湖北云梦睡虎地发现了1155枚秦简，记述了秦代关于粮食加工与管理的一套极为完备而具体的制度，以及秦代农业生产的情况。此外，还发现了粮食和果品等多种实物，如十一号墓的棺底板上铺有约1厘米厚的小米，头箱里出土有枣、桃的果核等。① 七号墓棺底板上有稻谷壳，头箱里随葬有两件葫芦瓢和植物果核等。② 1978年发掘的四十七号墓发现有枣核等物。在七号墓的椁盖板上发现一具完整的马头骨。③ 在九号墓墓坑西壁的壁龛里殉一羊。④ 在十一号墓的椁盖板上发现牛头骨一具，头箱随葬猪、鸡等兽骨。⑤ 在四十三号和四十四号墓的椁盖板上各有一具狗头骨，在四十六号墓的椁盖板上有一具马头骨，四十七

① 孝感地区第二期亦工亦农文物考古训练班：《湖北云梦睡虎地十一号秦墓发掘简报》，《文物》，1976年第6期，第2~6页。

② 孝感地区第二期亦工亦农文物考古训练班：《湖北云梦睡虎地十一号秦墓发掘简报》，《文物》，1976年第4期，第52~58页。

③ 云梦睡虎地秦墓整理小组：《云梦睡虎地秦墓》，文物出版社，1979年。

④ 孝感地区第二期亦工亦农文物考古训练班：《湖北云梦睡虎地十一号秦墓发掘简报》，《文物》，1976年第4期，第52~58页。

⑤ 孝感地区第二期亦工亦农文物考古训练班：《湖北云梦睡虎地十一号秦墓发掘简报》，《文物》，1976年第6期，第2~6页。

图4-3　江西绿釉陶仓（江西省博物馆网站）

号墓的椁盖板上有一具牛头骨，四角各放置一条牛腿骨。还有一件漆扁壶的腹部，一面绘有一头十分肥壮的牛，另一面绘有一飞鸟，鸟的下面是一匹奔驰的骏马。①

在湖北江陵凤凰山西汉文景时期的墓葬出土文物中有许多农作物与食物，在这些墓葬的简牍里，也记有许多农作物与食物。根据江陵凤凰山汉墓的简牍所记，并与出土实物对照可将农作物及食物分为粮食类、果蔬类、调味料类、饮料类和动物类五大类。

粮食类主要有稻、粟、麦、豆、大麻等五谷；其中所记的稻最多，说明当时湖北江陵地区盛产稻谷，人们以稻米为主食。墓中出土的陶仓中装有稻谷、粟米等粮食，应是粮食堆满仓的象征，值得特别提出的是在一六七号汉墓陶仓里发现的四束稻穗，出土时色泽鲜黄，穗、颖、茎和叶的外形保存完好，对于研究当时的农业生产有相当重要的价值。

果蔬类主要有瓜、笋、芥菜、甜瓜、李、梅、葵、生姜、菜、筐、鞠、杏、枇杷、红枣等。

① 云梦县文物工作组：《湖北云梦睡虎地秦汉墓发掘简报》，《考古》，1981年第1期，第43页。

调味料有小茴香、酱、蝙酱、豆酱、盐、醢、苦酒（即醋）等。

饮料中有甘酒、泽（醇酒）、酒、酤酒、醪等。

动物类有牛排、肉脯、猪、鸡、鸡蛋、鱼等，家畜的木质模型明器有牛、马、猪、狗等。

三、诗文、典籍中的荆楚名肴美馔

西汉时枚乘《七发》赞美楚食肴馔为“天下之至美”。东汉时，张衡《南都赋》称中州南阳菜肴有“百种千名”。从《七发》中可以看出当时贵族的饮食风貌，文中讲：“刍牛之腴，菜以笋蒲。肥狗之和，冒以山肤。楚苗之食，安胡之饭。抟之不解，一啜而散。于是使伊尹煎熬，易牙调和。熊蹯之臑，芍药之酱，薄耆之炙，鲜鲤之鲙。秋黄之苏，白露之茹。兰英之酒，酌以涤口。山梁之餐，豢豹之胎。小饭大歠，如汤沃雪。此亦天下之至美也。”这段话的意思是：牛犊肥美，蒲笋鲜蔬，肥狗羹汤，石耳盖浇，苗地好米，菰米做饭，手抓成团，到口即散。简直像商代名厨伊尹掌灶，像春秋名厨易牙调味。烂烹熊掌，调以香酱，烤里脊片，切鲜鲤鱼片。秋香苏子，露后香菇。兰花香酒，饭后漱口。山上野鸡，家养豹胎。少吃饭，多喝粥，如同热汤浇雪，容易消化。

因得地利之便，长江中游地区的水产资源得到了进一步的开发，特别是武昌鱼当时已有相当声誉了。公元220年三国时代的孙权首次迁都于鄂州，据《寿昌乘》记载：武昌石盆渡有古臼遗址，“孙权于此取鱼，召群臣斫鲙，味美于他处”。斫鲙是切很薄的生鱼片。孙权死后，孙皓于甘露元年（公元265年）再次迁都武昌，但吴国臣僚不愿背井离乡。左丞相陆凯上疏孙皓时，引用了一民谣来说服吴主：“宁饮建业水，不食武昌鱼；宁还建业死，不止武昌居。”从一个侧面反映了三国时期武昌鱼已享誉大江上下。[1]

---

[1] 陈光新：《荆菜的演化道路》，《中国烹饪研究》，1995年第4期，第35~42页。

湖北西北部的襄阳槎头鳊也是颇有特色的一个品种。《襄阳府志》云：“鳞属以鳊为胜，而鹿门谷城之缩项鳊尤为佳品，大者或二尺余。”又载：“汉水中鳊鱼甚美，尝禁人捕。汉江土人以槎断水，鳊多依槎，曰槎头鳊。”早在1500年前的襄阳槎头缩项鳊已经享有盛名。现已查出的最早历史记载是公元480年，曾居襄阳的萧道成建都建康（今南京），国号齐。令襄阳刺史张敬儿把活的襄阳槎头缩项鳊作为贡品送往建康。当时，“齐高帝求此鱼，敬儿作六橹船，置鱼而献曰：‘奉槎头缩项鳊一千八百头。’”因此声名远播，宋代毛胜在《水族加恩簿》中，还给鳊鱼加了个“槎头刺史”的美誉。

第三节　餐饮器具的新变化

秦汉至南北朝，长江中游地区的餐饮器具发生了很大的变化：青铜饮食器逐渐退出了历史舞台，漆制食具盛极一时，陶瓷食具长足发展。

一、盛极一时的荆楚漆制饮食器具

青铜器在先秦时风靡一时，但后来逐渐走下坡路。到秦汉之际，青铜器越来越少，许多青铜制的餐饮具从贵族的筵席上逐步弃置不用，代之而起的是大量的木制髹漆碗盘器皿。发生变化的原因是多方面的，主要是因为封建制取代了奴隶制，使作为先秦礼制象征的青铜器失去了存在的社会基础和政治、文化基础。其次，铁器的优越性被广泛认同，逐渐取代了青铜器从生产工具到礼器的各方面应用，于是青铜器在铁器的兴盛之下便逐渐衰弱。再有，后人认识到铜制饮食器在烹调，盛放食物的过程中会产生一些有害物质危害饮食者的健康的说法，这是后话了，如唐代名医陈藏器说：“铜器上汗有毒，令人发恶疮内疽。”李时珍的《本草纲目》也讲：“铜器盛饮食茶酒，经夜有毒，煎汤饮，损人声音。”这些说

图4-4　西汉铜鼎，湖南长沙桂花园枫树坪出土（湖南省博物馆网站）

法已被现代科学所证明。

长江中游地区的秦代漆器过去所知甚少，直到1976年湖北云梦睡虎地墓葬发掘，才使人们有了比较确切的认识。此次共发掘180多件漆器，不仅数量多，制作也很精美。西汉漆器产量之多，规模之大，传播之广远超战国，在楚国故地也有新的发展。《史记·货殖列传》载："陈、夏千亩漆。"可见当时漆树种植和漆器制造业规模之大。湖南长沙马王堆汉墓出土的漆器完全可以作为汉初工艺水平的代表作。1973年湖南长沙马王堆三号墓出土漆器316件，一号墓出土184件。①

西汉漆器上承战国，有些器形十分相似，有的形制技法则为汉代所特有。就漆器的器形而言，这一时期的漆器总体风格是新颖精巧。

漆盘。在马王堆三号汉墓南边箱出土了六个云龙纹漆盘，其中五个是底部平坦、器壁很矮的平盘，最小的盘口径34.5cm，最大的盘口径59cm，另外一个与现在洗涤用的木盆形式相近，直径达73.5cm，是马王堆汉墓随葬漆器中形体最大

① 湖南省博物馆中国科学考古研究所：《长沙马王堆二、三号汉墓发掘简报》，《文物》，1974年第7期；《长沙马王堆一号汉墓》，文物出版社，1973年。

图4-5　彩绘猫纹漆盘，湖南长沙马王堆一号汉墓出土（湖南省博物馆网站）

图4-6　西汉彩绘云兽纹漆圆盘，湖北云梦大坟头1号墓出土

图4-7　龙纹漆几

的一个。这六个漆盘叠放在一起，一个套着一个，个个精美。①

龙纹漆几。出土于三号墓中的龙纹漆几几面扁平，在光亮的黑色漆地上，用红、赭、灰绿、褚色，描绘着乘云穿雾、张牙舞爪的巨龙。几下面有长短两对足，短足固定于几的背面。长足与几面之间活动木梢连接，可以转动，要将几面抬高，只要将长足竖起就行了。若要席地而坐，用作依凭，则可将长足收拢，用木栓长挂在背面，这样就短足着地，调节、使用都很方便，这件两用漆器，可谓

① 何介钧:《马王堆汉墓》，文物出版社，2004年。

构思巧妙，匠心独运。[1]

杯。汉代的饮食器具中杯很常见，它的用途不限于饮酒，主要用于盛羹。发现的漆杯常制有“羹杯”字样，《汉书·项籍传》中亦有“一杯羹”之语。[2]

除了马王堆汉墓出土了大量漆制饮食器外，其他地区也有出土，如湖北江陵凤凰山168号墓出土了漆器160多种[3]发掘出的漆器有壶、奁（lián）、温酒樽、卮、盂、盒、盘、案、几、匕、勺等。另有木骰（酒令器）出土。木质，圆球形，直径5cm，共十八面，每面刻文字，除从一到十六的数字外，其他两面，一面刻“骄”字一个，相对的一面刻“妻黑”二字。[4]

当时的髹饰技法十分精湛。战国已有的针划花纹方法在汉代仍很流行，以至出现了专门术语“锥画”（马王堆三号墓出土的竹简上有“锥画”字样）。从出土的实物看，西汉不仅有纯用针刻作装饰的技法，而且还有在针划纹中加朱漆或彩笔勾点的方法，如马王堆一号墓出土的单层五子奁中的一件小奁盒，银雀山的双

图4-8　秦代彩绘云凤纹漆圆奁，湖北云梦睡虎地34号墓出土（湖北省博物馆、湖北省文物考古研究所网站）

图4-9　西汉漆匜，湖南长沙马王堆汉墓出土

① 王仲殊：《汉代物质文化略说》，《考古通讯》，1956年第1期。

② 王仲殊：《汉代物质文化略说》，《考古通讯》，1956年第1期。

③ 纪南城凤凰山168号汉墓发掘整理组：《湖北江陵凤凰山168号汉墓发掘简报》，《文物》，1975年第9期。

④ 长江流域第二期文物考古工作人员训练班：《湖北江陵凤凰山西汉墓发掘简报》，《文物》，1974年第6期。

层七子奁都是。至于湖北光化西汉墓出土的漆卮，在鸟兽之气的针划纹中更填进了金彩，使花纹更加灿烂生辉。用漆或油调灰堆出花纹，一般通称“堆漆”。马王堆三号墓中的长方奁器即是代表作，其上布满云气纹，以白色而高起的线条作轮廓，内用彩漆勾填，甚为精美。①

汉以后的漆器，不仅出土的数量大减，质量也有所下降。如考古发掘到的魏晋南北朝时期的漆器比汉代大为减少。例如在江西南昌吴高荣墓中发现的漆器仅15件，其中的奁盒，盖顶镶柿蒂纹花叶，上嵌水晶珠，盖有金属箍，箍间彩绘鸟兽纹，尚可见汉代遗风，但制作不甚精。当时的漆制饮食器具中比较有特色的当属漆果盒，名为“槅”，有圆形和长方形两种。在湖北鄂城吴墓和江西南昌的晋

图4-10　西汉凤纹漆食盒，湖南长沙马王堆汉墓出土

图4-11　秦代素漆耳杯盒，湖北云梦睡虎地13号墓出土

① 王世襄：《中国古代漆器》，文物出版社，1987年，第14页。

代墓葬中都有出土。

漆制饮食器具在历史的舞台上风行一时之后也衰落了。因为漆器制作比较复杂，制作周期长，耗时耗工，成本也高，加之漆器忌盐（食物常含有盐分），不耐用也不卫生，因而漆器并不是理想的餐具。于是瓷器以其造价低廉，易于大批制作、且耐酸碱寒热、卫生方便的特性，逐渐取代了铜制和漆制餐具，并且成为千百年来人们餐桌上的主要餐具。

二、荆楚陶瓷饮食器具

秦汉至南北朝时期是长江中游地区陶瓷发展史上的一个重要时期。秦汉时代的陶器，以泥质灰陶器皿的使用最为广泛。当时的陶器面貌仍然较多地保留着楚国文化的传统特性。到西汉后期，除西汉前期流行的矮足鼎、盒、壶、罐之外，还增添了碗、盆、釜、甑、长方炉、盉和博山炉等。

考古发现，汉初的原始瓷器界于陶器与瓷器之间，一般有瓿、鼎、壶、敦、盒、钟和罐等，形制大都仿照当时的青铜礼器，器形大方端庄，鼎、敦、盒的盖面和上腹施青绿或黄褐色釉，制作比较精细。西汉中期，敦已完全被盒所取代，一些仿铜礼器的制器，如鼎、盒的形状已大小如前，鼎腹很深，足很矮，有的足已缩短到鼎底贴地，变成似鼎非鼎，似盒非盒之状。同时施釉的部位缩小，以至于完全不上釉，其制作已不如汉初的精致、讲究。至西汉晚期，鼎、盒一类的制品归于消失，壶、瓿、罐、钫、奁、洗、盆、勺等日常生活用器增多，生产更注重于实用。

这时餐饮器具上的装饰较为简朴，一般器物上都只饰以简单的弦纹或水波纹，未见有繁复的装饰纹样。到了西汉中期及其以后，装饰手法发生了某些变化，将简单的划线弦纹，改为粘贴细扁的泥条，使之成为引人注目的凸弦纹；所饰的花纹有水波、卷草、云气和人字纹等。

真正意义上的瓷器出现于东汉，湖南益阳、湖北当阳刘家冢子等东汉晚期墓葬都曾发现过瓷制品。由原始瓷发展为瓷器，是陶瓷工艺上的一大飞跃。由于瓷器比陶器坚固耐用，清洁美观，又远比铜、漆器的造价低廉，而且原料分布极广，蕴藏丰富，所以一经出现便迅速地获得人们的喜爱，成为十分普遍的饮食用具。常见的瓷制饮食器具有：碗、盘、壶、盏、钵、盆、洗钟、叠、瓿等。此时瓷器的装饰花纹仍旧为弦纹、水波纹和贴印铺首等几种，与原始青瓷的装饰手法无甚差异。

从现有的资料来看，长江中游地区可能到晋代才开始专门设窑制瓷。西晋时已用瓷土作坯，胎质细腻，呈青灰或灰白色，胎表施黄绿色釉。饮食器具有碗、盘、洗、槅、四季罐、盘口壶、唾壶、泡菜坛等。

长沙出土的东晋长颈四系盘口壶，带盘三足炉，高把鸡头壶和南朝时期的龙柄盉形壶、双莲杯、长颈喇叭口瓶和湖北武汉等地发现的盘口壶、四系盖罐等都是长江中游地区特有的产品。这些瓷器，胎呈灰白色，少数为灰色或紫色，外施青或青绿、青黄色釉。

南朝时的制瓷作坊已在江西丰城罗湖发现。从窑址的瓷片标本和南昌、新

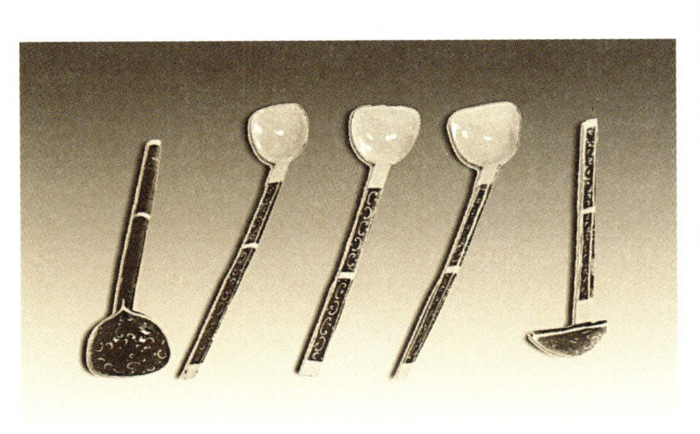

图4-12　漆木匕，湖南长沙马王堆汉墓出土

图4-13　西汉云纹漆钫，湖南长沙马王堆汉墓出土

干、清江、永修等地南朝墓葬出土的瓷器，可以窥见南朝时江西饮食瓷具的概貌。瓷胎以灰白色为尚，堪称细腻，但烧成温度不高，没有完全玻化。釉层均匀，釉色以青黄、米黄色为主，也有呈豆青色的。常见的有碗、钵、盘、盏托、五盅盘、泡菜坛、罐、壶、瓶、槅和熏炉等。其中“五盅盘”是一套浅腹平底的盘，内环置五个小盅，轻巧适用。

总体来说，三国两晋南北朝时期的长江中游地区，陶瓷制饮食器具器形演变的总趋势是向实用方向发展。如盘口壶，三国时盘口和底部较小，上腹特大，重心在上部，倾倒食物相当费力，占据的平面也较大，而且还给人以不稳定的感觉。东晋以后盘口加大，颈增高，腹部修长，各部位的比例协调，线条柔和，造型优美，重心向下，放置平稳，使用时比较省力。

贮盛各种食物的罐也如此，器体不断加高，上腹收小，下腹和底相应地扩大，重心向下，更加切合实用。南朝时，湖南等地生产的一种盖罐，短直口、圆肩，上腹鼓出，下腹渐渐内收，平底，盖面微鼓，盖缘下折成母口。在三国西晋时已有生产，到南朝时器形优美，而且盖口密合，在气候比较潮湿的长江中游地区，更适宜盛放干燥的食品。三国、西晋时，壶和罐等容器，常以碗、碟为盖，

图4-14　漆竹勺，湖南长沙马王堆汉墓出土

图4-15　南朝铜匙，江西南昌出土

图4-16　西汉食案和竹箸，湖南长沙马王堆汉墓出土（《中国箸文化大观》，科学出版社）

盖和器口大小不一，不利于食物的保存。东晋开始，壶、罐较多地配制器盖，盖与器口密合，是一项很好的改进。

碗和钵也都是向高的方向发展。早期的碗口大底小，造型矮胖，以后碗壁逐渐增高，底部放大。到南朝几乎与现代碗形相同，器壁也薄了，使用轻巧方便，只是器底较厚，多数为假圈足。

槅，以往称格子盘、果盒和多子盒等。初期的瓷槅底是平的，不久足壁下部切割成花座，既美观又便于拿取。东晋以后出现圆槅，长方槅逐渐为圆槅所代替。

扁壶，用于盛酒和装水，瓷窑生产扁壶是在西晋。因为它的腹部扁圆故名。江西九江地区收集的一件西汉铜扁壶铸铭为“钾”。湖北江陵南城凤凰山167号墓发现的一件漆扁壶，名为“柙”。[①]说明这种器物在汉晋时期的正名是“坤”“钾”“柙”，由于所用的原料不同而偏旁各异。金属的从金从甲，漆木的从木从甲，陶瓷的从土从甲。宋朝以后称“扁壶”，至今未变。

盏托，是由耳杯、托盘发展而来的。东汉的陶瓷耳杯完全仿照漆杯的形式。漆耳杯中有写“酒杯”“君幸酒”“君宜酒”等隶书，是饮酒用杯。耳杯的平面作椭圆形，两侧附耳。三国西晋时的耳杯腹较浅，底较小，东晋时两端微向上翘。

---

① 吉林大学历史系考古专业赴纪南城开门办学小分队：《凤凰山一六七号汉墓遣册考释》，《文物》，1976年第10期，第38~46页。

耳杯常与托盘共存，说明是用托盘盛托耳杯的。东汉时的托盘很大，一盘托四至六只耳杯。以后托盘逐渐缩小，到东晋常放一二只耳杯，盘壁由斜直变成内弧。有的内底心下凹，有的有一个凸起的圆形托圈。从此盏托兴起，耳杯和托盘被淘汰。南朝时，托盏已普遍生产，成为当时风行的饮茶、饮酒用具。

第四节　食物加工器具与烹饪技艺的进步

一、旋转磨的使用与炊、灶具的改进

1. 旋转磨的使用和推广

秦汉至南朝时期长江中游地区的粮食加工技术取得了长足的进步，旋转磨的使用和推广成为中国饮食史上一大突破性的发展。

在汉代以前，中国古代的粮食加工经过了石碾盘阶段和臼杵阶段。在此之后则是旋转磨研磨法，直至近代机器脱壳和粉碎法的出现，才结束了旋转磨的使用，这一时期历时2000余年。

早期的旋转磨较多地发现于小麦产区，随着长江流域小麦栽种面积的扩大，旋转磨也屡有发现。例如，在湖北随县塔儿塆汉墓中出土一件石磨，系红砂岩凿成，磨盖上凿有两个相对的半圆形深槽，槽底的漏孔为长方形，上、下扇摩擦面的磨齿凿成辐射形，磨轴有铁锈痕，说明曾安装有铁轴。[①] 湖北云梦癞痢墩一号墓出土过一件东汉末年的陶磨明器，磨高10.2cm，径9.8cm，托磨承盘径24.5cm。上扇顶部中央为两个相对的半月形下料槽，槽底穿圆孔两个。上扇边缘伸出一个带孔的柄，下扇磨座和托底盘做成一体，托底盘下有圈足。盘有环状槽。[②] 此外，

---

① 湖北省文物管理委员会：《湖北随县塔儿塆古城岗发现汉墓》，《考古》，1966年第3期。
② 云梦县博物馆：《湖北云梦癞痢墩一号墓清理简报》，《考古》，1984年第7期。

湖北的随县、均县、襄阳、鄂城、宜昌等地也都出土了旋转石磨。

长江流域最具特色的要属砻磨。砻，实为磨的一种，多以木料制成。东汉许慎《说文解字》释“砻，礳也。”礳同磨。段玉裁《注》：“此云磨也者，其引申之义，谓以石磨物曰砻也。今俗谓磨谷取米曰砻。”砻用起来灵巧省力，人们劳动时可以手扶推拉杆，杆前端的搭钩钩住上扇磨柄之孔，又用绳将有横木的一端吊起。其目的是使推拉杆保持水平，便于操作。劳动时，人们握住横木一推一拉，即可使砻运转。这种磨在长江中游一些乡村流传至今，用途可磨麦、磨豆腐、做汤圆等，省时省力，用途广泛。

由于旋转磨的广泛利用，使面粉制品和豆制品摆上了人们的餐桌，丰富了长江中游地区居民的饮食生活。

2. 铁制饮具的推广与灶具的改进

铁制用具的推广和炊具的改进，促使烹饪向精制作、高水平发展。由于炼铁技术的进步，铁制刀具的出现，给屠宰和烹调业提供了更为便利工具。铁釜和铁镬能耐高温，给煮炖和爆炒提供了更有利的烹饪条件。

汉代还有一种简易炉灶——铁三脚架，放在耐火砖或石板火塘上，既可烹煮，还可以围坐取暖。1978年在湖南长沙金矿古墓中发掘出大量的铁刀、铁釜、铁三脚架等铁器。其中铁釜就有七件，出土时置于三脚架上，陶甑又置于釜上，成为一套炊具。

汉代的炉灶改进。在此之前，多用地灶和单火眼的陶灶。到了汉代，出现多火眼的陶灶，既节省能源，一炉多用；又节省烹调时间，使用方便。从出土明器灶的造型来看，与现代使用的灶差不多，有灶门和烟囱，灶面有大火眼一个，或另有一二个小火眼。大火眼上放釜、甑，小火眼上放小釜，应是温水器。在湖北云梦睡虎地出土的西汉早期陶灶，火眼上有二釜一甑。当时还重视对烟囱的改进。秦汉以前，有的灶无“烟囱”，到汉代以后已经有“曲突”灶的烟囱，有的还高出屋顶。在湖北江陵出土的陶灶，为“『”形双眼灶，前有火门，后有挡

图4-17　东汉绿釉船形陶灶，湖南长沙地质局子弟学校出土（湖南省博物馆网站）

板。挡板上刻画烟道或附加泥条烟道，灶上有两釜，釜上有甑。①因为高烟囱不但防火防污染，而且有拔风起火的作用，能提高灶的火力和温度，为提高烹调速度和烹调质量创造了条件。

二、烹饪技艺的新发展

烹饪工具的改进促进了烹饪技艺的进步，烹饪方法随之增多。仅马王堆汉墓“遣策”（记录随葬品的竹木简）所见的烹饪方法就有羹、炙、炮、煎、熬、烝（蒸）、濯、痽（脍）、脯、腊和醢、鮨、苴（菹）等。

炮，是将兽类不去毛、裹泥，置于火上烧烤。遣策所见有胫勺（炮）。

炙，是将兽肉去毛，用竹扦（或铁扦）贯穿成串，悬于火上烧烤。遣策所见有牛、犬、豕、鹿、鸡等动物原料的肉及其内脏炙成的菜肴食品。

羹，是水煮肉汤。遣策所见有酹羹、白羹、巾（堇）羹、逢（葑）羹和苦羹。“酹羹”即大羹，是只放肉不加五味的纯肉汤，“白羹”是加米屑的肉汤，

① 长江流域第二期文物考古工作人员训练班：《湖北江陵凤凰山西汉墓发掘简报》，《文物》，1974年第6期。

“巾羹”是加葵菜的肉汤，“逢（葑）羹”是加蔓菁叶的肉汤，“苦羹”是加苦荼的肉汤。

煎，是将食物置于釜中，加热使其熟，令其干。遣策所见有煎鱼。

熬，是在煎的基础上放入桂、姜、盐等作料加热制成食物。遣策所见有熬豚、熬鹄、熬鹤、熬雉、熬鸡、熬鹌鹑等。

烝（蒸），是将食物原料置于甑中，离水隔火，用水气加热使食物成熟。遣策所见有烝（鳅）、烝酸、烝鲍。

濯，似今之炸。用动物油脂加热制成食物。遣策所见有牛濯胃、牛濯脾含（舌）心肺、濯豚、濯鸡。

脯，是咸干肉。用肉不加姜桂、只加盐腌制晒干而成。有牛、鹿等脯。

昔，（腊）是晒干肉。遣策中有腊羊、腊兔。

肉酱，也是一种制作方法。它是将肉切碎后掺入香料和醢酱制成肉类冷肴。在东魏时期的《齐民要术》中就记载了长沙蒲鲊法（古代一种腌制鱼类食品的方法。常在外面裹有竹箬、芦叶等）。

除肉鱼类外，湖湘地区的先民还对蔬菜进行冷加工，有腌、晒干和蒸熟后使之发酵等方式。当时还有酱菜的方法，如马王堆汉墓出土的遣策中，就记有“瓜酱一瓷”“酱杞一枚”，墓中还发现了酱菜“豆豉姜”，这是我国迄今发现的最早实物证据。

此外，目前所知长江中游最早的食品雕刻出现在湖北江陵地区。晋代宗懔《荆楚岁时记》云：“寒食……斗鸡、镂鸡子、斗鸡子。”按《玉烛宝典》云：“此节城市尤多斗鸡之戏。《左传》有季郈（hòu）斗鸡，其来远矣。古之豪家，食称画卵，今代犹染蓝茜杂色，仍加雕镂，递相饷遗，或置盘俎。”这里的“画卵”“雕镂”“镂鸡子”即表明人们的食物中有经过雕刻美化了的鸡蛋。可知到了晋代，这种精美的造型食品已登上了筵宴餐桌了。

第五节　荆楚饮食风尚与食疗养生理论的初步形成

一、荆楚日常饮食风俗

1. 庶民的一日两餐制

秦汉时期，一般人的饮食习惯都是一日两餐。吃第一顿饭称“朝食”或“饔餐”，时间大约将近午时，汉时人称“隅中”。《淮南子·天文训》云：“（日）至于曲阿，是谓旦明。至于曾泉，是谓蚤食。至于桑野（东方的代称），是谓晏食。至于衡阳，是谓隅中……至于悲谷，是谓餔（bù，晚饭）时。”

汉人的第二顿饭叫“餔食”。时间大约是在酉时，即下午五至七时。当时人们吃的晚饭多是早饭剩下的熟食，稍稍加热便作一餐用。因此《说文》对“飧”的解释是“食之余也”。

汉时普通人一般每人每月的食量（以粝米为准）大体是：丁男月食一石零八升至一石二斗，折合今18.96~21.06公斤；大男（十五岁以上的男性）月食一石零八升，折合18.96公斤；大女（十五岁以上的女性）、使男（七岁至十四岁）月食七斗八升，折合13.69公斤；使女（七岁至十四岁）、未使田（六岁以下）月食六斗，折合10.53公斤；未使女（六岁以下）月食四斗二升，折合7.37公斤。[①]与今大致相同。

而汉代宗室子弟、王公贵族一般是每日三餐，如《汉书·淮南厉王传》记，文帝时淮南王刘长谋反，获罪，徙蜀，文帝下令给每日“三食”，“肉日五折，酒五斗”。当时皇帝则为四餐，《白虎通》曰：“平旦食，少阳之始也。昼食，太阳之始也。晡食，少阴之始也。暮食，太阴之始也。”可看出当时的饮食制度是上下有别的。

---

① 杨联陞：《汉代丁中、廪给、米粟、大小石之制》，《国学季刊》七卷一期，1950年；黄展岳：《关于秦汉人的食粮计量问题》，《考古与文物》，1980年4期。

2. 席地而坐

两汉时期的饮食方式是席地而坐，《礼记·曲礼》载，进食时，食品进呈的先后及排列顺序有严格规定："凡进食之礼，左肴右胾（zì）。食居人之左，羹居人之右。脍炙处外，醯酱处内。"又曰："共饭不泽手。"孔颖达《疏》曰："古之礼，饭不用箸，但用手。既与人共饭，手宜洁净，不得临食始挼莎手乃食，恐为人秽也。"如果吃肉，则把在镬中煮熟的肉用匕取出，放在一块砧板上（当时称"俎"）。然后将俎移至席上，用刀割着吃。当时人吃饭，要先在甗中将饭蒸熟，然后用匕取出，放入簠簋，移到席上。酒则饮时注入樽、壶，放在席旁，然后斟入爵、觥、觯、杯等酒器中。

3. 饮食等级森严，饮酒成风

汉代的饮食等级仍很森严，一些人是常年酒肉不断，一些人却是偶尔尝鲜；一些人是吃遍山珍海味，一些人却只能吃点普通的荤腥；一些人是食饮食中的精华，一些人却只能吃粗粮杂菜。例如汉代人的食粮，依加工精细的不同分为四等，粗米叫粝米，依次叫糳（zuò）米（粲米）、毇（huǐ）米（稗米）、御米。加工消耗率大约是：原粮100升，舂为粝米60升；舂为糳米54升；舂为毇米48升；舂为御米42升。[①] 统治阶级食精米，劳动人民则食用粝米。

汉代，酒已渗透到社会生活的各个领域，成为人们来往交际及日常生活中不可缺少的饮料。典礼用酒，喜庆用酒；因酒以成礼，饮酒以合欢；太学考试及第，亲朋至友要饮酒庆贺。正如《汉书·食货志》中所讲："有礼之会，无酒不行。"酒已成为活跃宴饮气氛、激发人们思想感情、引导人们情感交流不可缺少的饮品。在贵族阶层饮酒成风的影响下，民间饮酒也日渐普遍。《初学记》卷十九引王褒《僮约》曰"舍中有客，提壶行酤，汲水作铺，涤杯整案"，就是当时社会生活的真实写照。人们每逢请客送礼、婚丧嫁娶、亲朋相会、逢年过节无

① 黄展岳：《关于秦汉人的食粮计量问题》，《考古与文物》，1980年4期。

不用酒，正如《汉书·食货志》中所言“百礼之会，非酒不行”。《盐铁论》中记载：“今民间酒食，殽旅重叠，燔炙满案，臑鳖脍腥，麑（ní）卵鹑鷃，橙枸鲐鳢，醢醯，众物杂味。”“今宾昏酒食，接连相因，析酲什半，弃事相随，虑无乏日。”

4. 娱乐与饮食融为一体

汉代人饮食习惯中继承了先秦钟鸣鼎食、以乐侑食的风尚。贵族们将娱乐与饮食结合起来。

在今河南南阳地区保留和出土的大量汉代画像石中，我们还能看到有“舞乐宴食”的热闹宴饮场面。有的大口吞噬肥鸭、烧鱼和烤肉串，有的在玩投壶、六博等游戏，有的则边吃边全神贯注地观看乐舞表演。《艺文类聚》七四引古诗云：“上金殿者，玉樽延贵客，入门黄金堂。东厨具肴膳，椎牛烹猪羊。主人前进酒，琴瑟为清商。投壶对弹棋，博弈并复行。”人们在宴饮时觥筹交错，丝竹并呈。

其中“投壶”是汉代较为兴盛的宴饮游戏，宴会主人设置这种游戏，既可使来客多喝些酒，表示了自己的盛情，又能增添宴会的欢乐气氛。在河南南阳卧龙

图4-18　湖南长沙马王堆汉墓帛画宴饮图局部

岗的汉画馆内，陈列着一幅投壶石刻画，画面的中间立着一壶，壶里插着已投进去的两枝“矢”。壶的左侧是一只三只足的酒樽，樽上搁置一把勺，供人舀酒用。画上共有五人。壶的左右各有一人跽（jì）坐（跪着坐），每人一手怀抱三根矢，另一手执一根矢，面向着壶准备投掷。画面的右端一人跽坐，双手拱抱，似是退居一旁的旁观者，又像是侍仆。画西左端一彪形大汉席地而坐，他应是主人，那一副醉汉的模样，显然是投壶场上的败将，又多次被罚，饮酒过量而不能自持，需人搀扶。

二、荆楚岁时节令食俗

秦汉时期，我国的主要节日已经基本形成，除夕、元旦、人日、元宵、上巳、寒食、端午、七夕、重阳等已经成为当时社会的习俗。一些历史人物如屈原、介子推、伍子胥已成为某些节日纪念的对象为后代所继承。一些风俗上升为礼俗，甚至成为国家的重要祭典，进一步扩大了节日的影响。魏晋南北朝时期，传统节日文化得到了新发展，增进了一些新的内容。如登高、曲水流觞、高谈饮酒等。此外，宗教对节日也产生了重要影响。例如道教提供阴阳信仰：奇数为阳，象征光明、有力、兴旺；节日中多取月日复数为吉利的象征，如正月一、三月三、五月五、七月七、九月九。又如佛教对节日的重要影响，中元节的盂兰盆会，是纪念大目犍连（略称“目连”）救母的节日；十二月初八吃腊八粥，本是纪念释迦牟尼成道之日，所以称“成道节”。

节日的饮食往往代表了当时当地的饮食水平和饮食特色，因此它的食俗表现十分丰富。随着节日的来临，生活的常规被打破了，人们总是竭尽智慧，改进食品制作花样，丰富节日生活，给各种食品赋予不同的含义和象征。

梁朝宗懔所著《荆楚岁时记》（以下简称《岁时记》）全面地反映了当时长

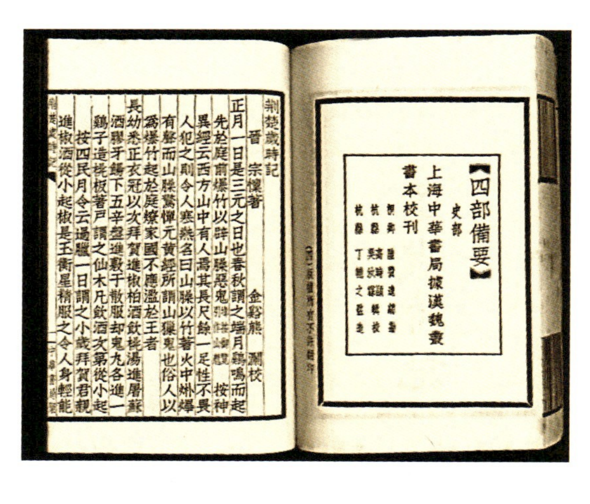
四部備要
史部
上海中華書局據漢魏叢書本校刊

荆楚歲時記
晉 宗懍著
正月一日是三元之日也春秋謂之端月雞鳴而起
先於庭前爆竹以辟山臊惡鬼 按神
異經云西方山中有人焉其長尺餘一足性不畏
人犯之則令人寒熱名曰山臊以竹著火中烞熚
有聲而山臊驚憚元黃經所謂山㺐鬼也俗人以
爲爆竹起於庭燎家國不應濫於王者
長幼悉正衣冠以次拜賀進椒柏酒飲桃湯進屠蘇
酒膠牙餳下五辛盤進敷于散服却鬼丸各進一
雞子造桃板著戶謂之仙木凡飲酒次第從小起
按四民月令云過臘一日謂之小歲拜賀君親
進椒酒從小起椒是玉衡星精服之令人身輕能

图4-19　南朝宗懔《荆楚岁时记》（上海中华书局据汉魏丛书本校刊）

江中游地区人们的岁时节令饮食风貌。①

1. 春节

春节：当时农历正月初一为元日，是一年中的第一天，有的也称“元月”“元辰”“端日”。汉武帝太初元年实行“太初历”，规定以孟春正月为岁首，即农历正月初一为元旦。从此，历朝历代皆以农历正月初一为元旦，直到清王朝灭亡，民国政府采用阳历（公历）纪年，规定阳历一月一日为“元旦”，农历正月初一改称“春节”。《湖南通志》云：“正月一日是三元之日。”《岁时记》云：“于是长幼悉正衣冠，以次拜贺。进椒柏酒，饮桃汤。进屠苏酒，胶牙饧。下五辛盘，进敷于散，服却鬼丸，各进一鸡子。凡饮酒次第，从小起。梁有天下，不食荤，荆自此不复食鸡子，以从常则。”文中的“椒柏酒”是指椒酒和柏酒。最早的屠苏酒是预防瘟疫的一种中药配剂，在元旦取浸过屠苏药剂的井水饮用。晋人葛洪曾用细辛、干姜等炮制屠苏酒，还演化为用一些中药来炮制酒，以起治病、防病的作用。“胶牙饧”是一种饴糖。“五辛盘”是盛五种辛味蔬菜之盘。“五辛”：《本草》指葱、蒜、韭、蓼蒿、芥。吃五辛盘也是为了健身，在元

① 宗懔、习凿齿著，谭麟 译注，舒焚、张林川 校注：《荆楚岁时记译注 襄阳耆旧记校注》，湖北人民出版社，1999年。

旦时，人们将这五种辛香之物拼在一起吃，意在散发五脏之气。吃五辛盘反映了长江流域的先民把新年对健康的追求，寄托在元旦这一天。另外“梁有天下不食荤”之俗：据《南史·梁本纪》载，梁武帝萧衍即位后，“晚乃溺信佛道，日止一食，膳无鲜腴，惟豆羹粝饭而已”。并曾著四篇《断酒肉文》，提倡禁食酒肉。《岁时记》云，元旦这一天，“今北人亦如此熬麻子大豆，兼糖散之。按《炼化篇》云：‘正月旦，吞鸡子、赤豆各七枚，辟瘟气。’又《肘后方》云：‘旦及七日吞麻子、小豆各十七枚，消疾疫。’《张仲景方》云：‘岁有恶气中人，不幸便死。取大豆十七枚，鸡子、白麻子，并酒谷之。’然麻豆之设，当起于此梁有天下，不食荤菜。荆自此不复鸡子，以从常则。”

人日：即人节、人胜节、人庆、七元等。传说：女娲初创世，在造出了鸡狗猪牛马等动物后，于第七天造出了人，所以这一天是人类的生日。汉朝开始有人日节俗，魏晋后开始重视。古代人日有戴“人胜”的习俗，人胜是一种头饰，又叫彩胜、华胜，从晋朝开始有剪彩为花、剪彩为人，或镂金箔为人来贴屏风，也戴在头发上。此外还有登高赋诗的习俗。《岁时记》：“正月七日为人日，以七种菜为羹，煎彩为人，或镂金箔为人，以贴屏风，赤戴之头鬓。又造华胜以相遗，登高赋诗。”

正月十五：又称元宵节、上元节、元夕节、灯节。该日为满月，即“望日”，象征团圆、美满，古人认为正月十五是最吉利的日子，进行祭天，合家团圆，祈求丰年。《岁时记》：“正月十五日，作豆糜，加油膏其上，以祠门户。按：今州里风俗，是日祠门户，其法先以杨枝插于左右门上，随杨枝所指，乃以酒脯饮食及豆粥，糕糜插箸而祭之。……今世人正月十五日作粥祷之，加以肉覆其上，登屋食之，咒曰：‘登高糜，挟脑鼠，欲来不来，待我之蚕老。’”“其夕，迎紫姑，以卜将来蚕事，并占众事。”

社日：《岁时记》：“社日，四邻并结宗会社，宰牲牢，为屋于树下。先祭神，然后享其胙。”“社日”乃祭社神（土地神）之日。《公羊传·庄公二十五年》：“鼓用牲于社。”何休《注》：“社者，土地之主也。”社日分春社、秋社。立春后第五戊日为春社，立秋后第五戊日为秋社。社日各宗族聚会于社树下，设祭祀场所。杀猪宰羊祭祀土地爷，祭后参与祭祀的人分享祭祀所供食物。

寒食节：又称冷节、禁烟节。《岁时记》：“去冬节一百五日，即有疾风甚雨，谓之寒食。禁火三日，造饧，大麦粥。寒食，挑菜。”因自冬至之后至清阳节共一百零七日，而先两日为寒食，故也称之为“一百五”。

三月三：《岁时记》云：“三月三，四民并出江渚池沼间，临清流，为流杯曲水之饮。是日，取鼠曲菜汁作羹，以蜜和粉，谓之龙舌，以厌时气。”三月三日为上巳节，人们在这一天都到河边沐浴，举行消定求吉仪式，称《祓禊》（fú xì）。

2. 夏季

夏至节：《岁时记》云：“夏至节日，食粽。伏日，并作汤饼，名为‘辟恶饼’。”在芒种后十五天为夏至，一般为今阳历的六月二十一、二十二日。“粽”即粽子，后来改在阴历五月五吃。五月五日又称端午节、重午、端五、重五、端午、蒲午、蒲节、天中节、诗人节。

七月七：又称七夕节、乞巧节、少女节、女节、女儿节、洗头节、情人节、双星节、双七节等。《岁时记》云：“是夕，人家妇女结彩缕，穿七孔针，或以金、银、鍮石为针，陈几筵、酒、脯、瓜果、菜于庭中以乞巧。有喜子网于瓜上，则以为符应。”七夕节的来历据《岁时记》中讲：“七月七日，为牵牛、织女聚会之夜。傅玄《天问》云：‘七月七日，牵牛、织女会天河。’此则其事也。张骞寻河源，所得楮机石示东方朔，朔曰：‘此石是织女支机石，何于此？’为东方朔所识，并其证焉。”

3. 秋季

九月九：后又称重阳节、重九、九日、茱萸节、菊花节。《岁时记》：“九月九日，四民并籍野饮宴。”人们纷纷到野外去登高、席地而坐，佩茱萸、食蓬饵（含有菜的糕类食品）、饮菊花酒。民间信仰认为九月九日为凶日，多灾难，宜设法驱灾。插茱萸就是一种。茱萸香味浓郁，可以驱虫去湿，逐风邪、治寒热，消除积食，是一种常见的中草药。

十月朔日：朔日为阴历每月初一。《岁时记》：“十月朔日，黍臛，俗谓之秦岁首。未详黍臛之义。今北人此日设麻羹、豆饭，当为其始熟，尝新耳。《祢衡别传》云，‘十月朝，黄祖在艨艟（méngchōng）上会设黍臛’是也。又，天气和暖似春，故曰‘小春’。”每年十月初一，气候舒适，人们设麻羹，煮豆饭尝新。

4. 冬季

仲冬：十一月采撷各种蔬菜晒干制成腌酸菜。《岁时记》云：“仲冬之月，采撷霜芜菁、葵等杂菜干之，并为咸菹。有得其和者，并作金钗色。今南人作咸菹，以糯米熬捣为米，并研胡麻汁和酿之，石窄令熟，菹既甜脆，汁亦酸美，呼其茎为金钗股，醒酒所宜也。”“仲冬”即阴历十一月，“芜菁”即蔓菁，“葵”也叫滑菜。李时珍《本草纲目・葵》中讲：“今人呼为滑菜，言其性也，古者葵为五菜之主，今已不复食矣。”“菹”即酸菜，腌菜，“金钗色”形如钗，色如金。“胡麻”即油麻，自大宛得。“酿”是使之发酵。“石窄”此也是说用石头压。

冬至、腊八、祭灶神：《岁时记》云：“冬至日，量日影，作赤豆粥以禳疫，（十二月八日）其日，并以豚酒祭灶神。按《礼器》云：‘灶者，老妇之祭也，尊于瓶，盛于盆。’言以瓶为樽，盆盛馔也。汉宣帝时，阴子方者，至孝，有仁恩。尝腊日辰炊，而灶神形见，子方再拜受庆。家有黄犬，因以祭之，谓为黄羊。阴氏世蒙其福。”腊八节：阴历十二月八日为腊八节，又名成道节，起源于祭祀祖先。《风俗通・祀典》：“腊者猎也，言田猎取兽以祭祀其先祖也。”自从佛教传入后，腊八才佛教化。由于佛教徒以“佛粥”施斋，民间也在这一天以果子杂料煮粥而食，谓之“腊八粥”。祭灶神：从文化史上看，先有火后有灶，反映在宗教信仰上，也是先有火神后有灶神。楚人的先祖祝融便是火官，被奉为火神，后世祀以为灶神。

宿岁：后又称除夕、年三十、除夜、岁除。年夜饭是一年当中最为隆重和重要的家庭聚餐。《岁时记》：“岁暮，家家具肴蔌，诣宿岁之位，以迫新年。相聚酣饮。留宿岁饭，至新年十二日，则弃之街衢，以为去故纳新也。孔子所以预于蜡宾，一岁之中，盛于此节。”年夜饭俗称“合家欢”“全家福”，与平时吃饭大不相同，一是必须全家团聚，二是菜肴丰富多彩，即使是贫困之户，也会竭尽所能弄一餐相对丰富的年饭。

总之，节令岁时饮食重在体现尝新、健体、融情几个方面，中国人就这样在享受大自然的同时，养性健身，祈福未来，将一种民族的人文景观演绎得多姿多色、尽善尽美。[①]《荆楚岁时记》所反映出的荆楚节令食俗具有季节性强、强健身体、怡悦亲情等文化特征。

荆楚节令饮食具有较强的季节性。长江中游地区四季分明，与这种气候地理环境相适应，形成了有特色的节令饮食风俗。春夏秋冬各有所食。如春日的元宵，百日的粽，秋日的菊花酒，冬日的粥等。

强健身体。岁时饮食有明显的食疗作用，《荆楚岁时记》说大年初一要“进椒柏酒，饮桃汤；进屠苏酒、胶牙饧，下五辛盘”，这些饮食，多以食疗养身为目的。如孙思邈《食忌》说，正月食五辛可避疠气。

怡悦亲情。节日饮食活动一般是以家庭为单位，显示出团圆和睦的气氛。一家人团聚守岁到天明，“长幼悉正衣冠，以次拜贺”，然后是享用各种节日食饮，于其中融入了浓浓的亲情。

三、食疗养生理论的初步形成

长江中游地区先民的饮食生活中充满了食疗养生的智慧，在这一时期，已经明确地掌握了有益健康的饮食原则。

---

① 王仁湘：《往古的滋味——中国饮食的历史与文化》，山东画报出版社，2006年。

1. 长沙马王堆汉墓出土的医学养生著作中的食疗养生思想

1973年12月，在湖南长沙马王堆三号汉墓出土了一批帛、简书，其中有不少是医学和养生学著作。这批出土古医学养生书共约两万余字，依据内容可分为十多类。其中《养生方》《五十二病方》和《杂疗方》中有许多用食物治疗疾病的药方，其主要补益思想和服食方法是治中益气，健力强身，补疗兼施，以养肾精。这些文献反映了当时人们对饮食与健康关系的认识水平。

《养生方》记载了33种疾病的90余个养生方，其中有食疗、食养方，有内治方，有外用外治方。主要部分是房中养生方，即通过药物的摄养或治疗，以消除某些性功能障碍的方法，也有少量房中导引养生理论的内容附于全卷之末。如《养生方》中用牛肉和萆薢（bìxiè）相煮，或用蜗牛渍汗制成犬脯，治疗虚损。也有用食物治疗一些伤病，如《五十二病方》中用三年雄鸡与兔头熬汤，或熬鹿肉汤，或熬野猪肉汤，服食治疗蛇咬伤。饮用葵汤，或用醋混合生鸡蛋饮下，治疗小便癃闭。《杂疗方》中有服用柰、兰、菱等食物的方法，以预防“蜮射”（血吸虫）。

食疗著作注重食物对人体可能造成的不良影响。如《五十二病方》认为痔疮期间应“毋食彘肉、鲜鱼”等等。《却谷食气》为气功文献，记载的是古代一种以却谷休粮结合呼吸吐纳的气功养生祛病方法，这是目前可以见到的最早的却谷食气的文献。

2. 张仲景医学养生著作中的食疗养生思想

东汉末年著名医学家张仲景曾在长沙为官，常坐堂行医，他认为看出食物与疾病有着十分密切的关系，指出：“凡饮食滋味以养其生，食之有妨，反能为害。”张仲景总结了一些食疗的方法，并著有《伤寒杂病论》《金匮要略》等。他认为通过调节饮食可以预防疾病，主张饮食有节，饮食方法必须因人、因地、因时选择。《伤寒杂病论》提出了系统的饮食养生学思想。有专家对此问题进行了系统研究。[①]纵观张仲景的食疗养生观，可大致总结出如下特点。

第一，天人相应的整体观。在人与自然的关系问题上，张仲景以《内经》天人相应的整体观作为指导思想，并且作了进一步的阐发，他曾在《伤寒论·自序》中指出："夫天布五行，以运万类；人禀五常，以有五脏。"在《金匾要略方论·脏腑经络先后病脉证第一》中亦曰："夫人禀五常，因风气而生长。风气虽能生万物，亦能害万物，如水能浮舟，亦能覆舟。"这些观点旨在说明，人类生活在自然界并作为自然界的组成部分，只有顺应自然界气候的发展变化，才能得以生存，保持健康。注意进食时间，有些食物在特定的时间内服用，于身体有益；如果不在适宜的时间内进食，则对身体有害。如《金匮要略》中说："春不食肝，夏不食心，秋不食肺，冬不食肾，四季不食脾"。

第二，重视保津液以防病抗病。张仲景认为津液具有固护机体、防御病邪的功能。津液充则阳明固，邪不可干；津液亡则阳明虚，邪气便可轻易陷入。津液抗病作用及津液抗病思想在《伤寒论》中有充分反映。人们要想不得病或少得病，必须重视保护体内的津液。人若津液不充，则筋枯髓减，皮槁毛脆，脏腑虚弱，极易为病邪所害。

第三，重视用饮食防病疗疾。张仲景在《伤寒论》112方中，一共使用具有食疗作用的食品17种，计有大枣、生姜、干姜、香豉、粳米、葱白、蜂蜜、赤小豆、猪胆汁、蜀椒、乌梅、猪肤、鸡子黄、鸡子（去黄）、饴糖、苦酒、清酒。这些食品遍及81个方剂，占全书方剂总数的72.32%。其中还有不少纯以食品名的方剂，如十枣汤，猪肤汤等6方；加上药食合名的方剂，如干姜附子汤，共24方，占全书的21.43%。张仲景的食疗思想已成为其学术体系的重要组成部分。

第四，强调保胃气。张仲景认为，机体的功能是否健全与胃气的充沛与否有

---

① 陈美惠：《张仲景养生思想与养生方法研究》，北京中医药大学博士论文，2002年，第1~90页；赵鲲鹏：《略论仲景著作中的饮食养生思想与方法》，甘肃省中医药学会2009年学术研讨会论文专辑，2009年10月，第214~217页。

着十分密切的关系。这是因为机体所需的营养物质有赖于胃气的化生，治疗疾病的药物也需中焦受气取汁以发挥疗效。为此，他不仅重视脾胃阳气的一面，也注意到了脾胃阴液的一面。《伤寒论》六经病症的治疗包括祛邪与扶正两方面，在具体运用上包括汗、吐、下、和、温、清、消、补八法。仲景于八法中，均不忘“保胃气”，如汗法的“桂枝汤”，用草、枣调补中焦，保护胃气。下法的“调胃承气汤”，用甘草缓急和中。补法的“炙甘草汤”，以甘草、大枣补益脾胃等。在服药方法上他亦强调“保胃气”。如他主张服药时宜喝点粥，因为粥有内充谷气的作用，既可助胃气以扶正，又可助药力以祛邪。张仲景继承并发展了《内经》“病热少愈，食肉则复，多食则遗，此其禁也”的理论，注重疾病时期的调理。如他立专篇讨论瘥后劳复的问题，指出病愈时“脾胃气尚弱”，尤需“保胃气”。

第五，注重增强机体免疫力。《伤寒论》中所用药物非常广泛，以《伤寒论》所用112方与93味药来看，有扶正祛邪免疫作用的人参、黄芪、白术、云苓、当归、甘草、大枣等药物的条文不下上百条。在其所载扶正祛邪药物中，多有增强免疫机能、调理脏腑、补养气血的作用。

第六，注重食物选配。《金匮要略》专门设有“禽兽鱼虫禁忌并治”“果实菜谷禁忌并治”两卷，说明了饮食的禁忌和食物的搭配。书中还有注意食量的记载，不可太过，亦不可不及。即使对生命有益的饮食，多食亦为害。如“桃子多食，人热；”“梅多食，坏人齿”等。

第五章 隋唐宋元时期的茶文化及士大夫文化

隋唐宋元时期约八百年，长江中游地区的农业获得了长足的发展，从而推动了饮食文化的发展，主要体现在：茶文化的形成与士大夫饮食文化的兴起。

第一节　农业的发展与农副产品的加工

一、土地垦殖与农具的改进

1. 土地垦殖

从唐五代到宋元，长江中游地区的土地垦殖，范围不断扩大，面积日益增加，垦辟的地点逐步向纵深发展，主要包括丘陵山地的垦殖和河湖水泽地区洲渚的开辟两个方面。①

丘陵山地多采用撂荒制的耕作方法，即火耕山地、陆种畲田的形式。唐人王建在《荆门行》中描述了湖北地区人们烧荒垦田时的情景："犬声扑扑寒溪

① 牟发松：《唐代长江中游的经济与社会》，武汉大学出版社，1989年，第48~55页。

烟，人家烧竹种山田。”诗人元稹在《元氏长庆集》中描写三峡为“田仰畲刀少用牛”，“田畴付火罢耘锄”。在湖南地区亦是同样的场景，诗人刘禹锡在他的《莫猺歌》中称郎州：“星居占泉眼，火种开山脊。”又有《竹枝词》写道：“山上层层桃李花，云间烟火是人家。银钏金钗来负水，长刀短笠去烧畲。”大诗人白居易在《白氏长庆集》中还写到了江西江州的景象“灰种畲田粟”，“春畲烟勃勃”。综上所述不难发现，唐代火耕畲田是长江中游地区丘陵山地的主要耕作形式，主要分布在丘陵浅山，有的甚至是险谷山，种植的主要是麦、豆、粟等旱粮，基本上属于一种撂荒农作制。

宋代，可种稻谷的垦种梯田更加广泛。《诚斋集》载：南宋淳熙五年（公元1178年），诗人杨万里经过永丰（今江西广丰县），见山间耕地如带，层层而上，赋诗并序：“过石磨岭，岭皆创为田，直至其顶。”诗曰：“翠带千环束翠峦，青梯万级搭青天。长淮见说田生棘，此地都将岭作田。”范成大在《石湖诗集》的游仰山诗写道：“堵田溪渊清洄洄，梅洲问路寒云堆。连空磴道虬尾滑，竹舆直上无梯阶。……兹事且置饱吃饭，梯田米贱如黄埃。”山中人口少而梯田多，因而粮多，所以米价低廉。

入唐以后对河湖洲渚的开发成为长江中游地区土地垦殖的一个重要内容。《太平寰宇记》载，唐宋之际荆州“人俗多居江津诸洲”，《唐会要》中称：“（贞元）八年三月，嗣曹王皋为荆南节度使观察。先是，江陵东北七十里，废田旁汉古堤，坏决凡二处，每夏则为浸溢。皋命塞之，广良田五千顷，亩收一钟。又规江南废洲为庐舍，架江为二桥，流入自占者二千余户。”这是唐代长江中游地区洲渚开发的典型。李皋修塞古堤，化废田为良沃，又开拓废洲为田庐，吸引当地居民和大批外地流民前来垦辟。在湖南的洞庭湖畔到湘江流域的河洲湖渚上，处处可见橘林与农田。《全唐诗·湘口送友人》记述了诗人李频乘舟出湘口，但见江边良田连畴，故咏出“苇岸无穷接楚田”之句。诗人张九龄有诗《初入湘中有喜》，描述了湘江沿线“两边枫作岸，数处橘为洲”的景象使他喜悦不已。后来他南归过湘江另赋诗《南还湘水言怀》，诗人又见“江间稻正熟，林里桂初荣”。

乡间的繁盛令诗人感叹不已。我们从这些诗文中可以见到当时的长江中游地区，农家积极垦殖，出现了良田千顷的景象。

2．生产工具的改进与农业经营方式的不平衡

唐宋时期，农业生产工具得到了进一步的改进，出现了冶铁技术和铁制工具的又一次变革。如灌钢法、百炼钢法等的广泛使用，铁犁的进一步改进，铁刃农具的创制和推广等。特别是铁产量的激增，使这次变革具有了更加坚实的基础。

在农具改进中，最具代表意义的是牛耕的普及和曲辕犁的广泛使用。《新唐书·张廷珪传》记载："民所恃在食，食所资在耕，耕所资在牛，牛废则耕废。耕废则食去，食去则民亡，民亡则何恃为君？"流行于唐宋南方的曲辕犁以江东犁为代表。晚唐陆龟蒙所著《耒耜经》中即详细叙述了"江东犁"各部件的型式和功用，又据今人研究，这种江东犁结构完善，单牛牵引，轻便省力，犁辕短而弯曲，犁评可用来调节犁箭入土深浅。除此之外，与稻田耕作相配套的畜力农具还有耙、砺（lì）、碌碡，特别是宋元时期"耖"的出现，使中国封建时代水田农具系统已臻完善。这套适应南方稻作的耕具系统使翻耕整地的过程加快，质量提高，大大提高了劳动生产的效率。

水利排灌工具的进步为水稻种植面积的扩大提供了有力的保障。随着唐宋耕地面积由平原陂泽而"高山绝壑"的扩大，各种型式的水车应运而生。其中以"龙骨车"最具实用价值。斜卧式的江南龙骨水车具有随宜安设，移动方便，能排能灌，效率高等优点，很适合长江中游亦旱亦涝的地理环境。

就农作制而言，从总体上看，汉代及汉以前的长江中游地区稻作基本上属于以火耕水耨为特征的撂荒制，六朝时期乃以连种制为主，至迟在中唐以后南方稻作开始进入（主要是稻麦的）轮作复种阶段。

农业生产的发展各地是不平衡的。农业经营方式在宋代大致分为三种类型，即"刀耕火种"式的原始经营，广种薄收式的粗放经营和精耕细作式的集约经营。

采用“刀耕火种”原始经营方式的，多是在自然条件较差的地区、少数民族或汉族与少数民族杂居的地区，即一些山区和半山区，这只是一种残存形态。如湘江资州以西、湘江以西的上下梅山等地。

荆湖北路的农业属于广种薄收、粗放经营的地区。任官于荆门军的著名哲学家陆九渊，曾将荆湖北路的农业生产与江南东西路进行了比较：“江东西无旷土，此间（指荆门军一带）旷土甚多。江东西田分早晚，早田者种占早禾，晚田种晚大禾；此间田不分早晚，但分水陆。陆田者只种麦豆麻粟，或莳蔬栽桑，不复种禾，水田乃种禾”。①

江南西路、荆湖南路较多采用了精耕细作式的集约经营方式。陆九渊所描述的他的家乡抚州金溪地区就是如此。“吾家治田，每用长大镬头”，深翻地二尺许，并有一尺的间隔，“方容秧一头”，“久旱时，田肉深，独得不旱”；结果产量很高，“每一亩所收，比他处一亩不啻数倍”。“每穗少者尚百二十粒，多至二百余粒，而其他地区所产每穗不过三五十粒，多不过八九十粒。”②

二、粮食品种的优化与产量的空前增加

水稻是长江中游地区最重要的粮食作物，农民在长期的生产实践中，选择和培育了适宜本地气候、土壤、水分等条件的许多品种。北宋哲宗时期，江西泰和人曾安止著了《禾谱》一书，记录了西昌（今泰和）、吉安一带的水稻品种。他指出“其别凡数十种”。在《禾谱》“谱表”中列出的有44种，即：早禾粳品十二、早禾糯品十、晚禾粳品八、晚禾糯品十二、附早品二、附晚品二，《禾谱》“三辩”中还记有6个品种：白园禾、黄穋禾、穬（kuàng）禾、早占禾、晚占禾、再生禾

① 陆九渊：《象山先生文集》卷一六《与章德茂第三书》，上海书店，1989年。
② 陆九渊：《象山先生文集》卷三四《语录上》，上海书店，1989年。

（女禾）。[1]

现存《禾谱》一书，仅是泰和县《匡原曾氏重修族谱》中摘录的一部分，并不是《禾谱》全书，就已载有50个水稻品种之多，由此可见江西泰和地区的稻种非常丰富，水稻生产十分发达。

除水稻之外，长江中游地区的麦粟等旱作也有较大进步。唐代南方麦作的增多可能与稻麦复种的逐渐推广有关。特别是在江西一些基本是水田的地区，麦作的发展也很显著，如《全唐文》中载元和年间（公元806—820年）韦丹观察洪州时曾因江饶等地涝旱损田，于是修造陂堰，大力劝种麦粟。《大平广记》亦记有江西洪州有以大麦面充饭的。洪州地区一家姓胡的农民曾命其子“主船载麦，溯流诣州市”。宋代梯田的广泛垦种，使旱地相应增多。“唐宋八大家”之一的曾巩描述分宁（今江西修水）的情况是：“其人修农桑之务，率数口之家，留一人守舍行馌，其外尽在田。田高下硗腴（qiāoyú，土地坚硬瘠薄、肥沃），随所宜杂殖五谷，无废壤，女妇蚕杼无懈。”[2]随着北方人南迁增多，小麦种植地区更加扩大。南宋绍兴初年，麦价上涨，一时间，出现江南农村麦田“极目不减淮北”（庄绰：《鸡肋编》上）的兴旺景象。陆游在抚州金溪县看到“林薄打麦惟闻声”（《陆游集·小憩前平院戏书触目》），“小麦登场雨熟梅”（《陆游集·遣兴》）。麦子种植虽不及水稻那样普遍，却已是农民口粮中的一部分了。

技术的改进，土地的开发，复种农作制的实行，加之对农田的精耕细作，使粮食单产和总产都有大幅度的提高。

前述唐代李皋在江陵东北广开良田，“亩收一钟”。江西余干亦有“亩钟之地”[3]。一钟为六石四斗，将唐代量制换算为今制，合一市亩662市斤。即使本区粮食平均产量只达到“亩钟”之半即三斛左右，也比唐代全国粮食平均亩产一石

① 转引自许怀林：《江西史稿》，江西高校出版社，1993年，第273~274页。
② 曾巩：《元丰类稿》卷十七《分宁县云峰院记》，商务印书馆，1937年。
③ 刘禹锡：《答饶州元使君书》，《全唐文》卷三一四，山西教育出版社，2002年。

半高出一倍。稻作生产率的提高使唐代长江中游地区的粮食产量空前增加，至迟在中唐以后，长江中游地区尤其是江西、湖南开始成为全国最著名的粮食产区之一了。

早在六朝时期该地区的粮食生产优势就比较突出。东晋朱序北伐翟辽，曾表求运江州米十万斛“以资军费”。南朝除建康太仓之外，地方大仓有三，钱塘仓在浙江，江西居其二，即豫章仓、钓矶仓，《隋书·食货志》中称“并是大贮备之处”。湖南湘州、零陵在两晋时就有盛产粮食之名。隋炀帝多居江都，其粮食消费多依赖“上江米船”，即主要来自长江中游的粮食。中唐以后，长江中游地区水稻生产在全国一直领先。元和初年江淮大旱，《全唐文》中称宪宗“遇江淮饥歉，三度恩赦，赈贷百姓斛斗，多至一百万石，少至七十万石。本道饥俭无米，皆赐江西、湖南等道米。江淮诸道百姓，差使于江西湖南般运”。江西、湖南在几年之内，有能力以二三百万石的巨额稻米支援旱灾严重的长江下游，足以表现它作为全国第一流粮食基地的形象。这一地位历经唐宋元明清几个朝代未曾动摇，以至明清时期有谚曰：“湖广熟，天下足。”唐太和三年（公元829年）御史台奏文云：“江西湖南，地称沃壤，所出常倍他州。”[①]乾符二年（公元875年）僖宗《南效赦文》也说：“湖南江西管内诸郡，出米至多，丰熟之时，价亦极贱。”[②]湖北尤其是荆襄邓地区的粮食生产也有一定发展。《旧唐书》载，唐贞观年间（公元627—649年）襄邓地区就以粮储丰厚著称，曾在太宗、高宗时两次接纳来自关辅六州及河东河南等地的逐食饥民，其“回还之日”还使“各有赢粮”。

宋代长江中游地区的粮食生产又上新台阶。北宋定都汴梁，倚重兵立国，兵恃粮，粮赖漕运。“先是，诸河漕数岁久益增，景德四年，定岁额六百万石”[③]的

① 董诰等：《全唐文》卷九六六，山西教育出版社，2002年。
② 董诰等：《全唐文》卷八九，山西教育出版社，2002年。
③ 脱脱等：《宋史·食货志》，中华书局，1975年。

粮食供应，主要来源于东南六路。沈括在神宗熙宁八年至十年（公元1075—1077年）间为三司使，主管朝廷财政。他记录当时漕运数量是：“**发运司岁供京师米以六百石为额：淮南一百三十万石，江南东路九十九万一千一百石，江南西路一百二十万八千九百石，荆湖南路六十五万石，荆湖北路三十五万石，两浙路一百五十万石。通余羡岁入六百二十万石。**”①

元代长江中游地区的粮食生产在全国居于十分重要的地位。据《元史·食货志》记载，元代每年从全国各地征粮达到12114708石，其中河南行省2591269石，江西行省1157448石，湖广行省843787石，三地合计约占全国征粮数目的37.9%。河南行省计有12路、7府、35州、182县，其中属于湖北地区的有5路、3府、4州、41县，而且襄宜、江汉平原是河南行省乃至全国的重要粮食产区。而湖广行省的粮食大多出自湖北湖南地区。

三、果蔬、水产及食品加工业的发展

1. 果蔬生产

长江中游地区生产的水果以柑橘最为著名。楚人屈原的《橘颂》和《史记》“江陵千树橘”的记载，足见该地区柑橘种植历史悠久。唐代时有湖北荆、峡、襄，湖南澧、朗和江西洪、抚等七个州贡柑橘（橙），从中可以看出柑橘生产在本区作物种植中的地位。

其中，以湖北荆州的柑橘最负盛名。唐玄宗曾将荆州所进柑子包以素罗赐赠宰臣，又将江陵所进乳柑橘植于宫苑，十余年后居然开花结果，一时传为佳话。不少诗人赋诗赞美荆州柑橘，如《全唐诗》中记杜甫《峡隘》诗：“**白鱼如切玉，朱橘不论钱。**”称其种植广而出产多。元稹《贬江陵途中寄乐天》诗：“**想到江**

① 沈括：《梦溪笔谈》卷十二，上海出版公司，1956年。

陵无一事，酒杯书卷缀新文。紫芽嫩茗和枝采，朱橘香苞数瓣分。”称其味美。荆州的柑橘多得形成了集贸市场，元稹称荆州“衰杨古郡濠，鱼虾集橘市”。《太平广记》卷四一五《崔导》条：“唐荆南有富人崔导者，家贫乏，偶种橘约千余株，每岁大获其利。”崔导的柑橘生产显然是以市场为目的的，反映当地有不少人经营橘园而致富。

湖南的柑橘种植也相当广泛。《吴书》引《襄阳记》中称，三国初，吴李衡曾“密遣家客于武陵新阳洲上作宅，种柑千树，……吴末，李衡甘橘成，岁得绢数千匹，家道殷足。”李衡称其橘林为“千头木奴”。到唐代时，李衡的木奴洲已因人烟密集蔚为村墟。刘禹锡《武陵书怀五十韵（并序）》曰：“沈约台榭故，李衡墟落存。”又称“星悬橘柚村”。《晚岁登武陵城顾望水陆怅然有作》曰：“清风稍改叶，卢橘始含葩。”可见当地种橘之风弥盛。随着唐代长江中游地区河洲湖渚的大量开垦，从洞庭湖畔到湘水之滨，橘洲鳞次栉比。张九龄《初入湘中有喜》诗云：“两边枫作岸，数处橘为洲。”到宋代，湖南柑橘生产进一步发展。湖南武陵柑橘与江西临汝、浙江东嘉、太末柑橘被称为四大名橘。据赵蕃称：“柑橘三聚，皆东嘉、太末、临汝、武陵所徙”。[①]

江西柑橘栽培历史十分悠久，东汉至魏晋南北朝都可见到有关柑橘生长、种植的记载。唐宋之时，柑橘生产发展迅速。洪州、抚州、临江军、吉州、赣州、南安军等地的柑橘生产，已有相当优势，在士大夫的诗文中经常有反映。吉州金橘曾名动京城。欧阳修说：“金橘香清味美，置之罇俎间，光彩灼烁，如金弹丸，诚珍果也。都人初亦不甚贵，其后因温成皇后尤好食之，由是价重京师。余世家江西，见吉州人甚惜此果，其欲久留者，则于绿豆中藏之，可经时不变，云橘性热而豆性凉，故能久也。”[②]宋高宗晚年，问同坐饮宴的庐陵人周必大家乡有何鲜

① 赵蕃：《淳熙稿》卷十六《从莫万安觅柑子并以玉山沙药合寄之》，中华书局，1985年。
② 欧阳修：《欧阳文忠全集》卷一二七《归田录卷二》，中华书局，1936年。

果品时，周必大讲：“金柑玉版笋，银杏水晶葱”。[①]

江西抚州在唐代的土贡中就有朱橘，到宋代仍以朱橘充贡。抚州南丰县也是柑橘产地。欧阳修家里种有橙子树，并作《橙子》诗一首，介绍橙子不同一般的特色。诗云：“翠羽流苏出天仗，黄金戏毬相荡摩。入包岂数橘柚贱，芼鼎始足盐梅和。”宋代南昌的东湖地区柑橘仍很多。李觏（gòu）《东湖》诗云：“水仙座下鱼鳞赤，龙女门面橘树香。”丰城的柑橘，在五代南唐时便很著名。《江淮异人录》载抚州刺史危全讽对人讲：“丰城橘美，颇思之”。

长江中游地区果品生产除柑橘外，还有一些名品。如荆州的柿，郢州的枣，荆、洪、虔三州的梅及其制品梅煎、蜜梅，山南枇杷等都是贡品。

唐宋专业经营菜园的很多。唐有关法律如《唐律疏仪》中对菜园、果园的土地所有权还有特别保护的条款。尽管一般农户吃菜并不依赖市场，但菜蔬却是城镇居民的生活必需品，因此菜园一般集中在城郊即所谓“附郭之地”。白居易贬居江州时常到江边早市买菜，《放鱼》诗曰：“晓日提竹篮，家僮买春蔬，青青芹蕨下，叠卧双白鱼。”[②]江西某驿官专门设有“菜库”，《太平广记·杂录》录自唐李肇《国史补》曰：“江西驿官：又一室曰菹库，诸茹毕备”。

2. 以鱼为主的水产生产

南方人工养鱼的历史可上溯至殷商。《史记》言西汉时楚越之地“水居千石鱼陂”，意思是陂泽养鱼，一岁收得千石鱼。从战国至隋，池塘养鱼均以鲤鱼为主。唐代因避讳帝姓“李”，严禁杀鲤售鲤，违者罚打六十大板。使得积累一千多年经验的养鲤业被迫停顿下来，转而试养其他鱼类。如青、草、鲢、鳙等。可武则天竟下令禁渔，遭到臣民的反对与抵制。崔融曾上书反对，理由是“江南诸州，乃以鱼为命；河西诸国，以肉为斋”。[③]崔融的形容并不过分，《资治通鉴》

---

① 罗大经：《鹤林玉露》卷五《肴核对答》，中华书局，1983年。

② 彭定求等：《全唐诗》卷四二四，上海古籍出版社，1986年。

③ 董诰：《全唐文》卷二一九，山西教育出版社，2002年。

载，就在武则天下令禁渔的当年五月，史称“江淮旱俭”，人民又不敢采捕鱼虾，以致饿殍遍野。当然，这种与千百万人世代形成的饮食习惯作对的政策没有也不可能长久地实行，后来武后也只好睁一只眼闭一只眼。

除人工养鱼业的发展外，当时捕鱼业也有所发展，出现了一些先进的捕鱼工具和捕捞方法，并形成一些渔民和半渔半农之户。唐代李肇《国史补》卷下称：“洪鄂之水居颇多，与邑殆相半。”这些水居之民多数为渔民。周徭《送江州薛尚书》称江州“乡户半渔翁”。中唐以后商业发达，城市人口倍增，促使渔业贸易的发展，形成野市、鱼市。初期形成的鱼市，是一种在船舶聚集的河埠湖岸边进行渔产贸易的场所，正如刘禹锡在武陵之所见：“拥楫舟为市”。

到了宋代，唐代的禁食鲤鱼令废除，鱼苗业、养鱼业与捕捞业快速发展。鄱阳湖滨的江湖水域成为当时十分兴盛的鱼苗业集中地区。南宋词人周密在《癸辛杂识》别集中记：“江州等处水滨产鱼苗，地主至于夏，皆取之出售，以此为利。贩子辏集，多至建昌，次至福建、衢、婺。”池塘养鱼业也在发展，如洪迈《夷坚志》载赣州雩都县曲阳铺东廖少大“所居有两塘，各广袤二十亩，田畴素薄，只仰鱼利以资生。……每岁获直不下数百缗”。南郡县，池塘养的鱼肥大，超过江河中捕捞的鱼：“郡无大鱼，江中所得，极大不过一二斤，他皆池塘中豢养者耳。”

长江中游地区除了以鱼为大宗的水产以外，还有莲藕、菱芡等其他水产。另据史载，鄱阳县有一个叫滨洲的地区，水面平浅可涉，贞观年间始出蚌珠，百姓采取者甚多。[1]

3. 制糖、酿酒及其他食品加工

蔗糖。甘蔗制糖最早见于记载的是公元前300年的印度的《吠陀经》和中国的《楚辞》。屈原的《楚辞·招魂》中有这样的诗句：“胹鳖炮羔，有柘浆些。”

① 乐史撰：《太平寰宇记》卷一〇七，中华书局，2000年。

这里的“柘”即是蔗，“柘浆”，即甘蔗浆。[1] 西汉时，印度一带已有制蔗糖技术，司马彪《续汉书》：“天竺国出石蜜。”这种石蜜就是蔗糖，当初是西域进贡的珍品，只有皇帝、贵族才能享用。东汉时从古印度引进的这种团状的粗制糖，很容易被打碎变成砂状粉末，以形取名，故称之为砂糖。[2]《古今图书集成》载东汉张衡著的《七辨》中，有“沙饴石蜜”之句。这里“沙饴”二字，是指制得的糖呈微小的晶体状，可看作是砂糖的雏形。《太平御览·饮食部》载张衡《七辨》曰：“砂糖石蜜，远国贡储。”《新唐书》载贞观二十一年（公元647年），唐太宗派人去印度学习熬糖法。北宋王灼于1130年间撰写出中国第一部制糖专著《糖霜谱》。书中记述了中国制糖发展的历史、甘蔗的种植方法、制糖的设备、工艺过程、糖霜性味、用途、糖业经济等。据《糖霜谱》记载，白糖制法传到南方已是唐大历年间（公元766—779年）。蔗糖制作一经传到南方，便在长江下游地区全面开展。[3] 中唐以后长江中游地区的江西虔州、湖南永州贡蔗制冰糖，湖北虽无此贡，但据《旧唐书》卷十二载唐德宗即位之初曾下令襄州罢“贡种蔗蒻之工”，说明当时是有熬制蔗糖作坊的。据《糖霜谱》记述，当时单位面积的甘蔗熬成糖以后可“获利十倍”，这大概是蔗糖制作迅速铺开的原因。

酿酒。这一时期的长江中游地区的名酒和特色酒品种相当丰富，如郢州（今属湖北地区）富水酒大约在唐玄宗时即开始扬名，并被引进宫内。据《唐六典》：“今内有郢州春酒，本因其州出美酒。初，张去奢为刺史，进其法，今则取郢州人为酒匠，以供御及时燕赐。”李肇《国史补》卷下列举了全国的十一处名酒产地，其中郢州名列第一。李肇所列名酒产地中，长江中游地区还有宜城、浔阳。宜城酒自汉晋以来便驰名天下，被视为美酒的代表。唐人也对此津津乐道，赞誉之词屡见诗篇。袁州（今江西宜春）宜春酒也颇有名气，并列为贡酒。湖南所产

① 季羡林：《中华蔗糖史》，经济日报出版社，1997年，第97页。
② 季羡林：《蔗糖的制造在中国始于何时》，《社会科学战线》，1982年第3期，第144~147页。
③ 牟发松：《唐代长江中游的经济与社会》，武汉大学出版社，1989年，第163~165页。

图5-1　元代釉里红高足转杯，江西高安出土

的渌（lù）酒、酃（líng）酒、"洞庭春色"酒均很有名。①

《晋书·武帝纪》中讲"荐醽（líng）渌酒于太庙"，《湖南方物志》亦述"醽即今衡州府酃县所出之酒，渌则今长沙府醴陵县所出之酒也。"酃县之酒极甘美，《湖南方物志》中记其作酒之法是："以九月中，取秫米一石六斗炊作饭，以水一石，宿渍曲七斤。炊饭令冷，投曲汁中。覆瓮多用荷箬，令酒香，燥复易之"。

元代长江中游有："九酝酒""竹叶春""江汉白"等名酒。《元好问全集·新乐府五·鹧鸪天》云："还家剩买宜城酒，醉尽梅花不要醒。"所谓九酝，是指为了提升酒精浓度，将第一次酿出的酒过滤，再加原料与酒曲发酵，再过滤，如此反复酿制而成。根据过滤的次数，酿出的就有三酝、五酝、七酝、九酝等。画家倪瓒《倪云林诗·醉后赠张德机》云"谁醒宜城竹叶青，竹枝空画损精神。"亦有理学家刘因《静修先生文集·饮江汉白》云："闻道兵尘埋楚甸，一杯谁与洗愁颜。"考古发现，江西李渡元代烧酒作坊遗址是目前中国最具地方特色的白酒

① 牟发松：《唐代长江中游的经济与社会》，武汉大学出版社，1989年，第163页。

图5-2　唐代春字诗执壶，湖南长沙出土（国家数字文化网全国文化信息资源共享工程主站）

作坊遗址，距今有700年历史。

除酒之外，长江中游地区有特色的食品还有荆州胎白鱼、糖蟹，安州糟笋瓜、瓜豆豉等。其中白鱼和安州糟笋瓜降至五代而其名不衰。

另外，唐代素食开始盛行。长江中游地区以豆制品最为有名。八方僧侣到浏阳道吾山云游时，都要带走当地的豆豉，遂湖南浏阳豆豉名扬天下。唐玄宗元和年间（公元806—820年），湖南益阳白鹿寺住持广慧发明佛乳（“金花腐乳”的前身），唐大中六年（公元852年）宰相裴休尝后信笔手书“昔贤栖隐处，空留佛乳诗”，裴休后将“佛乳”携入皇宫，皇帝尝食，视为珍品，赐名“御乳”，后益阳各寺庙遂相继仿制，嗣后其制作方法不胫而走，流传民间。五代十国时期，长沙开福寺每年佛诞日，皆有免费素食供应。其中最有名的是一种“翻油豆腐”，将已炸的油豆腐划个口子翻转过来撒一点芝麻再炸一次；开斋时用大箩筐盛着，任赴斋者免费享用，深受喜爱。

第二节　茶文化的形成和发展

一、名茶辈出产量巨大

1. 名茶辈出

长江中游地区的茶叶生产在当地人们经济生活中的地位极为重要，素以名茶品种多、质量优见称于世。唐以前属于今湖南地区的武陵、茶陵，属于今湖北地区的荆州、夷陵、西阳（今黄冈县东）、武昌、安州等地，都是有名的产茶区。及至唐代，我国茶叶产地的基本格局业已形成。据唐宋时期的文献记载，唐五代两宋时期长江中游产茶之州大致为：

属于今湖北地区的有：荆、峡、襄、蕲、安、黄、鄂等州。

属于今湖南地区的有：朗、岳、潭、衡、郴、邵等州。

属于今江西地区的有：洪、江、饶、吉、袁、抚、虔等州。

唐人记载当时名茶最周备的要推李肇的《国史补》，书中列举了当时饮誉全国的20余种名茶，其中出自长江中游地区的即有九种，如湖北的峡州碧涧、明月、芳蕊、茱萸簝（liáo）、江陵南木、蕲门团黄；湖南的衡山、灉（yōng）湖含膏；江西的洪州西山白露等。

宋代长江中游地区的茶叶也有不少名品。《宋史·食货志》记南宋初年的名品茶叶时列举了六种，即“雪川顾渚生石上者谓之紫笋，毗陵之阳羡，绍兴之日铸，婺源之谢源，隆兴之黄龙、双井，皆号绝品也。”黄龙、双井产自江西分宁（今修水县），其中以双井茶最著名。此外，江西地区的名茶还有瑞州（今高安市）黄柏茶，庐山云雾茶，洪州（今南昌）西山白露茶、鹤岭茶、罗汉茶，建昌县云居山茶，宜春仰山稠平茶，铅（yán）山县双港茶，虔州（今赣州）岕茶等。

据元代马端临《文献通考》等文史资料记载，元代名茶计有40余种。其中泥片产于虔州，绿英、金片产于袁州（今江西宜春），独行、灵草、绿芽、片金、

金茗产于潭州（今湖南长沙），大石枕产于江陵（今湖北江陵），大巴陵、小巴陵、开胜、开卷、小开卷、生黄翎毛产于岳州（今湖南岳阳），双上绿芽、小大方产于澧州（今湖南澧县），清口产于归州（今湖北秭归），雨前、雨后、杨梅、草子、岳麓产于荆湖（今湖北武昌至湖南长沙一带）。

2. 茶叶产量巨大

长江中游地区不仅以名茶众多著称，更以产量巨大闻世。唐代的《元和郡县图志》卷二八饶州浮梁县（属今江西地区）条下记："每岁出茶七百万驮，税十五余万贯。"据《百川学海》记载，自唐德宗建中年间（公元780—783年）开始税茶，一直到唐武宗（公元841—846年在位）以前，全国茶税总数约在四十万贯到五十万贯之间。取其均数四十五万贯，则浮梁一县当是全国茶税的近三分之一。

鄂、湘两地的茶叶产量也不少。唐宣宗大中年间（公元847—858年）成书的杨晔《膳夫经手录》称浮梁茶百倍于四川新安茶。后又说："蕲州茶、鄂州茶、至德茶，已上三处出者，并方斤厚片，自陈蔡已北，幽并以南，人皆尚之。其济生收藏榷税，又倍于浮梁矣。""衡州衡山，团饼而巨串，岁取十万。自潇湘达于五岭，皆仰给焉。……交趾之人，亦常食之。"可见湖北、湖南产茶数量之大。宋代，长江中游的茶叶产量在全国依然领先。我们且不计淮南路等其他路中所包含的该地区产茶数，仅就江南西路、荆州南路、北路产茶量计算，宋绍兴年间长江中游地区即占全国各路产茶总量的41.5%，宋乾道年间该地区占全国各路产茶总量的40.8%。

二、茶在饮食生活中的地位

中国是世界上最早发现茶树、利用茶叶和栽培茶树的国家。《诗经》中有："谁谓荼苦，其甘如荠。"这个"荼"字究系何种植物，至今仍有争议。明确表

图5-3　景德镇宋代青白釉碗（国家数字文化网全国文化信息资源共享工程主站）

示有茶名意义、并为史学家所公认的最早文字记载，是成书于公元前200年左右即秦汉年间的字书《尔雅》，书中有“槚，苦荼”。东汉许慎《说文解字》说：“荼，苦荼也。”中国从何时开始饮茶说法不一。目前，多数人认为，自汉代开始比较可考。因西汉王褒的《僮约》中有买茶、煮茶的文献记载。毗邻茶叶发祥地的长江中游地区享有“近水楼台先得月”之利，曹魏时成书的《广雅》即称“荆巴间采茶作饼”，将长江中游与上游并提。至迟在汉魏时期长江以上游至中游而至下游的沿岸，饮茶已成为了人们的习惯，不过那时所饮之茶大抵采自野生（当然并不排除人工种茶的可能），饮茶者还主要是上层人士、文人或隐逸方士，并且被视为南方特有的饮食习惯。

到了两晋南北朝时期，各地产茶渐多，传播日广，饮茶已不再仅仅是为了提神、解渴，人们开始赋予茶以诸多的社会功能，如以茶待客、用茶祭祀、以茶养廉、以茶助兴、以茶修身等，从而进入精神领域，尽管还没有形成完整的茶艺和茶道，还不能称之为一门专门的学问，但中国茶文化已见端倪。

自唐代始，饮茶之风迅速风靡全国，陆羽《茶经》称饮茶“滂时浸俗，盛于国朝，两都并荆俞间以为比屋之饮”。裴汶《茶述》也说“起于东晋，盛于今朝”。《封氏闻见记》也讲，中原地区自邹、齐、沧、棣以至京师，无不卖茶、饮茶。至此，中国茶文化的格局已经形成，茶已具有鲜明的文化色彩。如果说茶以文化面貌出现是在两晋南北朝时期，那么唐宋之际，中国茶文化的基本轮廓已成定局，中国茶道精神业已产生，亦即在吸收儒、释、道三家文化精髓的基础上而形成了茶文化。

1. 名优茶深得上层社会青睐

由于长江中游地区有品种众多、质量上乘的名茶，因此，鄂、湘、赣均有名茶进贡宫廷，为皇族及达官们所享用，且为众多的文人墨客所称道。李白称荆门玉泉山的“仙人掌”茶能“还童振枯”。孔武仲在《招竹元珍尝江州新茶》中称赞庐山云雾茶能“烦襟得浣濯，两目去昏花”。朱彧在《萍州可谈》中说瑞州黄柏茶“号绝品，士大夫颇以相饷”。这些都反映出士大夫阶层对该地区茶叶的厚爱。

2. 大量低档茶成为居民饮食生活的常备品

长江中游地区的茶叶贸易十分活跃，以满足普通百姓的日常生活所需。敦煌出土的《敦煌变文集·茶酒论》中描述，茶向酒自夸曰：“阿尔不闻道，浮梁歙州（茶），万国来求，……商客来求，舡车塞绍。”唐代的浮梁县是商品茶的一个大型集散地，每年有大量的茶叶从这里船运至鄱阳县，入鄱阳湖，出长江，转输中原、关陕等北方州县。唐宪宗元和十年（公元815年），白居易因事降职，左迁江州司马，写下了《琵琶行》那首脍炙人口的名诗：“商人重利轻别离，前月浮梁买茶去。”其次是浮梁茶在中原、西北的销路好，是畅销商品。杨晔《膳夫经手录》中讲：“饶州浮梁（茶），今关西、山东闾阎村落皆吃之，累日不食犹得，不得一日无茶也。其于济人，百倍于蜀茶，然味不长于蜀茶。”说明，茶在当时人们生活中的重要地位。

3. 茶叶生产成为长江中游地区人民谋生的重要手段

史料表明，至迟在中唐以后长江流域有不少人以种茶为业。如《册府元龟》记唐文宗时，有人称：“江淮人什二三以茶为业。”与浮梁县接境，且地理景观也大致相同的歙州祁门县，《全唐文》中称：“山多而田少，水清而地沃，山宜植茗，高下无遗土，千里之内，业于茶者七八矣。由是给衣食，供赋役，悉恃此祁之茗。”浮梁业茶者之众当不下于祁门。又鄂东南的蒲圻、唐年诸县，北宋初年其民“唯以植茶为业”。专业茶农的大量出现还使唐代户籍中出现了所谓“茶户”或“园户”。唐宋时期的茶叶生产及茶饮品、茶文化在长江中游地区人们的饮食生活中占有显著地位。

三、“茶圣”陆羽与《茶经》

1. “茶圣”陆羽

陆羽（公元733—804年），字鸿渐，一名疾，字季疵，自称桑苧翁，别号东冈子、竟陵子。唐复州竟陵（今湖北天门）人。

陆羽年轻时，唐代各地饮茶之风渐盛，他从二十二岁便开始茶事考察，北临义阳（今河南信阳一带），西游巴山峡，沿途逢山驻马采茶，遇泉下鞍品水，收集了大量有关茶的文史资料和实物标本。返回故乡后，隐居东冈村，悉心整理资

图5-4 唐代陆羽《茶经》（当代印刷品）

料。天宝十四年（公元755年），安史之乱爆发，陆羽随着流亡的难民背井离乡，先后流落江西、江苏、浙江等地。在流亡途中不忘广交朋友、考察茶事，并参加采茶、制茶的生产实践。历时数年，实地考察茶叶产地三十二州。上元元年（公元760年），陆羽游抵湖州（今浙江吴兴县），隐居苕溪，潜心研究和写作。经过一年多努力，终于写出了我国第一部茶学专著，即我国第一部茶文化专著，也即世界上第一部茶书——《茶经》的初稿。公元763年，安史之乱平定后，陆羽对《茶经》作了一次修订。大历九年（公元774年），借湖州刺史颜真卿修《韵海镜源》之机，陆羽搜集历代茶事补充《七之事》，于大历十年（公元775年）完成《茶经》的全部著作任务，前后历时十余载。五年后（公元780年）付梓出版。

陆羽广交朋友、博闻多识，将儒、佛、道各家思想精华融于茶理之中。其中他所交结的诗人大多崇尚自然美，这对陆羽在《茶经》中创造美学意境，构成幽深清丽的思想与格调有很大影响。他应颜真卿之邀，参加编写多达五百卷的《韵海镜源》，这对陆羽加深理解儒理，在《茶经》中以中庸、和谐思想提升中国茶文化精神甚有助益。中国茶文化与佛教关系密切，陆羽也与僧人颇有缘分。陆羽的茶文化思想吸收了许多佛家原理。陆羽还有道士朋友，其中最著名的要数李冶（又名李秀兰）。陆羽在《茶经》中，将道家八卦及阴阳五行之说融于其中。“大历十大才子”之一的耿沣在《连句多暇赠陆三山人》中盛赞陆羽对茶学的贡献：“一生为墨客，几世作茶仙。”陆羽“茶仙”之名即由此来。因此，从某种意义上讲，是这一僧一道一儒家一隐士共同创造了唐代茶道格局，而由陆羽总结归纳著就了百世不朽的《茶经》。

2. 陆羽的《茶经》

陆羽的《茶经》，是一部关于茶叶生产的源流、技术、饮茶技艺及茶道原理的综合性论著。《茶经》一书分上、中、下三卷，共十章，约七千余字。卷上包括一之源、二之具和三之造，卷中包括四之器，卷下包括五之煮、六之饮、七之事、八之出、九之略和十之图。

图5-5　宋元时期青釉莲瓣纹瓷碗，湖南龙泉窑出土

一之源，阐述了茶的发源地，茶树的自然生长、种植方法及所处的土壤、生态环境等与茶品质的关系，以及茶的性味功能等。

二之具，阐述了茶民在采茶、制茶劳动中较普遍使用的15种工具的样式、规格、材料以及使用方法等。陆羽介绍的工具有：籯、灶、釜、甑、杵臼、规、檐、焙、贯等。

三之造，介绍了采茶、制茶中的采、蒸、捣、拍、焙、穿、封等七道工序。

四之器，陆羽总结了前人的煮茶、饮茶用具，开列了风炉、筥、炭挝（zhuā）、火荚、鍑、交床、夹、纸囊、碾、拂末、罗合、则、水方、漉水囊、瓢、竹夹、鹾（cuó）簋、揭、熟盂、碗、畚、扎、涤方、滓方、巾、具列、都篮等20多种专门器具，介绍了它们的形状、规格、作用、使用方法，以及制作这些器物所用的材料和要求等，指出了煮茶、饮茶的正确方法及原则。文中还评述了唐代各地瓷茶器的优劣和特点。这是中国茶具发展史上最早、最完整的记录。

五之煮，煮茶即烹茶。进一步阐述炙茶、煮茶、选择用水、用薪以及酌茶、饮茶等各个环节的要领和原理，并提出了品评茶所依据的色、香、味的标准。

六之饮，讲的是饮茶的方法，茶品鉴赏。

七之事，记载了古代茶事47则，援引书目达45种，记载中唐以前的历史人物

图5-6　唐代釉下彩绘瓷水盂，湖南省长沙县出土（国家数字文化网全国文化信息资源共享工程主站）

30多人。记述了自神农至唐代徐勣（jì）为止一系列嗜好饮茶的名人和故事，从而具体地描绘了我国饮茶的历史，同时也述及饮茶对社会风尚的影响和健身、医疗上的功效。

八之出，详记当时产茶盛地，并品评其高下位次，把唐代茶叶产地分成八大茶区，对自己不甚明了的11州产茶之地亦如实注出。《茶经》将当时全国42州1郡分成八大茶区：山南地区、淮南地区、浙西茶区、剑南茶区、浙东茶区、黔中茶区、江西茶区、岭南茶区。其中涉及长江中游地区的有今湖北、湖南、江西、河南等省。

九之略，是讲饮茶器具何种情况下应十分完备，何种情况下可以省略。如当野外采薪煮茶时，火炉、交床等不必讲究；临泉汲水可省去若干盛水之器。但在“城邑之中，王公之门”的正式茶宴上则须一丝不苟：“二十四器阙一，则茶废矣。”

十之图，指出要将《茶经》的各项内容绘成图，张挂座前，指导茶的产、制、烹、饮。让茶人们喝着茶，看着图，品茶之味，明茶之理，神爽目悦。

《茶经》是中国茶文化的里程碑，它对中国饮食文化的贡献是多方面的：

首先，《茶经》内容丰富，按现代科学来划分，涉及植物学、农艺学、生态学、药理学、水文学、民俗学、训诂学、史学、文学、地理学以及铸造、制陶等多方面的知识，其中还辑录了现已失传的某些珍贵典籍片段。所以，《茶经》堪称“茶学百科全书”。

其次，《茶经》首次把饮茶当作一种艺术过程来看待，首次将“精神”二字贯穿于茶事之中。创造了从烤茶、选水、煮茶、列具、品饮这一套中国茶艺，将美学意境贯穿其中。强调茶人的品格和思想情操，把饮茶当作进行自我修养、锻炼志向、陶冶情操的方法。将物质与精神、饮茶与文化有机地结合起来了。在统一制茶和饮茶器具方面，陆羽功不可没。他对制茶工具和饮茶器皿的设计和制作，进一步完善了制茶法和饮茶法。陆羽《茶经》“煮茶法”的确立，是中国茶历史中划时代的革新，对唐代和后代饮茶方法产生了很大的影响。饮茶器具的制作，不仅专门化、系统化、规范化了饮茶法，而且体现了陆羽的实用精神和他的审美观。陆羽把着眼点放在器皿的设计和制作上，最大程度地体现了茶的本性，提高了茶汤品质，达到了高雅的艺术境界。这些饮茶器皿不仅升华了唐代饮茶文化，而且还促进了后世茶文化的发展。陆羽《茶经》中提倡的“煮茶法”与唐代以前饮茶法相比，已获得了长足的进步，他重点强调了几个方面的问题：煮茶时须注重燃料、火候、水质；要求饮茶器皿的完整；按“三沸论”的方法煮茶；品味和饮茶时茶汤要适量；不添加损伤茶本味的其他作料，提倡“清饮法”。这些都是决定茶汤品质的重要内容。陆羽主张的饮茶法旨在最大程度地体现茶性，鉴赏茶的固有色泽和香气，求其本味。陆羽的饮茶法在当时不仅受到士大夫的推崇，而且贵族甚至皇帝也非常喜欢，并广泛传播到社会各个阶层中，成为他们重新认识茶的契机。①

再次，陆羽总结提炼出茶的精神属性和文化属性，《茶经》首次将我国儒、道、佛三家的思想文化与饮茶过程融为一体，首创了中国的茶道精神，构建了中国茶文化的基本格局和文化精神。陆羽以“精行俭德”为茶道精神的宗旨。“一之源”中记录的“茶之为用，味至寒，为饮，最宜精行俭德之

① 金珍淑：《关于陆羽〈茶经〉中饮茶观点的研究》，浙江大学博士论文，2005年5月，第1~146页。

人”中的核心“精”和“俭”，正是象征着茶的特性和人的品性。《茶经》的“源”“造”“煮”“饮”“略”等中提到的“精”包含精细、精心、精华、精工等多种含义。“精”意味茶本性的同时，也指体现茶特性所需的人们虔诚的心灵和行为。陆羽特别强调了清廉、节制、勤俭节约的朴素精神，提倡在日常生活及文化中，借助茶来修行积德，以完善人性。“精行俭德”精神对当时的文人产生了很大的影响，形成了通过品茶来培养雅志和品德的风气。

《茶经》是对整个中唐以前茶文化发展的一次系统总结，陆羽从大量的饮茶现象中找出规律，并使之系统化、理论化，对后世产生了巨大的影响，很多内容至今仍具有研究和指导实践的重要价值。《茶经》从根本上推动了饮茶风气在全国的形成，从而确立了茶文化在中国的地位。

《茶经》问世一千二百多年来广为流传，至今国内外流传的《茶经》版本有百种之多。陆羽因此被誉为“茶仙”“茶神”“茶圣”。《茶经》的历史功绩不朽，陆羽对茶文化的贡献将永垂青史。

第三节　士大夫与江南“义门”大户的饮食生活

一、文人辈出与士大夫饮食文化的兴起

在中国历史上，由于人们所处的政治、经济、文化地位的不同，构成了饮食的层次性和等级差别。根据人们在饮食文化中所处的地位，我们大致可以将人们的饮食生活分为果腹层、小康层、富家层、贵族层和宫廷层五个社会等级层次。[①] 而中国历史上乡村农民饮食、普通市民饮食、士大夫饮食、“衍圣公府”饮食、清宫御膳可分别作为五个饮食文化层的代表。其中，唐代以降，产生的士大

① 赵荣光：《中国饮食史论》，黑龙江科学技术出版社，1990年，第45~55页。

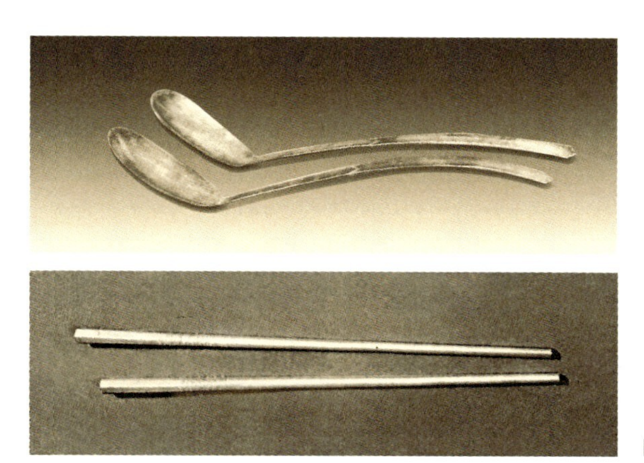

图5-7　唐代银匙，江西南昌出土

图5-8　南宋银箸，江西安乐出土

夫饮食是富家饮食层的代表，最能体现中国古代饮食文化的品位和精髓。

南北朝以前“士大夫”指中上层贵族，隋唐以后随着庶族出身的知识分子走上政治舞台，这个词便逐渐成为一般知识分子的代称。唐代士大夫的饮食生活仍有古风，比较注重大鱼大肉，狂吃滥饮。如李白《将进酒》中的“烹牛宰羊且为乐，会须一饮三百杯”，杜甫《醉为马坠诸公携酒相看》的“酒肉如山又一时，初筵哀丝动豪竹”，饮食生活是简单而豪放的。中唐以后，随着士大夫对闲适生活的渴求，开始产生对高雅饮食生活的向往。

宋代是士大夫数量猛增和士大夫意识转变的时代。宋及以后的士大夫更加关注自己内心世界的谐调，精力专注于生活的细节，以此寄托其用舍行藏的政治态度和旷放超脱的人生理想，这一时期，饮食生活也变成士大夫的“热门话题”。自宋代始，士大夫开启了关注饮食的风气，受到了各代文人的承袭，并形成了有别于皇室贵族和市井的独特的士大夫饮食文化。

隋唐宋元时期，长江中游地区文化名流辈出，孟浩然、杜甫、陆羽、皮日休、王安石、欧阳修、文天祥、朱熹、曾巩、黄庭坚、周敦颐等均为本地区籍人士，张九龄、李白、杜牧、苏轼、柳宗元、范仲淹、陆九渊等众多名士也曾在本地区为官或客居。可以说，这一时期长江中游地区已形成了一个人数可观的士大夫阶层。在饮食文化方面，由于苏轼、黄庭坚、朱熹等人的饮食实践与倡导，士大夫饮食渐成风格。

二、士大夫饮食文化的特点

1. 追求饮食艺术，格调雅致

士大夫们有较高的文化修养，敏锐的审美感受，追求丰富的精神生活。在饮食生活中，摒弃王公贵族饮食生活中的奢侈豪华的风气，令饮食显得清闲雅致，质朴宜人，使饮食显示出淡雅素净的文化色彩，这是中国饮食文化史上的一次升华。在人类饮食史上，从食不果腹到丰衣足食是一次进步，从粗茶淡饭到大鱼大肉、肥油厚脂是一次进步，而从过食荤腥到追求淡雅素净则又是一次升华。士人饮宴追求的雅趣与情调，除了平常的家宴以外，还有野宴、舟宴、夜宴等，从当时的诗中可得到证明。李白留连于洞庭湖，写下了“白鸥闲不去，争拂酒宴飞”的名句；王昌龄的《龙标野宴》：“沅溪夏晚足凉风，春酒相携就竹丛。莫道弦歌愁远谪，青山明月不曾空。”反映了诗人参加湘西山区野宴的愉快情景。李群玉《长沙陪裴大夫夜宴》：“东山夜宴酒成河，银烛荧煌照绮罗。四面雨声笼笑语，满堂香气泛笙歌。”蒋肱的《永州陪郑太守登舟夜宴席上各赋诗》：“月凝兰棹轻风起，妓劝金罍尽醉斟。剪尽蜡红人未觉，归时城郭晓烟深。”等都体现了夜宴时的欢畅。水漾舟行，声乐高奏，把酒吟诗，间有红颜佐酒，是当时士人夜生活中特有的高雅举动。

2. 注重蔬食

注重蔬食或素食是宋代士大夫饮食生活中的一个重要特点。士大夫注重素食有两个不同于贵族或宗教人士食素之点：一是士大夫追求素食但一般不拒绝食荤，二是把食素当作一种乐趣。

宋代，长江中游地区名士之中以号召食素著称的大有人在，黄庭坚、朱熹，

图5-9 唐代青釉褐斑贴花“张”字瓷壶，湖南长沙铜官挖泥墩出土（湖南省博物馆网站）

以及被贬到湖北黄州作团练副使的苏东坡就是代表。黄庭坚，分宁人，与苏轼齐名，世称“苏黄”。喜爱蔬食的黄庭坚写有《食笋十韵》《次韵子瞻春菜》等诗，并把蔬食提高到修身和从政的高度。宋代大理学家，江西婺源人朱熹说：“吃菜根百事可作。”朱熹的《次刘秀野蔬食十三诗韵》（包括咏“乳饼”“新笋”“紫蕈”“子姜”“茭笋”“焯（hàn）菜”“木耳”“萝卜”“芋魁”“笋脯”“豆腐”“南荠”“白蕈”）充分表达了诗人对于蔬食的喜爱。

宋代声名卓著的大文豪苏轼被贬黄州后。没有住房、官俸锐减，一家数口生活大不易。黄州太守景仰苏轼才学，帮他安顿了住房。苏轼又向太守乞得一块营房废地，生产自救，自食其力，并作《后杞菊赋》自嘲其过着“春食苗，夏食叶，秋食花实而冬食根”的生活。这块地在黄州城东缓坡上，故自号“东坡居士”。苏轼靠着节俭、勤劳，量入为出度过了黄州四年的贬谪生活。当然，即使如此，他的生活水平也高于穷苦的百姓，在这里他煮“东坡羹”，做“东坡肉”，酿“东坡酒”，更撰“东坡长短句”，著有《老饕赋》《菜羹赋》等文章，借饮食讥讽时政。

图5-10 宋代微刻的“醉翁亭记”银牌（江西省博物馆）

唐宋以后，素食进入市肆、民间，素食在市井流布，俗人食素的增多和素菜的渐成气候，可以说是与士大夫的大力提倡分不开的。

3. 主张节制、不重奢华

黄庭坚认为士大夫的饮食应该有所规范、有所节制、崇尚简朴。他在所著的《士大夫食时五观》之《序》中说：“古者男子有饮食之教，在《乡党》《曲礼》，而士大夫临樽俎则忘之矣。故约释氏法，作《士君子食时五观》。”“五观”是指：第一，“计功多少，量彼来处”，作者认为，田家耕作劳苦，一粥一饭皆来之不易。“何况屠割生灵，为己滋味。一人之食，十人作劳。家居则食父祖，心力所营，虽是己财，亦承余庆。仕宦则食民之膏血，大不可言。”第二，“忖己德行，全缺应供”。只有“事亲”“事君”“立身”之人才可“尽味”，否则不应追求美味。第三，“防心离过贪嗔痴为宗”。从修身养性出发，须防止“三过”。“三过”是指“美食则贪”“恶食则嗔”和“终日食而不知食之所以来”。第四，“正是良药，为疗苦形”。“五谷”“五蔬”养人，鱼肉养老。饮食只有得其正道才有益，否则即有害。主张“举箸常如服药”。第五，“为成道业，故受此食”。苏轼也作有《节饮食说》，主张对饮食要有所节制："东坡居士自今日以往，早晚饮食，不过一爵一肉。有尊客盛馔，则三之，可损不可增。有召我者，预以此告之，主人不从而过是，吾及是乃止。一曰安分以养福，二曰宽胃以养气，三曰省费以养财。"他不仅自己节食，而且要求朋友宴请自己也这样做，否则便不赴宴，足见其对节制饮食的重视。他们主张饮食应节俭、不要纵欲任性的饮食观念对后世士大夫产生了很大影响。

苏东坡那种不求奢华只求质朴舒适，化俗为雅的饮食态度及大雅若俗之境界在《猪肉颂》中表现得淋漓尽致："净洗铛，少着水，柴头罨（yǎn）烟焰不起。待他自熟莫催他，火候足时他自美。黄州好猪肉，价贱如泥土。贵者不肯吃，贫者不解煮。早晨起来打两碗，饱得自家君莫管。"一种极普通的，富人嫌档次低不吃，穷人又做不好的猪肉，到了他的手里竟变得如此有情趣和有滋有味，以至成为后人传颂的"东坡肉"名肴历九百年而不衰。

三、江南"义门"大家族的饮食生活

在中国历史上，在儒家伦理观念的指导下，许多大家族累世同居，被朝廷奉为社会楷模，赐为"义门"。这些同财共居的所谓"义门"，其明显的特征是大家族，人口多，广有田产，家法严肃，受到朝廷褒奖，绵延时间长。

1. 一家千口的江南大户

宋代长江中游地区存在着不少大家庭。仅自《宋史·孝义传》中，就可查到江西有八大家族。他们是许祚，江州德化人，八世同居，长幼七百八十一口；李琳，信州人，十五世同居；俞隽，信州人，八世同居；胡仲尧，洪州奉新人，累世聚居，致数百口。构学舍于华林山别墅。聚书万卷，大设厨廪，以延四方游之士；陈兢，江州德安人，"义门"陈氏之后。当其父辈时代，已是十三世同居，长幼七百口。其侄旭为家长时，全家千口；洪文抚，南康军建昌人，六世义居，

图5-11 南宋錾刻双鱼纹银盘（江西省博物馆）

室无异爨。就所居雷湖北创书店，招徕学者；瞿肃，建昌军人，宋真宗时其家百五十口，四世同居；颜诩，吉州永新人，一门千指，家法严肃，男女异序，少长辑睦，衣架无主，厨馔不异。

《孝义传》所录家族仅仅只是一部分，实际当不止此数。如金溪陆氏，到了理学家陆九渊时代，已是“食指以千数”。

最典型的是江州德安县“义门”陈氏家庭，宋仁宗天圣元年（公元1023年）已是“聚居二百年，食口二千”。

这些“义门”大户的饮食水平不尽一致，有的较富足，如胡仲尧家，“淳化中（公元990—994年），州境旱歉，仲尧发廪减市直以赈饥民，又以私财造南津桥”。[①] 有的较一般，如陈兢家，淳化元年（公元990年），江州知州康戬奏报说陈兢家食不足，“诏本州每岁贷粟二千石”。但他们的整体水平处在当时的小康线上下。富裕的家族生活水平高一些，可以鸡鸭鱼肉酒常年不断，饮食之外还有结余；贫寒一些的家庭仅够果腹而已。在家族内，饮食水平也存在差异，普通成员

① 脱脱等：《宋史·孝义传》，中华书局，1985年。

比家长、有功名者等特殊成员的生活水准明显要低一些。

2. 江州德安“义门”陈家的饮食生活

“江州义门陈”，时居今江西九江德安县车轿镇义门陈村，唐时为江州府德安县太平乡常乐里艾草坪。唐中和四年（公元884年）唐僖宗赐为“义门”。被唐宋两朝誉为“真良之家”“孝义之家”，是一个效忠于朝廷的和谐家族典范。自公元731年至公元1063年，“江州义门陈氏”合聚333年，同住一地15代，人口3900人。如此庞大的家族，实施“德法兼治，恩威并施”的治家方略，产生了家法“三十三条”。

“江州义门陈氏”家族管理甚严，男耕女织，分工明确，男有“日出而作，日落而归”的耕作群体，女有“都蚕院”式的养蚕织布作坊。其饮食生活也颇有独特之处。其一，全家庭的饭菜茶水，由8名年轻媳妇炊煮，她们“不限日月，迎娶新妇则以次替之”。妇女主持中馈家中供膳诸事是中国古代的传统。其二，全家千口同食一锅饭。“家法”中规定，每日三餐茶饭，男女分坐，作两批进食。男子15~40岁的先吃，以利及时劳作；家长以及40岁以上的人同坐后吃，“以其闲缓”。这种安排，照顾到农耕需要，没有强调尊长居前的礼节。逢年节，全体于“大厅同坐”。饮食标准：除一般茶饭之外，尊长平日均备好酒，“任便取给”；诸房老病者，每月给食油1斤，茶盐适量——可以另做治疗食品；参加农耕的男子，每五夜一会，给“酒一瓷瓯，所以劳其勤者”。其三，陈氏生活消费品的分配原则是人各一份，相对平均。不过，见人一份的低标准档次的衣食供应，只是为普通成员而设的。而那些家庭大权在握的领导成员是不会这样的。正如家谱中所反映的，他们出门有车马，新酒对客开，坐上多官贵，优游礼乐中。取得功名及任职官的成员则更是自不待言了。

茶
經

第六章 明至清中叶『天下粮仓』的形成与传统食俗的确立

明至清中叶的五百年间，长江中游地区的饮食文化进一步发展，主要体现在：粮食生产在全国居于举足轻重的地位；甘薯、玉米等作物的引进对民众食物结构产生较大影响；传统饮食风俗、饮食风味基本确定；食疗养生理论趋于成熟。

第一节　长江中游地区农副业生产的辉煌时期

一、“湖广熟，天下足”

1. “湖广熟，天下足”谚语的由来

“湖广熟，天下足”的谚语始见于明中叶湖南郴州人何孟春所撰《余冬序录》，该书卷五十九《职官》云：“今两畿外，郡县分隶于十三省，而湖藩辖府十四，州十七，县一百四，其地视诸省为最巨，其郡县赋额视江南、西诸郡所入差不及，而‘湖广熟，天下足’之谣，天下信之，地盖有余利也。”据该书作者自序称，此文为明弘治年间（公元1488—1505年）所作。可知，“湖广熟，天下

足”这一民谚至迟在处于明朝中期的弘治初年已在民间出现。

明末，两湖经济水平提高，明代张翰《松窗梦语》中有湖广“鱼粟之利遍于天下”之说，明末吴敬盛等人所撰《地图综要》内卷《湖广总论》云：“中国之地，四通五达，莫楚若也。楚固泽国，耕稼甚说，一岁再获，柴桑吴楚多仰给焉。谚曰：‘湖广熟，天下足’，言其土地广沃，而长江转输便易，非他省比。”

到清代，“湖广熟，天下足”这一民谚便从民间走入了宫廷，屡次出现于皇帝谕旨和大臣的奏折之中，如《清圣祖实录》卷一九三康熙三十八年（公元1699年）六月戊戌条载：“谕大学士等：……谚云‘湖广熟，天下足’。江浙百姓全赖湖广米粟……”《康熙朝汉文朱批奏折汇编》载，康熙五十七年（公元1718年）在江西巡抚白潢的奏折中朱批道：“湖广、江西大熟，天下不愁米吃了。”康熙五十八年（公元1799年）在湖广巡抚张连登的奏折中朱批道：“俗云：‘湖广熟，天下足’，湖北如此，湖南亦可如矣。”《雍正朱批谕旨》载，雍正九年（公元1731年）在湖广总督迈柱的奏折中朱批道：“民间俗谚‘湖广熟，天下足’，丰收如是，实慰朕怀。”《宫中档乾隆朝奏折》载，乾隆三十年（公元1765年）湖南学政李绶奏称湖南水乡，地宜种稻：每田一亩可收谷四石，是以有“湖广熟，天下足”之说。

可以看出，明清时期长江中游地区的粮食生产状况在全国具有举足轻重的作用，对全国饮食生活的重要性不言而喻。

2. “湖广熟，天下足”的表现

两湖地区以水稻种植为主，湖北水田占耕地面积的90%左右，湖南为53%左右，两省合计在68%左右。粮食生产中，稻谷约占总产的70%左右，其次是小麦、粟谷、荞麦、豆类、高粱、黍、䅟子、薏苡仁、芋类等。玉米、甘薯、马铃薯在清中后期产量不断上升，占粮食总产的比例逐渐增大。

两湖粮食的充裕，主要表现在漕粮本色、仓廪积贮、外省采买、军糈（xǔ）

供给、客商贩运等方面。①

（1）漕粮本色　自唐末至明清，原定征收的实物田赋称“本色”。清代湖广以本色征者主要有“北漕”（运往京仓的正兑漕米）、“南粮”（运往荆州驻防旗兵和各州县绿营的粮食）两种。明代湖广正兑漕粮额万石，除永折米外，实征本色正兑米212265石。其时每正米一石加耗四斗，湖广每年运京漕米约30万石。清代改为官收官兑，每正米一石再加耗二斗，清代两湖实际起运漕粮应为31万~33万石。

（2）仓廪积贮　清代仓储有常平仓、社仓、义仓之别，而以常平、社仓为主，所贮粮食除供地方平粜（tiào）、赈济、借用之外，也拨运他省。清康雍乾时期两湖仓储粮食逐渐增加，康熙时期约在100万石（所贮为米），雍正朝约在150万石（雍正时改为贮谷）以下，乾隆朝则多在200万石以上，高至近400万石。大约“湖广熟，天下足”流传时期两湖仓储以米计年平均在100万石左右。

（3）外省采买　这是一种非常经常性的官籴粮食活动，采买地多在湖广，有时一省独买，有时数省齐至，而以长江下游地区的江、浙等省来湖广购粮者为多。采买多时达四五十万石，少时不过数万石。雍正初，湖南巡抚魏廷珍奏称，在商贩流通的情况下，收成若在八九分以上，湖南境内可采买米10万石，如收成不足八九分，则宜停止外省来湖广采买。②所以此后在湖广采买，一般以10万石为额，若需多买，则动用常平仓谷。

（4）军糈供给　军糈，即军中粮饷。军糈供给主要是年征年解的南粮，在清康雍乾时期两湖南粮米总在26万~28万石间波动，供两湖八旗、绿兵营消费。此外，邻省有战事时，其军糈也多取之于两湖。如康熙时平定吴三桂时，四川官兵的粮食就是由湖北供应的，大兵云集的湖南也有朝廷委官均粮供川。③

---

① 龚胜生：《清代两湖农业地理》，华中师范大学出版社，1996年，第252~255页。

②《朱批谕旨》，雍正元年（1723年）十一月二十五日湖南巡抚魏延珍奏。

③《康熙起居注》，第513页，转引自龚胜生：《清代两湖农业地理》，华中师范大学出版社，1996年，第258页。

（5）客商贩运　这是两湖余米外运的主要形式。《康熙朝汉文朱批奏折汇编》载，康熙四十八年（公元1709年）五月湖广巡抚陈诜奏报，“岳州之米自湖南来，十日之中亦不下三十余万”，湖南经岳阳进入长江之米平均每日达3万多石，此正当青黄不接之时，湖南尚有如此巨额余米，可见产粮之丰。这些粮食均是由客商贩运而来。若以此当两湖每日输出米石数，则两湖一年输出大米可达1000多万石。《雍正朱批谕旨》载，雍正十二年（公元1734年）五月十五日湖广总督迈柱奏称，“江浙官籴商贩，陆续搬运四百余万之多”，七月初八又奏，“江浙商贩已运米五百余万石”，以此估算，两湖全年仅贩运至江浙的大米就达1000万石左右。

明、清代两湖粮食的输达地域十分广阔。明代《地图综要》云：“中国之地，四通五达，莫楚若也。”《宫中档乾隆朝奏折》载，清代湖北巡抚陈辉祖也说：“湖广为产米之区，向有年熟人足之谣，其地下通江浙，旁连两粤，上接蜀江，凡米物转贩，自此络绎趋赴。”两湖余米输达地，包括与之相邻的河南、陕西、四川、贵州、广西、广东、江西、安徽等八省，以及江苏、浙江、福建等地。

明、清两代湖广的米谷主要是流向江、浙两省。康熙三十八年（公元1699年）六月上谕更说：“江浙百姓全赖湖广米粟。”

此外，江西的粮食生产在明、清两代也占有重要地位。江西省在明清之际水田比重大，约为85%，旱地仅为耕地的15%。以种植水稻为主，居民以大米为主粮。明洪武、弘治、万历时期，江西一省税粮占全国近1/10，说明江西当时粮食产量是相当高的。

清代江西人口增加迅速，粮食生产也得到了相应的发展，其田赋粮额占全国总量的一至二成。[①] 人们讲到长江下游对中游的依赖时，以及论及全国主要产米区时，康雍乾时期，人们往往将江西与湖广并称。江西米谷也是江浙等省依赖的重要来源之一。

总之，湖广、江西在明、清两代，特别是明末至清中期以前，所产粮食惠及

① 梁方仲：《中国历代户口、田地、田赋统计》，上海人民出版社，1980年。

十余省，尤其是对江浙地区的粮食供给起到了极为重要的作用。

3. “湖广熟，天下足”形成的原因

“湖广熟，天下足”形成的原因，首先是人口与耕地的因素。从人口密度上比较，湖广地区远低于江浙等地，在这句谚语流布之前和流行之时，湖广人均耕地占有数远高于江浙地区。从明洪武年间至清雍正朝，两湖人均田地占有额基本上是江苏、安徽、浙江诸省的4~6倍，如此悬殊的差距是造成两湖余粮而江浙徽缺粮的最基本原因。①

其次是农业经济结构与市镇发展的因素。明代正德《松江府志》卷四记载，当时的苏松嘉湖地区，经济结构发生了很大的变化。农业中棉花种植面积和蚕桑经营的扩大，大大压缩了生产稻米的耕地面积。清代，棉、桑、蓝靛、烟、茶等经济作物种植面积的迅速扩大，专业种植区域的形成，加剧了苏松嘉湖地区严重缺粮的现实，以致许多农家靠商品粮生活。此外，江浙市镇经济，商业、手工业的发展，令非农业人口不断增多。而两湖的情况则正相反，商品经济水平不高，“耕稼之外，并无商贾别业”。②

再次是田赋征粮的因素。长江中游地区每年所纳赋粮的数额比长江下游地区少得多，客观上刺激了长江中游地区人民的种粮热情。如顾炎武《日知录·苏松二府田赋之重》中所说：“（明人）丘濬《大学衍义补》曰：韩愈谓赋出天下，而江南居十九。以今观之，浙东西又居江南十九，而苏、松、常、嘉、湖五府又居两浙十九也。……其田租比天下为重，其粮额比天下为多。今国家都燕，岁漕江南米四百余万石，以实京师。而此五府者，几居江西、湖广、南直隶之半”。

优越的地理环境，有利的田赋政策，使长江中游地区粮食产量极为丰富，加之有便利的水路交通为调剂米粮供应提供了条件。因此，长江中游地区特别是湖北、湖南两省，在全国粮食生产与供应中的重要地位得以确立和充分显现，“湖

---

① 梁方仲：《中国历代户口、田地、田赋统计》，上海人民出版社，1980年。
② 卢希哲：《黄州府志》卷三六，上海古籍书店，1965年。

广熟，天下足”也就成了历史的必然。为长江中游地区在中国饮食史上书写了光辉灿烂的篇章。

二、品类繁多的农副产品

经过历代长江中游地区劳动人民的辛勤劳作，不断引进和开发新品种，至20世纪初，食物原料已相当丰富。本节主要依据宣统《湖北通志》之卷二十二、二十三、二十四“物产”，光绪《湖南通志》之卷四十八“物产”，光绪《江西通志》卷之四十九“物产”等文献资料对这一时期的饮食种类做一介绍。

1. 五谷类

仅《湖北通志》中即记有五谷类40多种。品种有：粳稻、糯稻、香稻（有粳糯二种，梗者曰香秔，或谓之香粉晚）、折粳、冰水稻、旱稻、穑谷、撒谷、麦（有大麦、小麦之别）、六棱麦、燕麦、荞麦（有甜苦二种）、粱（有饭、糯二种，俗统名曰高粱）、粟（俗又谓之小米，有粳、糯二种）、秋谷、观音谷、黍（有赤黄黑白数种，有黍型即黍子、稷型即稷子、黍稷型即糜子三种）、稷（有黄黑数种）、蜀黍、玉蜀黍（即玉米）、穇子（结穗如粟子，细如黍，色赤。穇子口感粗涩，可煮饭、熬粥、磨粉，也可酿酒）、仙谷（《施南府志》：土人一名仙姑米）、豆（有黄豆、黑豆、青豆、绿豆、红豆、扁豆、豌豆、刀豆、饭豆、蚕豆、蛾眉豆、羊眼豆、观音豆、菜豆、黎豆、元修豆、苦菽等种）、脂麻（即胡麻、芝麻）、苏麻、荏子、菰米（又作菰米、雕菰、雕胡米、茭米等，俗称茭白子）、薏苡仁。

2. 蔬菜类

据不完全统计，长江中游地区的蔬菜类已达120余种，有姜、紫姜（《明一统志》襄阳县山宴紫姜，即紫芽姜）、干姜、冰姜、美人姜、黄姜、椒、蜀椒、崖椒、辣椒、七姊妹、山胡椒、胡荽（芫荽）、回香、葱、楼葱、四季葱、火葱、水晶葱、胡葱、蒜（又分为天蒜、野蒜、野虎蒜、老鸦蒜四种）、薤（xiè）、山薤、韭、仙人韭、荠、雪里蕻、擘蓝（即苤蓝，属十字花科植物甘蓝的变种）、菘（俗名白菜）、春不老、岩白菜、黄芽白、茯苓白、莲花白、芜菁（即蔓菁）、石上芜菁、莱菔（有青、白、红萝卜）、莴苣、生菜（即白苣）、苦菜（即苦苣）、菾菜、菠薐、鸡冠苋（有黄、白二种，嫩时炸食味如苋）、鼠龄苋、仙谷苋、野苋、马齿苋、茄（有青、紫、白三种）、天茄、海茄、香菜、芹菜、白芹、葵、藤菜、紫菜、蔊菜、荠菜、巢菜（《黄州府志》：元修菜即巢菜。《本草纲目》引苏东坡语："菜之美者，蜀乡之巢。故人巢元修嗜之，因谓之元修菜。"）、蕨、藜、苜蓿、蒿菜、蓴、薀（yùn）、鲇鱼须、蒲笋、黄葑菜、豆蔻菜、羊角菜、珍珠菜、荆芥菜、罗汉菜（即萝卜缨，因僧家常食故名）、根子菜、石发菜、蘘荷、玉环菜、百合、薯蓣（即山药）、芋、洋芋（即马铃薯）、磨芋（即魔芋，又称鬼芋。）土芋、甘薯（即山薯、番薯，两湖地区现多称红苕）、羊蹶菜、黄花菜、锯儿菜、狗脚迹、剪刀菜、马兰丹、笔管菜、鹅肠菜、王瓜菜、棠子菜、鼠麹、鹅儿菜、棉花菜（即清明菜）、龙须菜、江女菜、阳雀菜、干鱼菜、山菜、棋盘菜、金豆子、竹叶菜、胡椒菜、姜叶笋、臭娘菜、豆瓣菜、糯米菜、婆婆铖、奶浆菜、菌、木耳、石耳、地耳（形似木耳）、葛化菜、葛仙菜、笋、坎菜等。

3. 瓜果类

据不完全统计，长江中游的瓜果类有80余种，主要品种有：柑、橙、橘、柚、林檎、柰、椑柿、枣、栗、杏、山楂、银杏、桃、樱桃、胡桃、李、梅、杨梅、榴、枇杷、葡萄、枸橼、落花生、橄榄、榧子、沙棠果、罗汉果、海红、胡颓子、无患子、八月奓（zhā）、救兵粮、孟子果、苦槠、榛、桑葚、菱、芡（即鸡头米）、藕、梨、松子、木瓜、梧实（即梧桐子）、蔗、萍实、茨菰、凫茈（即荸荠）、北瓜、西瓜、包瓜、金瓜、马勃瓜、绞瓜、哈密瓜、洗瓜、铁瓜、胡瓜（即黄瓜）、越瓜、丝瓜、南瓜、冬瓜、节瓜、苦瓜、瓠、壶芦、香瓜等。

4. 禽类

据统计，长江中游的禽类食品有100余种。在《湖北通志・物产》中即载有如下品种：雉、锦鸡、山鸡、吐绶鸡、绶带鸡、鹦（yīng）鸡、鷮（jiāo）鸡、白翅鸡、竹鸡、白鹇、烤雉、鸽、阳山雀、雀、黄脰（dòu）雀、蒿雀、秧鸡、萝鹅、麻城鹅、子房鸭、伦鸡等。

又据《湖南通志・物产》载，记有下列品种：鹅、鸭、鸡、鸽、竹鸡、水鸡、鹌鹑、瓦雀、锦鸡、雉、雁、天鹅、驾鹅、鸮、鹈鹕（tíhú，多游小泽食鱼）、灵鸡、䴙䴘（pìtī）（俗名汨鸡）、桑扈（食肉不食粟）等。

5. 畜类

《湖北通志・物产》载有数十种可食性畜类动物，如：旄牛、驼牛、山牛、白羊、羚羊、山羊、青羊、山驴、野猪、豪猪、泥猪、独猪、狗、狡、山狗、貉、狸、鹿、白鹿、角鹿、七星鹿、麋、獐、麝、麂、猴、兔、猬、鼠、松鼠、竹鼠、田鼠、毛鼠、山鼠、猪等。

《湖南通志・物产》中也载有如下品种：马、骡、驴、水牛、黄牛、羊、豕、犬、鹿、獐、麋、麂、獾、熊、兔、狸、野猪、狐、山羊、鼠、野猫、山牛、竹鼠、风林鼠、飞虎（形如大猫）等。

6. 水产类

长江中游地区河湖密布，具有丰富的水产资源。《湖北通志・物产》中载有近百种。其中鱼类主要品种有：黄鱼、龙子、鲇、鮠、鲿（俗又谓之黄颡鱼）、鳢（俗名乌鱼，又谓之乌鳢）、鲤、鳊、鲋（即鲫鱼）、银鱼、鱵（zhēn）鱼、春子鱼、鲻鱼、油鱼、麦鱼、鳜、阳归鱼、红翅鱼、鲥鱼、鱴（miè）刀鱼、鯼（zōng）鱼、魮鱼、黄鹞鱼、新罗鱼、汤泉鱼、鳙、鲢、鲛鱼、刁池鱼、古井鱼、神陂鱼、弹琴鱼、鳖鱼、文鱼、阳鱼、桃花鱼、露鱼、泉鱼、白露鱼、蒿簪、碥头、红眼鱼、甘鱼、白鱼、丁公鱼、赤鱼、花线鱼、乌鳞、白颊鱼、神鱼、龙眼鱼、野猫鱼、爬岩鱼、麻姑丁、筒子、火烧翁、鳋鱼、柳眼鱼、鲨、铜线鱼、雄

黄鱼、鲩鱼、鳏（guān）、鲦、黄鲴（gù）鱼、鳗鲡、鳣（qiū）、河豚、鯆鲟等。介类主要品种有：鳖、蟹、蚌、马力、蛤、蚶、蚬、亮蝦、蜗蠃、鲮鲤等。

第二节　外来作物的引进对居民饮食的影响

一、甘薯、玉米引进后成为主粮

1. 甘薯

甘薯别名红薯、红芋、红蓣、番薯、饭薯、番蓣、苕、红苕、地瓜等，在明万历年间由广东和福建两省传入中国内陆地区。

长江中游地区至迟在清康熙年间开始种植甘薯。康熙《宝庆府志・物产》记载："番薯有数种，始于台湾，盛于闽广，人多赖此为富足。近内地亦渐及，俗谓之地瓜"。

随着甘薯易种和高产的特性逐步为世人所认识，又由于自清乾隆时期始人口的激增，促使甘薯的种植面积越来越大。这一时期的江西、湖南、湖北地方志对甘薯的种植以及当食备荒之用多有记载。江西瑞金县乾隆年间编写的"县志"载："向时此种尚少，近年比户皆种，用代杂粮。"光绪《武昌县志・物产》载："番蓣，遍地种之……高宗纯皇帝特命中州等地给种教艺，俾佐粒食，自此广布蕃滋。"同治《来凤县志・物产》载："乾隆五十一年侍郎张若淳请敕直省劝种甘薯以为救荒之备"。

到同治光绪年间，甘薯已发展成为有些地区的主要粮食作物。如同治《龙山县志・物产》记，"穷民赖其济食与包谷同"，将甘薯列入谷物类。光绪《武昌县志・物产》也云："遍地种之，人以为粮。"这一时期甘薯成为与稻谷、小麦、玉米并列的中国四大食粮之一。

2. 玉米

玉米别名包谷、玉蜀黍、包粟、御高粱、包菽、番菽、玉麦、包芦、观音粟、番豆、观音豆等，原产美洲，大约在16世纪初传入中国。玉米传入长江中游地区至迟在康熙初年。湖北省康熙八年（公元1669年）的《汉阳府志》，湖南省康熙二十四年（公元1685年）的《长沙府志》，康熙三十三年（公元1694年）的《永州府志》等地方志，都已有了“玉米”的记载。

自乾隆中期以后，玉米种植迅速推广开来。自乾隆初年始，两湖土地开垦的重心区域从滨湖低地转向山区，玉米的推广也开始转入快速发展阶段。特别是改土归流[①]地区的推广更为迅速。乾隆二十三年（公元1758年）的《沅州府志·物产》云：玉米“近时楚中遍艺之”，而改土归流地区的“贫民率挈孥（qiènú）入居，垦山为陇，列植相望”。使得玉米逐渐成为长江中游地区两湖西部、鄂北山区的主粮之一。

玉米传华后不久，适逢中国清代人口超常规发展，它为解决长江中游地区乃至全国，特别是下层贫困人口的温饱问题起到重大作用。

二、长江中游各地区食物结构的变化

随着清代人口的迅速增加，甘薯、玉米及马铃薯的推广种植，打破了本区居民食物结构中原来的粮食构成格局。从总体上讲，除水稻仍占粮食主导地位，鄂北部分地区仍以麦粮为主外，杂粮构成已发生了明显变化，即甘薯、玉米所占比例上升，传统杂粮比重下降。

1. 鄂西北山区——玉米取代了粟谷

鄂西北山区的水田不过十之一二，旱地占绝对优势，居民传统粮食结构中主

① 改土归流是指改土司制为流官制。“土司”是朝廷任命少数民族首领充任的世袭地方官，“流官”指由中央政府委派的地方官。

要有麦子、粟谷、荞麦和稻谷。但自乾隆二十年（公元1755年）以后，随着大批移民的到来，玉米迅速推广，到道光时期，玉米已取代粟谷的地位，成为最主要的秋季作物。道光时严如熤在《三省边防备览》中谈到“数十年前，山内秋收以粟谷为大庄”，但在玉米传入后，因为“粟利不及包谷”，以致“遍山漫谷皆包谷”。同治《郧阳府志》也说：“山家所恃以饔食者，麦也，荞也，粟也，要以玉蜀黍为主”。

2. 鄂东北丘陵亚区——甘薯、玉米成为主要杂粮

本亚区（即栽培区划和组织生产的单元）山地较多，也有不少面积不大的山间平地和河谷平原。东部黄安、麻城、罗田等地水稻种植较多，西部德安、安陆等地以麦子为主，杂粮主要为豆类、粟谷、荞麦等。玉米、甘薯传入之后，便取代传统的杂粮而成为主要杂粮，东部以甘薯，西部以玉米较为重要。玉米、甘薯等杂粮是居民饮食中的常物，如《宫中档乾隆朝奏折》中讲玉米嫩可煮食，老后可碾碎拌米作饭作粥作汤饼，随州等地“力田之家藉佐米粮之不足”，宣统《黄安乡土志》载：“薯为贫人半岁之食，多者百数十石”。

3. 江南丘陵亚区——甘薯成为当家杂粮

该亚区包括湘中丘岗盆地区、赣中丘岗盆地区和江南丘陵山地区几小部分。

湘中丘岗盆地区与赣中丘岗盆地区的地貌、气候就比较接近，两区均以水稻种植为主，甘薯、小麦、豆类为辅。江南丘陵山地区的传统粮食作物为水稻、豆类、麦子、粟谷、荞麦等。玉米、甘薯传入后，便取代了传统的杂粮成为主要杂粮，其中甘薯为最主要的当家杂粮。

本区域粮食中水稻种得不少，旱粮也占有相当比重，特别是偏远山区，薯类杂粮几乎过半。如湖北同治《通山县志》载：通山“民仰食者（指甘薯）十之五六”，道光《蒲圻县志》载蒲圻“田家所食，惟薯芋”。湖南同治《酃县志》亦载酃县“山民多恃此（甘薯）”。江西同治《义宁县志》亦载“一州之大数万家，仰食薯蓣十之七”。

4. 鄂西南、湘西山地亚区——多以玉米为主

该亚区北部的鄂西南、湘西北山区，随着改土归流的推进，引进了汉族的先进生产技术，加快了经济作物的开发，使原来以粟谷、麦子、荞麦为主的粮食生产结构，转变为以玉米、甘薯、马铃薯为主。如道光《建始县志》载，施南府属建始县“民之所食者包谷也、羊芋也，次则蕨根，次则艾蒿，食米者十之一耳”，同治《来凤县志》载“半以包谷、甘薯、荞麦为饔餐”，湖南同治《永顺府志》载“宜种杂粮”而“无隔宿储”，道光《永顺府志》载：“山民皆以（甘薯）为粮”，乾隆《永顺府志》亦载“包谷在杂粮中所产最广”。居民食用粮食多以玉米为主，其次为甘薯、稻米、粟谷、荞麦、马铃薯等。

该亚区南部湘西南山区居民粮食中稻米稍多，玉米、甘薯、荞麦、粟谷等为辅。

三、辣椒传入对饮食生活的影响

辣椒原产于美洲，明代后期（16世纪末）传入中国。辣椒的引进和传播对长江中游地区饮食文化产生了深刻的影响，引起了一场饮食革命。辣椒增强了湘菜、鄂菜、赣菜的表现力，特别是使湘菜更具个性，富有冲击力和霸气，成为了湘菜之魂。

我国最早的辣椒记载，见于明高濂的《遵生八笺》（公元1591年），称之为“番椒”。公元1621年刻版的《群芳谱·蔬谱》也有“辣椒”的记载。目前已知湖南地区最早出现辣椒记载的时间为清初，康熙二十三年（公元1684年）《宝庆府志》和《邵阳县志》称之为“海椒”。湖南关于“番椒”的称呼较多，有辣椒、秦椒、茄椒、地胡椒，最有特色也最多的别称是“辣子”。乾隆《楚南苗志》：“辣子，即‘海椒’。”至嘉庆年间湖南的慈利、善化、长沙、湘潭、湘阴、宁乡、攸县、通道等七个县也都种植了辣椒。使湖南成为全国辣椒种植范围最大的一个省，因此湖南食用辣椒也非常普遍。

据地方志记载，辣椒传入湖北、江西的时间大致是清乾隆年间。乾隆二十年

（公元1755年）江西《建昌府志》："椒茄，垂实枝间，有圆有锐如茄故称椒茄，土人称圆者为鸡心椒，锐者为羊角椒。"此外，同治江西《南康府志》《南昌县志》和湖北《房县志》《咸宁县志》等方志中都有辣椒的记载。说明19世纪，江西湖北食辣开始普及。

辣椒传入长江中游后，本地区的饮食风格发生了很大变化，均以嗜吃辣椒著称。湖南地区食辣名声在外，民间有"糠菜半年粮，海椒当衣裳"之说；湖北鄂西一带食辣尤重，有"辣椒当盐"之说。据清代末年《清稗类钞》记载，"滇、黔、湘、蜀人嗜辛辣品"，"湘、鄂之人日二餐，喜辛辣品，虽食前方丈，珍错满前，无椒芥不下箸也，汤则多有之"。及至当今社会，人们常不无戏谑地说湖北人"不怕辣"，江西人是"辣不怕"，湖南人是"怕不辣"。长江中游地区居民嗜辣，与辣椒的特性及长江中游的气候环境密切相关。长江中游地区冬季冷湿、日照少、雾气大，辛香料本身有去湿祛寒的功能，这是辛香料（如花椒、姜等）在长江中游地区流行的环境因素。辣椒具有温中下气、开胃消食、散寒除湿的作用，因此辣椒在低温潮湿地区对人们的健康是大有裨益的。乾隆《建昌县志》载："椒，……味辣治痰湿。"另外，辣椒含有辣椒素，能刺激唾液分泌，使人增进食欲。辣椒还可以促进人体血液循环，使人精力旺盛。辣椒的果实和茎枝还可以作药用。据现代医书《中医手册》和《药物与方剂》记载："它性热、味辛。能温中散寒，除湿杀虫，激发健胃，抑菌止痒，可治风湿性关节炎、关节疼痛，扭伤或挫伤。"此外，还可以治寒滞腹痛、呕吐泻痢、消化不良等症。

四、李时珍《本草纲目》的食疗养生思想

这一时期，长江中游地区诞生了一位伟大的人物——李时珍。

李时珍（公元1518—1593年），蕲州（今湖北省黄冈市蕲春县蕲州镇）人，中国古代伟大的医学家、药物学家。所著的《本草纲目》五十二卷，刊于1590年。全书共190多万字，载有药物1892种，收集医方11096个，绘制精美插图1160

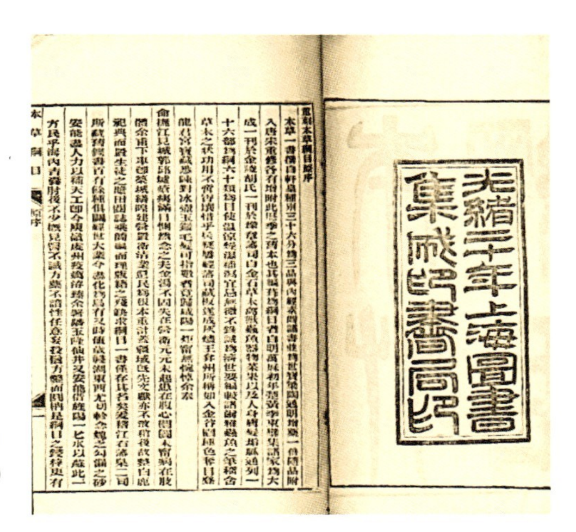

图6-1　明代李时珍《本草纲目》，光绪二十二年（公元1896年）上海图书集成印书局印

幅，分为16部、60类。该书是作者在继承和总结以前本草学成就的基础上，结合作者长期学习、采访所积累的大量药学知识，经过实践和钻研，历时数十年而编成的一部巨著。书中有许多条文，兼收并蓄了百家养生之奥诀，记载了大量养生内容，蕴含着深刻的食疗与药物养生思想。①

食疗在我国起源很早，素有“药食同源”之说。《黄帝内经》中提出“毒药攻邪，五谷为养，五果为助，五畜为益，五菜为充，气味合而服之，以补精益气”的膳食配制原则。《本草纲目》收集的食疗药物十分广博，把食物纳入本草中。指出：“**水为万化之源，土为万物之母。饮资于水，食资于土，饮食者，人之命脉也，而营卫赖之，故曰水去则营竭，谷去则卫亡。**”②全书收载食用药用水43种，谷物73种，蔬菜105种，果品127种及一些可供食疗的药物，至今仍为临床和民间常用，如对血热目赤病征，采用清热凉血的生地粳米粥治疗，“**睡起目赤**

① 邓小英：《〈本草纲目〉的养生思想研究》，《江西中医学院学报》，2007年4月第19卷第2期，第19~20页。

② 李时珍：《本草纲目》卷五《目录》，人民卫生出版社，2004年。

肿起，良久如常者，血热也。卧则血归于肝，故热则目赤肿，良久血散，故如常也。用生地黄汁，浸粳米半升，晒干，三浸三晒。每夜以米煮粥食一盏，数日即愈。有人病此，用之得效”[①]。

《本草纲目》的食疗方中，体现了“同病异治”“异病同治”的辨证施膳思想，所载444种动物药中，有许多可供食疗使用。如对肝虚目赤病征，采用补肝的食物治疗，“青羊肝，薄切水浸，吞之极效”[②]；对老人脚气等多种不同的病征，采用补虚弱、益中气的猪肚治疗，“老人脚气，猪肚一枚，洗净切作片，以水洗，布绞干，和蒜、椒、酱、醋五味，常食。亦治热劳”[③]。

药粥药酒并重，食养尽之。药粥是食疗的一个重要组成部分，《本草纲目》中记载着常用的药粥五六十种，这些药粥对于疾病初愈，身体衰弱者是很好的调养剂，有的还能治疗和辅助治疗某些疾病。药酒也是食疗的一个重要组成部分，主要是使药物之性，借酒的力量遍布到全身各个部位。《本草纲目》中明确标明的药酒有80种之多，这些药酒中，有补虚作用的人参酒等24种；有治疗风湿痹病的薏苡仁酒等16种；有祛风作用的百灵藤酒等16种；有温中散寒、治疗心腹胃痛的蓼汁酒等24种。

为了使食疗药物的药性发挥和保持食物的风味，李时珍在《本草纲目》中采用了盐、葱、姜、枣、薤等调味料和使用了煮、浸酒、粥食、煮成汁、捣成膏、捣作饼、上盐作羹食等多种烹制方法，体现了“药食同源”的思想，收到“食助药力，药助食威”的效果。

① 李时珍：《本草纲目》卷十六《地黄》，人民卫生出版社，2004年。
② 李时珍：《本草纲目》卷五十《羊》，人民卫生出版社，2004年。
③ 李时珍：《本草纲目》卷五十《豕》，人民卫生出版社，2004年。

第三节　长江中游地区的饮食风俗及文化特征

长江中游地区的传统饮食风俗在清末已基本成型并展现出丰富而绚丽的风采。寄托了人们对美好生活的愿望以及对先祖的勉怀。

一、岁时节令食俗及文化特征

1. 元旦

今日的春节旧称“元旦”，俗称过年，是民间一年中最重大的节日。中国历代元旦的日期并不一致：夏历以寅月（今农历1月）为正月，殷历以丑月（今农历12月）为正月，周历以子月（今农历11月）为正月，秦始皇统一六国后以建亥之月（夏历10月）为岁首，但不改正月，汉朝初期沿用秦历。汉武帝元封七年改用太初历，以建寅之月为岁首。此后中国一直沿用夏历（阴历，又称农历）纪年。辛亥革命后，中国采用公历纪年，以公历元月一日为元旦，沿用至今。

正月初一从早上开始，亲朋互相贺岁、贺元旦、拜年，这时一般要留客喝年酒，并在元旦期间相互请客宴饮，名曰“年节酒”。清光绪湖北《孝感县志·风俗》云：“亲朋互拜，至必款留，曰‘拜年不空过’，疏亲均拜，曰‘拜年无大小’”。

拜年时多以糍粑为礼，糍粑是将糯米蒸熟，捣烂做成的圆饼（少数地区做成方形）。糍粑也叫年糕。“糕”谐音“高”，寓意“步步登高”。清光绪湖北《孝感县志·风俗》云：“各持糍糕以为礼。语云：‘拜年拜节，糍粑发裂。’”清道光湖北《黄安县志》云：“各乡则预以糯米捣烂为粑，厚七八分，径尺许，方圆不一，伴以果饼，往来赠答。”汉口人拜年时除年糕外，还有汤圆、春饼等。叶调元《汉口竹枝词》写道：“新年春酒竞相邀，轿子何嫌索价高。提盒天天来送礼，汤圆春饼与年糕”。

拜年客人进门后，主妇们先给每人送上一碗糖开水，内加红枣、瓜仁、莲子等，俗称“元宝茶”。《汉口竹枝词》云：“主客相逢吉语多，登堂无奈磕头何。殷勤留坐端元宝，九碟寒肴一暖锅。”注云：“正月饮酒用元宝杯，谓之‘端元宝’。肴则九碟冷菜，中一暖锅。”“元宝杯”是酒杯上绘有元宝或钱币图形，以示吉祥发财的杯子。后来人们也开始饮用“元宝茶”，一般取红枣沿腰切口，四周嵌入瓜仁，冲白糖开水。考究一点的人家煮红枣、莲子、桂圆羹，也称作“元宝茶”。民国四年（公元1915年）刊《汉口小志》云：“拜年客来，多留吃元宝茶，或摆果盒以待。”果盒中装有年糕、蜜枣、糖莲子、柿饼、花生、瓜子等。各种果点多有吉祥美意：如年糕寓意“年年高”；枣子寓意“早生贵子”“早日高中”；柿谐音“事”，寓意“事事如意”；莲子寓意“连生贵子”；花生寓意“花着生”。

一些地区元旦要饮屠苏酒，如清光绪湖北《孝感县志》云：“饮屠苏酒，俗无药味，止用椒柏酒。”程正萃按《岁华纪丽》云：“俗说屠苏，乃草庵之名。昔有人居草庵之中，每岁除夜遗闾里人一药贴，令囊浸井中，至元日取水置酒尊，合家饮之，不病瘟疫。今人得其方而不知其人姓名，但曰屠苏而已”。

喝“年酒”是拜年活动的重要组成部分。“年酒”是专为“新婿”“新客”以及其他特殊需要而专门设置的酒宴，其中又以为“新婿”所设的酒宴最为典型。如清同治湖南《巴陵县志》云：“至过年腊，请新婿年饭；开正如回门礼，婿家必送各姻伯叔肉块及岳之外家皆备。各家轮陪新婿，久有至一月者。归时，岳家遍请诸陪饮家为复席，然后送归。”清光绪湖南《兴宁县志》载：“宁俗，凡先年出阁新妇，至正月初吉，新郎同行反马，岳家盛设广座，招至宾友、姻党，竞相酬待，亦每致二三月。”席中新女婿受到格外礼遇，清光绪湖南《善化县志》云：“独乡间接婿回门，称为‘新客’，亲友邻里招饮，辄以首坐相推，缙绅家仍当存高年、存齿让之意。”

第三类为“团拜酒”，如江西分宜县“合族拜年，交相酬答毕，集于众祠，尊长上座，子姓房座，酌酒献果酒，计十二杯，逢闰加一，名曰‘团拜酒’，以

表一年一圆，和气之象”[1]。

拜年喝“年酒”的时间一般为正月初一至十五，多在正月初十以内，“年酒”中的食品也有一些讲究。清道光湖北《黄安县志》云：“客至，主人先以鸡肉之类满堆碗面为敬，复煮酒设馔，谓之‘拜年酒’。”[2]席中菜肴是各家尽其所能而制作的，荤素品种均有，多为鸡、鸭、鱼、肉、蔬菜之类。如同治《长阳县志》云：“或十簋，或八簋，一火锅，或五簋四盘，或四簋二盘不等。鸡鸭鱼肉而外，无他珍味。”[3]菜肴的数量与质量因家庭条件和来客身份而有所差别。所陈菜品，客人可尽情享用，只有一条全鱼不能吃，称之“看鱼碗”，只能看，却不能动筷子，寓意“年年有余”。

2. 立春

立春是二十四节气之一，又称“打春”。自秦代以来，中国就以立春为春季的开始，是万物复苏的时节，意味着“春种”的开始，是中国古代生产和生活都非常重要的节日。立春日，民间有吃春饼、生菜的传统。早在隋唐五代时期，“立春”日就有食“春盘”的习俗，春盘由春饼、生菜等组成，馈赠亲友，取迎新之意。春盘多选莴笋作配料。杜甫“春月春盘细生菜”即是指的这一食俗，现在春天食“春卷”的习俗即由此承袭下来。清光绪湖北《蕲州志》云：“‘立春’之日，塑土牛、芒种于东门外元妙观，州官率僚属诣观迎春，回署鞭春。礼毕，食春饼。”[4]清代本区一些地方还举行宴饮活动。清同治《宜都县志》云：“‘立春’先一日，设筵于郊外。酒三巡，起迎芒种、土牛，遍历街市，至县廨（xiè），谓之‘迎春’”。[5]立春时两湖地区比较独特的习俗是吃“春台席”。明嘉靖湖南《常德府志》也云：“（立春）人家近有以生菜作春盘，茹春饼，亲友会

---

① 丁世良、赵放：《中国地方志民俗资料汇编·华东卷（中）》，书目文献出版社，1992年，第1074页。
② 丁世良、赵放：《中国地方志民俗资料汇编·中南卷（上）》，书目文献出版社，1990年，第354页。
③ 丁世良、赵放：《中国地方志民俗资料汇编·中南卷（上）》，书目文献出版社，1990年，第426页。
④ 丁世良、赵放：《中国地方志民俗资料汇编·中南卷（上）》，书目文献出版社，1990年，第363页。
⑤ 丁世良、赵放：《中国地方志民俗资料汇编·中南卷（上）》，书目文献出版社，1990年，第416页。

图6-2　江西景德镇明代青花束蓬盘（国家数字文化网全国文化信息资源共享工程主站）

饮，谓之‘春台席’”。[1]为什么叫“春台席”呢？因为立春这一天，人们聚亲会友，郊游踏青，选择高处胜境，造席宴饮，以吃春饼、生菜为主，故称。此俗源于古人的游春野宴。南朝梁宗懔《岁时记》载：“《老子》云：‘众人熙熙，如登春台’”。

3. 上元节

农历正月十五是上元节，又称元宵节、灯节，这是民间又一个隆重的节日。

上元节民间一般吃汤圆。湖南常德在上元节有饮“时汤”、以面窝占卜一年中水旱的习俗。上元节，“各家以椒为汤，入荠菜、糍果诸物，人至而饮之，谓之‘时汤’。又作面窝，如鸡子大者十二，以象十二月，每窝标记某月，用甑蒸之，如炊饭然，久之取视水浅深有无，以稽某月之水旱，悉多有验”。[2]

上元节的节日食品中，鄂北襄阳、枣阳、光化一带有金盏、银盏、铁盏几款特色品种，即以不同颜色的面做成灯盏状，并放上灯，在上元节的夜晚燃放。清

① 丁世良、赵放：《中国地方志民俗资料汇编·中南卷（上）》，书目文献出版社，1990年，第649页。
② 丁世良、赵放：《中国地方志民俗资料汇编·中南卷（上）》，书目文献出版社，1990年，第649页。

同治《襄阳县志》云："'上元'夜，……和粟、麦、荞面作金盏、银盏、铁盏，燃灯遍地设照，以主灯卜家休咎，以月灯卜年丰歉，家堂社庙皆献灯。"[①]米、麦面为白色、粟面为黄色、荞面为黑色，用这些不同颜色的原料可以调和制成黄色的金盏，白色的银盏和黑色的铁盏。民间在上元节遍地燃灯，主要是为了驱赶瘟疫，这种民俗极具地方特色。湖南零陵县的元宵节更是盛大隆重。入冬即选择子弟教习俗曲，待至元宵节时随龙灯远涉，拜亲戚，联家族，"演戏留款，多至五六十席，则费颇繁矣。"[②]

4. 春社节

每年农历二月，民间有祭祀土地神的春祈活动，这一活动被称为"春社"，预示着春耕大忙季节已经到来。春社节期间人们要做社饭，送社饭，还要举行各类饮宴活动以准备春耕，有的地方还要斋戒一日，称之为"社斋"。

长江中游地区春社节的饮宴活动显得十分突出。湖北武昌县是日"宴会一堂，宴罢继以之博，尽快而散。"[③]清光绪《沔阳州志》曰："'社日'，村民醵钱，建醮（jiào）赛会，事端聚饮，谓之'饮福酒'"[④]。

5. 清明节

清明节，又名鬼节、冥节、聪明节、踏青节。清明为二十四节气之一，时间在农历三月间。清明节的主要活动内容是祭祀亡人，供献祭食，踏青和宴饮。

关于清明节的饮食活动，各地方志多有记述。民国四年（公元1915年）刊《汉口小志》云："三日踏青，登洪山、伯牙台等处，自备肴酒，有携至后湖青草处，姆（拇）战以为乐者。妇女戴地菜花。又有以地菜煮鸡蛋吃者，俗云不晕头，又云可明目。"湖北公安县在节日里"亦有城市流寓之家，携壶榼郊外席地

---

① 丁世良、赵放：《中国地方志民俗资料汇编·中南卷（上）》，书目文献出版社，1990年，第458页。
② 丁世良、赵放：《中国地方志民俗资料汇编·中南卷（上）》，书目文献出版社，1990年，第580页。
③ 胡朴安：《中华全国风俗志·下篇》卷六，影印版，上海书店，1986年。
④ 丁世良、赵放：《中国地方志民俗资料汇编·中南卷（上）》，书目文献出版社，1990年，第403页。

而饮，谓之‘踏青’”。[1]祭扫完祖坟之后，一般都要宴饮。清同治湖北《竹溪县志》云：“清明日，男妇皆祭坟，设肴馔、酒醴；祭毕，即茔前席地食饮，谓之‘脧（馂）余’，亦寒食意也。”清道光湖南《永州府志》对“清明宴”有较详细的记述：“子孙每年遇清明、寒食，先期具帖，至期祭首备牲及米糍等物，用鼓吹号炮至墓所，巫祝奠谢台土，有符箓疏表，子孙照在系点名，不到者有罚。祭毕，将米糍按名分给，不到者送之家，谓之‘食老者胙’。其酒食、蔬菜皆轮值祭首备办。老者燕毕，然后将祭祖之豕权之，不足者以他豕补之，或若干斤，皆有定规。于祭首中择少壮者割而分之，列家长之名，每名该若干分唱名领给，老少男女皆与，谓之‘祖命胙’。添丁、婚娶者额外加胙，子弟中有犯非礼者，轻者杖之，重者将祖命胙罚停，改悔复之，不悛革之，皆由老者公议。颁胙毕，各将所颁之胙烹之，或载他肴，复集家庙群饮，谓之‘清明宴’，惟妇女不与。其酒食亦由祭首掌之，纵饮失仪者有罚”。

从这段关于“清明宴”的记述，我们看到当时人们一是敬重长者，清明节在饮食上给老者以特别优待；二是重男权，只有男性有资格参加宴会；三是对添丁、婚娶者“额外加胙”，这额外的安排可能是要告慰祖先，让他们知道添丁进口；四是在祖先坟前惩戒不肖子孙，整顿门风已成为清明节的一项内容；五是在祖先灵位、坟墓之前只能有节制地饮与食，不可放纵；六是各家分头做菜再集中食用，体现家族的凝聚力。

6. 浴佛节

农历四月初八是浴佛节，民间传说是日为佛祖释迦牟尼的生日。此节有做乌饭相馈送、吃乌饭、和菜、宴饮等饮食文化活动。

乌饭，在长江中游地区的一些地方又称青精饭、乌色饭。乌饭是用草木叶（多为南烛叶）煮汁或揉烂榨汁加水浸泡糯米，待糯米染黑后上笼屉蒸熟而成。

---

① 丁世良、赵放：《中国地方志民俗资料汇编·中南卷（上）》，书目文献出版社，1990年，第405页。

清同治湖北《大冶县志》云，“四月八日，采南烛叶作青精饭供佛。”清康熙湖南《永州府志》云：四月八日，“造乌饭相馈送，谓之‘青精饭’。杜诗云：‘岂无青精饭，使我颜色好。’陶隐居《登真诀》有干石青精迅饭法，取草木叶煮汁，渍米炊之，又名‘黑饭’，即乌饭也。郑畋诗‘圆明青迅饭’，饭色青而有光，食之资（滋）阳气”。做、送、吃乌饭的饮食习俗多流行于南方。

7. 立夏节

立夏，二十四节气之一，公历五月五日或六日。立夏时节，万物繁茂，是农作物重要的成长期。长江中游地区在这一时节有喝“插秧酒”“立夏茶”，吃“立夏羹”、尝鲜等习俗。

当时正是插秧时节，农忙时多有亲友相助，主人则陈酒肉酬谢。清同治湖北《郧西县志》云：“是日，农家始布谷，或具酒食招亲故听田歌，传为‘插秧酒’”。江西南昌有饮“立夏茶”的习俗。是时，“妇女聚七家茶相约欢饮，曰‘立夏茶’，谓是日不饮茗则一夏苦昼眠也”。[①]江西乐平立夏日以赤小豆和米煮食，称之为“立夏饭”。萍乡、瑞州等地则有食“立夏羹”的传统。

8. 端午节

每年农历五月初五，是我国民间三大传统节日之一的端午节，又称端阳午、五月节。端午节各地节日气氛十分浓郁。湖北民间多重此节，如清同治《房县志》云：端午节，“以菰叶笋箨包糯米为粽，缠以五色丝麻，并葛巾、蒲扇、腌鸡鸭卵互相馈遗”。清同治《长阳县志》中讲长阳称五日过“天中节”，乡间十五日为“大端午”，二十五日为“末端午”。“天中节”家家包角黍，曰“包粽子”，配腌蛋、果品、肉鱼相遗，为“送端阳节”。堂中悬天师收五毒像，啖角黍，饮菖蒲、雄黄酒，曰“过端午”。过节时间之长（约半个月），气氛之热烈，仅次于春节。

① 丁世良、赵放：《中国地方志民俗资料汇编·华东卷（上）》，书目文献出版社，1992年，第1052页。

湖南的情况也类似湖北。安仁县于农历五月“端午”，户悬蒲艾，“用雄黄、朱砂、菖蒲合酒饮之，以其酒涂小儿额，剪罗为香囊佩之。午时，浴百草汤，炙以灯炷，谓‘免疾厄’。以蒜汁洒地，避蝎蛇虫蚁。戚友以蒲扇、角黍（即粽子）、鸡豚相馈遗”。[①]湖南还有一种吃祖婆粽的风俗：由老年妇女主持，全体妇女参加，把男子排斥在外。首先用艾、菖蒲煮一锅水，进行沐浴，清洁身体，然后请已婚妇女上楼包粽子。开始包粽子时妇女们必须站立，由主祭人包十二个，称“背妹粽”，它由两个枕头大的粽粑合在一起，象征祖婆，也象征多子。接着包十二个角粽，这时妇女们才坐下，大家包粽子。他们不能说“粽子”，而称“祖婆”，称包粽子为“给祖婆穿衣”，煮粽子为“给祖婆烧水洗澡”，认为这样妇女才能多生育。[②]

江西萍乡过“端阳节”的情形，胡朴安有较详细的记述：“盖萍俗是日以面包与角黍为要品，售包子、粽子之斋铺，至五月朔方开市，且开笼之包粽较后出者为大，故小儿赶前往买。城内店户，乡村居民，亦复争先恐后，购之馈送亲友。……是日售猪肉及鱼者，利市三倍，转瞬售罄。各家早膳时，将粽子、包子、腌蛋、大蒜各物置于桌上，合家大嚼。饮雄黄酒以解毒，悬菖蒲等于门前，并于屋角遍洒雄黄，谓能驱邪。或有备三牲酒肴，入庙敬佛，爆竹声声，极为热闹。”[③]综合观之，端午节实际上是一个健身强体、抗病消灾节。古人认为阴历五月是恶月，“阴阳争，血气散”，易得病，因而包括饮食在内的一些习俗均与抗病健身有关。如吃粽子、咸蛋是为了补充营养，即抵御即将到来的酷暑；喝雄黄、菖蒲酒、放艾草、吃蒜挂蒜等是为了避邪去怪；举行龙舟比赛是为了健身等。

9. 试新节

农历六月正值新谷登场，民间有煮新米尝新的习俗。清嘉庆《长沙县志》云：

---

① 丁世良、赵放：《中国地方志民俗资料汇编·中南卷（上）》，书目文献出版社，1990年，第514页。
② 宋兆麟、李露之：《中国古代节日文化》，文物出版社，1991年，第90页。
③ 胡朴安：《中华全国风俗志·下编》，河北人民出版社，1988年，第96~296页。

农历六月六日，谓之“半年节”。是日，早稻可获。民间选卯戌日（立秋前的第一个卯日）造新米饭，陈酒肴祀神毕，合家聚食，谓之“试新”。清同治湖南《攸县志》云：六月早稻熟，“择寅、卯、辰、巳日荐新，以龙、虎、蛇、兔不食谷也。肴用鱼，以与余音近；忌鸡，以与饥音近也。”清光绪湖北《孝感县志》云：“用鱼不用鸡，盖鱼音近余，鸡音嫌饥也。试新日，忌招宾。”清同治湖北《来凤县志》也云：“是月卯日尝新，肴尚鱼，曰‘有余’，忌鸡，谓近于饥也”。试新例有两次，第一次为农历六月初小暑前后，第二次为农历六月下旬大暑前后。试新选择卯日逢收之时，卯属兔，取兔收，透收之意。也有在是月逢卯吃新者，少数地区在寅、辰、巳、辛日试新。体现了中国饮食文化中，重天时、祈丰收、天人合一的农耕文化特征。

10. 七夕节

七夕节，又名乞巧节、少女节、女儿节、双七节、双星节、香桥会、巧节会。除五代时期以七月六日为七夕节外，历代均以七月七日为七夕。相传农历七月七日夜牛郎织女在天河相会，民间有妇女乞求智巧之事，故名。主要活动是家家陈瓜果食品，焚香于庭以祭祀牵牛、织女二星乞巧，食品内容各地不一。

清光绪湖北《孝感县志》云：农历七月七日，晚看巧云，“设瓜果，谓‘吃巧’……重在夕，故曰‘七夕’。”江夏县在“七夕”，俗多食菱，曰“咬巧”。[①]湖北西北部的郧县、房县等地，有生豆芽观看是否“得巧”的习俗。清同治《郧县志》云：“‘七夕’为牛女会银河之期。前期，人家幼女用豌豆浸水中，令芽长数寸，以红笺束之，名曰‘巧芽’。至是夕，妇女幼稚焚香于庭，献瓜果，祷天孙以‘乞巧’。用瓷碗盛水，取芽投之，复于月光下照之，影如彩针、花瓣，或似鱼龙游戏，谓之‘得巧’。”清同治《房县志》也云：“七夕”，妇女为“乞巧会”。“先以豆入竹筒生芽，长尺许。缚草为织女，描画眉

① 丁世良、赵放：《中国地方志民俗资料汇编·中南卷（上）》，书目文献出版社，1990年，第380页。

目，妆饰如生，祀以果瓜、香花，姊妹行严妆咒拜，置水于盆，捻豆芽映之，其影成花钗去朵者为得巧”。

清同治湖南《巴陵县志》云：七月七日为牵牛织女聚会之夜。是夜“陈瓜果于庭中以‘乞巧’，有喜子网于瓜上，则以为符应。”江西各地于“七夕”，妇女多作“乞巧会”，即妇女聚在一起，吃瓜果、米粉煎油搥等食品，观看牵牛、织女之会。此俗别处不多见。

11. 中元节

农历七月十五日，是人们祭祀祖先、怀念亡灵孤魂的日子，民间称之为“中元节”“鬼节”“盂兰盆节”“七月半”。节日期间，家家户户制作各类“祭食”，一些地区还要大开筵席。

清同治湖北《崇阳县志》云：七月十五日“中元节”。“先三日，家各列筵几迎祖先，朝夕供饮馔，如事先礼。先一夕，焚楮钱送之，新亡者则先二夕。”清同治湖北《长阳县志》云：十五为“中元节”。家家祭祖先，“乡城屠户皆宰大猪，家家肉鱼、鸡鸭、豆瓜之属，概用四冰盘一品碗，祭毕而宴，谓之‘过月半’”。

清同治江西《乐平县志》云，“中元”，“以牲醴、羹饭，焚楮币祀其先”。清同治江西《萍乡县志》讲，“中元”先数日，“中庭设席迎祖先，朝夕具馔，谓之‘下公婆饭’。至期，剪纸为衣，裹纸钱烧，谓之‘送公婆衣’。新亡者，戚族多备肉果、楮衣荐之，谓之‘送新衣’”。

12. 中秋节

农历八月十五是中秋节，又称“八月节”“八节半”，又因这一天月亮满圆，象征团圆，故称为“团圆节”，是中国民间又一个重要的传统节日。民间有崇拜月神的习俗，是最原始信仰中的天体崇拜。被奉为月神的称呼也不一样，有月亮娘娘、太阴星君等，因此形成了一系列祭月活动。中国自周代即有祭月活动，绵延数代而不衰，到了宋代正式定为中秋节。节日期间，民间普遍有吃月饼和各种瓜果的风俗。

13. 重阳节

农历九月初九是重阳节，又名“老人节”。《易经》中定九为阳数，两九相重，故为“重九”；日月并阳，两阳相重，故名“重阳”。重阳节的雏形在先秦时期的楚国已经萌生，“重阳”之名也最早见载于《楚辞》。它可能起源于秋游去灾风俗，后来演变为九月九日登高活动。南朝梁吴均《续齐谐记·九日登高》记载：东汉时汝南人桓景拜仙人费长房为师。费长房曾对桓景说，某年九月九日有大灾，家人缝囊盛茱萸系于臂上，登山饮菊花酒，此祸可消。桓景如言照办，举家登山。夕还，见鸡犬牛羊都暴死，全家人平安无事。此后，人们每到九月九日便登高、野宴、佩戴茱萸、饮菊花酒，以求免祸呈祥。历代相沿，遂成风俗。故，重阳节又叫“登高节”。由于九月初九的“九九”谐音“久久”，有长久之意；所以常在此日祭祖与开展敬老活动。

湖北同治《来凤县志》载：“‘重阳’，携酒登高。捣米粉为糕，曰‘重阳糕’，采茱萸蓄之。以十九日为‘大重阳’。”湖南耒阳民间“重九日”造酒，称之为“重阳酒”。澧州民间在“重阳”之日，士大夫携酒登高，各家采蓼及菊叶为曲，酿秫和芦稷为酒，以备终年祭祀、宾客之用；酿糯秫米酒，熬而藏之，作为养老之需，统称“菊花酒”，也叫“万年春”。[①]江西乐平民间于“重阳”之时，士人登高燕赏，以茱萸泛酒饮之。各家制糕相馈赠。

14. 寒衣节

农历十月初一为寒衣节。这是一个以食祭祀祖先，并为祖先亡灵送寒衣的民间节日。

湖北乾隆《东湖县志》载：十月朔日，扫墓奠祭，如“清明”礼，且烧化纸服，谓之“送寒衣”。湖南沅陵民间于十月朔日剪纸为衣，具酒馔奠于祖茔，称之为“送寒衣”。江西同治《新城县志》云：“十月一日，谓之‘下元’。人家扫

① 丁世良、赵放：《中国地方志民俗资料汇编·华东卷（上）》，书目文献出版社，1992年，第1136页。

坟如‘清明’。以彩纸作衣，如生人服焚之，谓之‘送寒衣’”。

15. 冬至节

农历十一月阳历在12月22日至23日之间，民间普遍要过“冬至节”。节日期间，民间有祭祖、宴饮、腌制鱼肉的习俗。如湖北同治《郧县志》云：“冬至日”农事已毕。“家家设酒馔供祖先；绅士家必聚族于祠堂中，虔祭祖先，悉尊《家礼》仪节。”湖南宁远“是日（冬至日）多割鸡宰猪，将肉阴干，谓之‘冬至肉’，味甚香美”。[①]确实，从“冬至”开始腌制的鸡、鸭、鱼、肉不仅不易变质，而且腌制风味十分突出，本区民间此俗极浓。此时所腌肉品，往往要供来年大半年甚至一年之需，如果洒上酒，入陶瓷团中密封储藏，有的可达数年不坏，香味更浓。

16. 腊八节

腊八节又名“成道节”。时间为农历十二月八日。中国远古时期，“腊”本是一种祭礼。人们常在冬月将尽时，用猎获的禽兽举行祭祀活动。古代“猎”字与“腊”字相通，“腊祭”即“猎祭”，故将每年终了的十二月称作“腊月”。自从佛教传入后，腊八节才确立了节日的具体时间，掺入了吃“腊八粥”的内容。这一天寺院要作佛会，熬粥供佛或施粥于贫者；在民间也有人家做腊八粥，或阖家聚食，或祀先供佛，或分赠亲友。腊八粥一般用各种米、豆、果品等一起熬制而成。

腊月各地要造“腊米”“腊酒”“腊醋”，贮存“腊水”。如清光绪湖北《孝感县志》云：“十二月内以食米炒熟，着少许绿豆贮之，曰‘腊米’，至夏秋间，凡病不宜饮食者，煎汤食之良愈。又注清水于坛，曰‘腊水’，也能治热病，下雪时亦贮雪水。又以‘重阳’所造酒至是日取其醇者贮之，曰‘腊酒’，至夏间色琥珀、味密（蜜）脾矣”。

---

① 胡朴安：《中华全国风俗志·下编》，河北人民出版社，1988年，第96~296页。

17. 送灶节

农历十二月二十四日前后，民间有祭祀灶神的风俗，不少地区以腊月二十四日前后为小年，因此“送灶节”又称灶神节、灶王节、小年节等。送灶基本上是男子的权利，有“男子不拜月，女子不祭灶”之谚，由于祭灶首要急务是祈求五谷丰登。

对祭灶的习惯，史志多有记载。如清同治湖北《郧县志》载：十二月二十三日，“祀灶”以“雄鸡，献灶糖，以糖作饼，果品、时物供奉具备；……亦有二十四日‘祀社’者。”监利“二十四日为‘小除夕’，俗谓之‘小年’。扫屋尘，换炉灰，具酒果，祀灶神”。[①]灶糖，又称脑牙糖，用麦芽熬制而成，黏性很强。《荆楚岁时记》载：“元日食胶牙糖，取胶固之义。”祭灶必用这种黏性很强的糖，为的是叫灶神吃了它粘住嘴，上天不说这家人的坏话。

18. 除夕

除夕，又称“大年三十”。是日，民间家家户户要吃“团年饭”，又称“年饭”“宿岁饭”。并要备足春节期间的食品，谓之备“隔年陈”，以示岁有积余，食物丰足。

“年饭”是一年中最重要的一餐饭，各家饭菜不仅要尽可能地丰盛，而且全家老少都得参加。清光绪湖北《京山县志》载：“‘除日’，具牲醴，祀家神、祖考于中堂，曰‘送年’。换桃符，贴春联，接司命。向家长拜庆，谓之‘辞年’。饭蒸数日之炊，曰‘宿岁饭’。储水令足新年数日之用。”清同治《长阳县志》讲：“除日”，“以猪首、四蹄并尾像全牲，鸡一、鱼一，祭祖先。毕，彻去，肆解猪首肉二簋，蹄尾二簋，鸡鱼各菜共十簋，男女老小共一席，不拘人数，谓之‘团年’。合门欢喜，不说苦愁。其肉食惠及猫犬，花果、树木浇以肉汤，云‘不生虫’”。

① 胡朴安：《中华全国风俗志·下编》，河北人民出版社，1988年，第324~325页。

清嘉庆湖南《长沙县志》云，“除夕”，家人宴会，谓之“团年”。对食品也有所选择，“团年”一定要有鱼菜，因为鱼音余之故，“又有用芋及鱼，谓之‘裕余酒’”。

纵观长江中游地区的岁时节令食俗，可以总结出以下的文化特征：

1. 多元融合

多元融合首先体现为参加者人数众多，涉及社会各阶层。每逢年节，无论城乡、官民、贫富、老少都要进行各式各样的饮食文化活动。其次体现在文化活动的多种社会功能上，这些民俗活动，承载了农事、娱乐、饮食、交际、信仰等多种功能。第三体现在各种文化的相互交融上。年节饮食文化中融入了农耕文化、原始宗教文化、佛教文化和道教文化等，令节日饮食文化变得丰富多彩。

2. 崇祖敬老

在对自然界认识有限的古代，人们对大自然极易产生敬畏，虔信万物有灵。为获得生产与生活的稳定，逐渐形成与大自然对话，以求护佑的祭祀定制。而祖先及老人掌握着丰富的生产生活经验，每逢年节，人们特意烹制专门的美味佳肴，以示对祖先神灵的虔诚祭祀，以及对现存长者的恭敬。

3. 追求愿景

人们在节日中的饮食文化活动，无不体现出民间百姓追求美好愿景的理想。例如过年要吃年糕，寓年年高，吃鱼，寓年年有余；正月十五吃元宵，象征团圆美满；端午节吃粽子、咸蛋以强身、求子；中秋节吃月饼寓示团圆，“摸秋送瓜”以求子；灶王节供灶糖为的是让灶王爷不讲人间坏话，以求来年风调雨顺；除夕吃团年饭以示一家人团圆、幸福美满。

4. 丰富而系统的民俗链条

长江中游地区年节的饮食带有浓郁的地方色彩，体现了楚地深厚的文化底蕴。这些民俗活动从春到冬丰富而系统从不间断，形成了一个环环相接的民俗链条，如春节（元旦）喝“元宝茶”，吃豆丝、鱼圆、“隔年饭”，喝鸡汤；浴佛节吃乌饭；端午节食蒜泥、鳝鱼、祖婆粽；试新节“逢卯吃新”，吃“麻雀头”“鹅颈”“藕圆”；中元节吃“高装”；送灶节吃“口数粥”；除夕制作“留岁饭”等。此外，春节期间岳家各户延请“新客”（新女婿）喝酒达一月左右；两湖地区立春时吃“春台席”；湖南永州地区数以千计人同食的“清明宴”；江西广昌地区于“乞巧会”第二天饮“巧水”；中秋节的“摸秋、送瓜”等习俗高潮不断，异彩纷呈。

5. 社会功能显著

传统节日有着显著的社会功能，人们通过宴饮以及一系列节日活动，可以加强亲族间的联系、调节人际关系；整合社群及社会集团的意识，使部族团结一致，提高生存竞争能力；调节和改善饮食生活；提供社交和择偶机会；促进商品经济的发展；不断改进菜品制作质量等。①

图6-3 江西景德镇明代青花缠枝莲纹杯（国家数字文化网全国文化信息资源共享工程主站）

① 陈光新：《中国饮食民俗初探》，《春华秋实：陈广新教授烹饪论文集》，武汉测绘科技大学出版社，1999年，第270~283页。

二、居家日常饮食与宴客风俗

（一）居家日常食俗

1. 以素为主，喜食辣椒

长江中游地区居民食粮有稻米、小麦、玉米、甘薯、高粱、粟米、荞麦、豆类等。大部分地区以稻米为主粮。平日所食菜肴以四时菜蔬为主，多辅以豆腐、鱼虾，口味上喜辛辣。

居民日常饮食，方志、风俗类书多有载述。如清光绪湖南《永兴县志》讲："食以稻为主，炊饭酿酒皆用之。夏秋，包谷红薯，耕山者用以承乏。岁歉，常掘蕨根为粉。"清道光湖南《衡山县志》曰：居民饮食为饮茶、餐脍鱼、食黏米饭、喝糯米酒。人们多不甚食面，城里的面店不过数家。高粱、黍谷、包谷、稷谷、红薯、芋子等杂粮只有山里居民常食，其余皆吃稻米饭。概言之，城邑居民、水田较多的地区，家境较好者主食以稻米为主，山区居民多以杂粮为主食。而居民日常食用的菜肴以蔬菜、豆及豆制品为主，辅以鱼虾、猪肉（多为腌制品）、鸡鸭等。

地处山区的居民多喜食辣椒。如清同治湖北《来凤县志》云："邑人每食不去辣子，盖从岩幽谷中，水泉冷洌，非辛热不足以温胃和脾也。"清光绪湖南《龙山县志》也云："土人于五味，喜食辛蔬。茹中有茄椒一种，俗称辣椒，每食不彻此物。盖从岩邃谷间，水泉冷洌，岚瘴郁蒸，非辛味不足以温胃健脾，故群然资之。"江西萍乡人也嗜好辣椒，当时辣椒有黄椒、青椒、朝天椒、灯笼椒等，《清稗类钞》中写道："食品中常用以调味，而在萍地则以为日常必需之食品，常年四季，无日缺亡，无论何种蔬菜，咸需和以辣椒。例如鱼一头重量一斤，而烹时至少和半斤辣椒，否则不能下箸。故萍地购椒至少几斤，其嗜椒如此！"

2. 一日三餐或两顿

长江中游地区居民的餐制至清代，乡村居民多为一日三餐，城市居民多为一日二餐，或二餐一夜宵，也有日食三餐的。

清人徐珂称“湘鄂人日二餐”，这话过于笼统，其实各地情况并不完全相同。如湖北长阳“城市日两餐”“四乡俱三餐”；汉口为两餐一夜宵，第一餐在上午十点钟左右，曰早饭，下午四点左右吃中饭，晚上宵夜。

湖南兴宁县居民“东、西、北路日三食，在城日或二食，惟南路多两粥一饭，殷实家亦然”。[①]衡县居民“日食不过二顿”[②]。永绥地区居民“城市日朝夕两餐，乡村力作，使用午饭”。[③]江西余干县居民“饮食之时，日饭三”[④]。会昌县居民“会邑土俗日惟三餐”[⑤]。

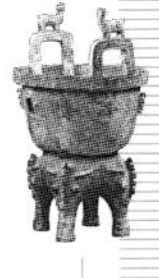

3. 喜好饮茶

长江中游地区居民饮酒多在节日、款客、婚丧寿祭等宴会时为之，相对饮酒而言，饮茶更具日常性。

清代嘉庆道光年间，湖北汉口茶楼繁盛，后湖为最，有白楼、涌金泉、第五泉、湖心亭等数十家。

湖南人也喜欢饮茶，以擂茶为特色，各地做法不同，如清光绪《永兴县志》云：“妇女临午饮茶，或用茶叶合油煮之，谓之‘油茶’；或用碎米合油煮之，谓之‘擂茶’。”[⑥]益阳县居民“俗饮煎茱，取资安化，亦有家园茶。另有擂茶，取茶叶杂以脂麻为姜，用钵有齿如臼杵，融而调食之。每日必需，款客亦以为敬，或设果碟、点心之类，兼以漱茶、玩茶，年节及婚嫁尤盛”。[⑦]

除了爱饮茶外，长江中游有些地区还有吃茶的习俗。《清稗类钞》云：“湘

---

① 丁世良、赵放：《中国地方志民俗资料汇编·中南卷（上）》，书目文献出版社，1990年，第525页。
② 丁世良、赵放：《中国地方志民俗资料汇编·中南卷（上）》，书目文献出版社，1990年，第551页。
③ 丁世良、赵放：《中国地方志民俗资料汇编·中南卷（上）》，书目文献出版社，1990年，第636页。
④ 丁世良、赵放：《中国地方志民俗资料汇编·中南卷（中）》，书目文献出版社，1990年，第1097页。
⑤ 丁世良、赵放：《中国地方志民俗资料汇编·中南卷（中）》，书目文献出版社，1990年，第1170页。
⑥ 丁世良、赵放：《中国地方志民俗资料汇编·中南卷（中）》，书目文献出版社，1990年，第518页。
⑦ 丁世良、赵放：《中国地方志民俗资料汇编·中南卷（中）》，书目文献出版社，1990年，第675页。

人于茶，不惟饮其汁，辄并茶叶而咀嚼之。人家有客至，必烹茶。若就壶斟之以奉客，为不敬。客去，启茶碗之盖，中无所有，盖茶叶已入腹矣。”胡朴安《中华全国风俗志》“下编”载：萍人“其敬客皆进以新泡之茶。饮毕，复并茶叶嚼食”。

（二）宴客风俗

1. 宴客奢靡之风日盛

长江中游地区的传统宴客风俗很纯朴，既热情待客，尽其所能呈献佳肴，又较俭朴，注重实际。大约到明成化以后，这种风气在一些地方开始转变。嘉靖《茶陵州志》：明初“燕会八簋”，成化以后，“一席之费，甚至数十”。但大部分地区的俭朴之风基本上沿袭到19世纪初，即乾隆、嘉庆年间。自19世纪中叶始，奢侈之风渐起，传统习俗受到很大冲击，宴客风俗也随之发生变化。如湖北咸宁，清光绪《咸宁县志》云：“其宴客之具，数十年前不过鱼肉，今则海物惟错，率以为常。”湖南长沙，《清稗类钞》云：“嘉庆时，长沙人宴客，用四冰盘两碗，已称极腆，惟婚嫁则用十碗蛏干席。道光甲申、乙酉间，改海参席；戊子、己丑间，加四小碗，果菜十二盘，如古所谓饾饤（dòudīng）者，虽宴常客，亦用之矣。后更改用鱼翅席，小碗八，盘十六，无冰盘矣。咸丰朝，更有用燕窝席者，三汤四割，较官馔尤精腆；春酌设彩觞宴客，席更丰，一日糜费，率二十万钱，不为侈也。”江西会昌，清同治《会昌县志》云：“客至，肴馔不必精美，若无酒以供，或食之饘粥，人辄以为慢客。吉事款宾，豪华之家纯用美品。丧事，在城者待客用荤席，如延僧修佛事则独用蔬菜。湘乡惟富家用荤，贫家荤素参半，承乡则一体素席而已。总之，昔之饮食多俭，今之饮食多奢，以父老传闻及少壮所见，日迁月异，风气大相径庭矣”。

长江中游地区的宴客风俗大体以清道光（公元1821—1850年）年间为分水岭，之前，传统宴客习俗占主导地位，款待客人，食品数量在六至十款之间，并以十款为丰盛，食品内容以鸡、鸭、鱼、猪肉、时令蔬菜为主，极少有海味。清道光之后，奢侈之风逐渐盛行，由大城市而小城市再乡村，由官宦人家而殷实之家再平民之家，款待客人的食品数量不断增加，丰盛的在20款左右，席中已有不少诸如海参、蛏干、鱿鱼，乃至鱼翅、燕窝等山珍海味。

2. 几种独特的宴客习俗

（1）湖北西部山区巴东、长阳等地以吃“拳肉”“过桥肉”，咂酒为敬。如清宣统《湖北通志》云：“（巴东）宴会大率如外乡，惟后里人客至则杀猪，开酒坛泡之，以为敬。盖以糟连酒贮坛，饮时泡以沸汤，插筒其中，主宾递吸之也。豚肘至膝以上全献，谓之‘脚宝’，特以奉尊客。切肉方三寸许，谓之‘拳肉’”。

清同治《长阳县志》云：（长阳）县西宁乡，界连容美、巴东，宴会以吃咂抹坛酒（咂酒）为敬。

咂酒这一风习在湘鄂西部的其他地区如来凤、龙山等地也有，而中国东部、北部则不尚此风。

（2）湖南长沙、湘潭、巴陵等地有鱼来客退的风俗。清嘉庆《长沙县志》《湘潭县志》与清同治《巴陵县志》等地方志均引《风土记》云：“湖湘间宾客宴集，供鱼清羹，则众皆退。”并形成了“鱼到酒止”的谚语。且解释说，这是因为该地区鱼多，“岁时宴集，主人欲以鱼奉客，则众客随起而止之，盖取有余不尽之意”的缘故。“鱼到酒止”风俗与旧时许多地区流行的“端茶送客”之俗有近似之处。

（3）湘鄂一些地区有以油茶待客的风俗。油茶非同一般，它是用茶叶加油煮制，再加油炸黄豆、包谷、米花、芝麻等物泡制而成。如湖北来凤“土人以油炸黄豆、包谷、米花、豆乳、芝麻、绿焦诸物，取水和油煮茶叶作汤泡之，饷客致敬，名曰‘油茶’”[①]。湖南永兴居民“用茶叶合油煮之，谓之‘油茶’；或用碎米

---

① 丁世良、赵放：《中国地方志民俗资料汇编·中南卷（上）》，书目文献出版社，1990年，第448页。

合油煮之，谓之‘擂茶’。女客至，或煎大糍，花糍，或炒冻米和油茶款之，谓之‘茶会’”[①]。

（4）清道光以前，湖南麻阳有馈银酬席的习俗。如若家中有庆吊之事，亲戚朋友不送礼物，但均以银相馈，所送银两在一钱至七钱之间，主人则根据送银多少安排客人的菜品数量。《清稗类钞》中记：“赴饮者众宾杂坐。送一钱者仅食肴一簋，甫毕，堂隅即鸣金，曰：‘一钱之客请退。’于是纷纷而退者若干人。至第二簋毕，又鸣金，曰：‘二钱之客请退。’又纷纷而退者若干人。例馈五钱者完席，七钱者加品。至五簋已毕，虽不鸣金，而在座者亦寥寥矣”。

三、人生礼仪食俗

（一）生育食俗

1. 孕期食俗

妇女怀孕，民间俗称“有喜”，被认为是家庭中的一件大喜事。妇女产前，娘家要送催生礼，如活鸡等食物。湖南沅陵县民间“女既嫁有妊矣，将产，于前月，母以食物馈之，曰‘催生’。”[②]江西乐平县民间“外家先于将诞时馈活鸡、围裙、垫席等物，谓之‘催胎’”。[③]

2. 产后食俗

妇女生育之后，随着婴儿的呱呱坠地，一系列的诞生礼仪便正式开始了。这些礼仪大都含有为孩子祝福的意义。长江中游地区一般最常见的有“三朝”“满月”和“抓周”等，产妇的饮食也有一番讲究。

① 丁世良、赵放：《中国地方志民俗资料汇编·中南卷（上）》，书目文献出版社，1990年，第518页。
② 丁世良、赵放：《中国地方志民俗资料汇编·中南卷（上）》，书目文献出版社，1990年，第609页。
③ 丁世良、赵放：《中国地方志民俗资料汇编·华东卷（中）》，书目文献出版社，1992年，第1063页。

小孩出生三天，用温水给小儿洗澡，宴客，名曰“洗三朝”“洗三”或“三朝”。小孩出生后，女婿带着酒肉告知岳母家名曰“报喜”。过三五天，岳母家前来贺喜，带着鸡米、褓褓等物相送，称之“三朝”“做三朝”或“谢三朝”。满月和周岁时，要开筵席、下请帖，敦请岳母亲家前来赴宴。来客均带礼物表示祝贺。周岁时，具晬（zuì）盘，摆上笔墨、戈印、金钱等物品于小儿前，视其所取以判断其未来前程，称之“拈周”。[①]

（二）婚事食俗

婚姻大礼的过程，长江中游地区一般是从纳采起，至新娘回门止。婚姻是人生中的一件大事，因此，人们对此格外重视，饮食上也有一些特别的讲究。

1. 聘礼礼俗

古人婚姻一由父母之命、媒妁之言。先经媒人说合，男方提亲，如果男女双方都同意这门亲事，则定盟（或称定亲）。定盟之日，男方要带一些礼物到女方家里，称之为“行聘”。此后，男方逢年过节均要到女方家送礼。男女成人，男方要到女方求婚，如果女家同意，则择日具盛服送期帖，称“报期”。临近婚期，行纳征礼，婚礼算是正式开始了。

行聘所用物品各地稍有差异。如湖南零陵的聘礼分为初聘（相当于“定亲”）和申聘（相当于婚前的“纳征”）两次。初聘用鸡、肉、酒、豚及首饰等物；而后，以只鸡送媒人，谓之“开口鸡”，又一次和媒人一道去女家“过礼”，此次为申聘，用鸡、鹅（上者六鸡四鹅，次者四鸡二鹅）、豚（上者四只，每只重七十斤，次者二只，重半）、折酒钱（多者四十缗，少或三十二、二十四）、冠饰衣帛等物。[②]湖南永州地区在“定亲”时，要送肉果、鸡鹅及“礼饼”（重者十余斤，轻者八九斤）等给女家，还要备鸡、肉、鱼、果等构成的“羊礼”，或仅

① 丁世良、赵放：《中国地方志民俗资料汇编·华东卷（中）》，书目文献出版社，1992年，第1130页。
② 丁世良、赵放：《中国地方志民俗资料汇编·中南卷（上）》，书目文献出版社，1990年，第576页。

图6-4　江西景德镇明代青花海兽高足杯（国家数字文化网全国文化信息资源共享工程主站）

肉果等构成的“鸡鸭礼”，分送与女之伯叔父母及外翁、姨舅、姑姊。“报日”之时要用鸡、鹅、鱼、肉等，加上缗钱四十、三十、二十不等到女家去“过大礼”。婚期前一天，男家要备花粉、茶果等送至女家。①

聘礼（一般认为包含“定盟”和“纳征”二礼）中除服饰、钗镮、酒肉之外，茶叶是一些地区必备的。如民国《汉口小志》云：“俗谓纳采为‘行茶’，果品虽备，必主以茶盐，而名之曰‘山茗海沙’。”②清同治江西《都昌县志》云：“行聘必以茶叶，曰‘下茶’。”可见茶是婚姻的重要聘物。用茶叶作聘礼的原因，宋人《品茶录》解释为：“种茶树下必生子，若移植则不复生子，故俗聘妇必以茶为礼，义固可取。”由此看来，行聘用茶，并非取其经济的或实用的价值，而是暗寓婚约一经缔结，便铁定不移，绝无反悔，这是男家对女家的希望，也是女家应尽的义务。

2. 冠笄（jī）礼食俗

古代男子二十岁行冠礼，女子十五六岁行笄礼，是表示孩子已长大，可享受

① 丁世良、赵放：《中国地方志民俗资料汇编·中南卷（上）》，书目文献出版社，1990年，第560页。
② 丁世良、赵放：《中国地方志民俗资料汇编·中南卷（上）》，书目文献出版社，1990年，第319页。

成年人权利。长江中游地区在清末，加冠、加笄二礼多移至婚礼亲迎前夕，富户多在前三日，贫者则在前一日。是时，男家请尊长为加冠者起字、号，书悬于壁，亲友醵金来贺，加冠之家宴请宾客；女家请族戚有德行妇人给加笄者修额，用细丝线绞除面部汗毛，洗脸沐发，挽髻加簪，然后拜祖先和父母，聆听父母教诲，并要开陪嫁筵席。

长江中游地区曾有将冠、笄二礼纳入婚礼范畴之中的风俗。如宣统《湖北通志》载：湖北光化民间“礼行于婚前一日，戚友走贺设宴。是夕，请童子十人相仪，名‘陪郎’，张筵作乐，为婚者加冠。陪郎导之，拜先祖及父母亲、长辈，来辅左右，揖让升堂，醮子入席，婚者首坐，陪郎以次序坐。……女家亦于是夕行笄礼，请童女十人相仪，筵宴不传花”。

3. 结婚三日食俗

结婚三日指结婚当天、第二天和第三天，即婚事活动最多的三天。与饮食有关的活动主要有：女家的“送亲”筵席，男家的婚筵、交杯酒、闹房茶、陪新人酒、行水茶等。现择要介绍几地结婚食俗：

湖北长阳县迎亲那一天，婿家具彩轿、仪仗、鼓乐，抱家雁，前往女家“取亲”。女家设筵席款待女婿、媒人及来宾。然后择时“发亲”。到男家后，新姑娘（当时对新娘的称呼）与新郎并立，合拜祖先，然后入房合卺（jǐn），曰“吃交杯酒”。新人入房后，主人请客人入座喝茶，新郎分次请客人看新房，客人稍坐即出，无闹房恶习。接着就是主人置办筵席款待男女两家客人，称之为“吃下马饭”。

第二天黎明，新郎和新妇一起拜祖宗、舅姑，三亲六党，称“见大小”。答拜者要送银钗、镯圈、银钱等，曰“拜钱”。是日，舅姑赐新妇席，称“陪新姑娘”；其送亲内外俱有席，曰“陪来亲”；媒妁也有席，曰“谢媒”。

第三天，新妇要“下厨房”一试手艺，并以母家所备茶果分献尊长及各位亲戚，次第相传，曰“传茶”。然后新郎陪新妇回娘家，曰“回门”。①

关于江西吉安、萍乡、永新、秦和等西部地区的婚礼食俗，马之骕所著《中国的婚俗》一书有所载述。这部著作虽出版于当代，但所载内容多为传统习俗。书中对当地婚礼中饮“交杯酒”“三朝下厨”“萍乡戏媒公”等食俗记之甚详。

当地饮“交杯酒”的风俗是：拜过天地后，新郎新娘饮“交杯酒”，饮交杯酒必须在新房里举行，所以礼成之后，儿童们一拥而入，争向新娘要“子孙果”。此前新娘必从娘家带来很多花生、栗子、豆子、瓜子、橘子等各种果品，俗称“子孙果”。由牵娘把这些果子取出放在床上，儿童们争先抢夺、抢得越多越好，预祝新人多生子女。此俗有唐代撒喜果之遗风。

中国传统社会是以园艺式农业为基础的宗法制社会，人皆以为“多子多福”“早生儿早得济”，早婚早育成为传统。婚礼中使用花生、栗子、枣子、豆子、瓜子、橘子、桂圆、百果即体现了人们的这种心态。人们利用这些食物的名称谐音或生物特性等赋予其一定的象征意义，如栗子寓立子；枣子、栗子合用寓早生子；枣子、栗子、桂圆合用寓早生贵子；花生寓既生男也生女；瓜因有结籽多、藤蔓绵长的特点，后人多以瓜、瓜子寓世代绵长，子孙万代；因橘与“吉”字音相近，民间谐音取义、以橘喻吉祥嘉瑞。

（三）寿庆食俗

长江中游地区的孩子在十岁、二十岁时由父母主持做生日；三十、四十岁一般为过渡年龄，既不做生日也不做寿；五十岁开始做寿，此后每十年做寿一次。由子孙操办，亲戚朋友要前去庆贺，并要吃寿宴。

湖南嘉禾县女婿为岳父母做寿称“做一”，即岳父母年届六十一、七十一、八十一时，女婿为之做寿。慈利县做寿的习惯是“人自五十以往，每下年但衣食

① 丁世良、赵放：《中国地方志民俗资料汇编·中南卷（上）》，书目文献出版社，1990年，第423~424页。

给者，无问男女，照例举生日觞，献寿物”。宾客为寿者庆贺之后要饮寿酒。

（四）丧事食俗

古代家中有丧事，饮食多有一些礼仪上的斋戒要求。到清末，古代早期一些严格的斋戒礼仪虽渐至简约，但仍有戒荤食素的习俗。而奔丧的宾客往往较少受限制，丧席中不仅有肉，有的还有酒。各地丧事食俗有相当大的差异，现选择几地较有代表性的丧事食俗分述之。

湖北蕲州明代丧俗，嘉靖《蕲州志》记：殡葬前数日，“盛张酒具招宾宴饮，侑以鼓乐。”清代房县民间父母丧，“七七日，不饮酒，不茹晕（荤），不出门，……举家皆庄严致斋”[1]。长阳县民间遇丧后讣告亲友，而亲友则携猪羊设盛馔等前去吊丧。有的丧家在下葬后还要建道场，“做斋”。这时亲友也来资助袱钱、箱贡、斋菜等物。[2]咸宁县的丧俗是“临葬，（亲戚朋友）赙仪相助，（丧主）必盛馔宴客，否则讪笑”[3]。清同治《安陆县志补》对当地居丧饮食之变则大发感慨：“古者父母之丧，既殡食粥，齐衰，疏食水饮，不食菜果。既虞卒哭，疏食水饮，不食菜果。期而小祥，食菜果。又期而大祥，食醯（疑为醢）酱。中月而禅（禫），禅（禫）而饮醴酒。始饮酒者，先饮醴酒；始食肉者，先食干肉。古人居丧，无敢公然食肉饮酒者；今之士大夫居丧，食肉饮酒无异平日，又相从宴集，腼然无愧，人亦恬不为怪。礼俗之坏，习以为常，悲夫！其居丧听乐及嫁娶者，国有例禁，此不复论，朱子详明载之《小学》中，俾人童而习之，如勉知戒，意深切矣。迨于今，吾未见其人也，吾未闻其语也，噫！”

这段引文讲述了古代人居父母之丧所遵守的仪礼及清代士大夫居丧不守丧礼的情况。大意是：古人居父母之丧，已经殡葬只食粥（在居丧的头三天，严格的

① 丁世良、赵放：《中国地方志民俗资料汇编·中南卷（上）》，书目文献出版社，1990年，第452页。
② 丁世良、赵放：《中国地方志民俗资料汇编·中南卷（上）》，书目文献出版社，1990年，第425页。
③ 丁世良、赵放：《中国地方志民俗资料汇编·中南卷（上）》，书目文献出版社，1990年，第370页。

连粥都不吃），在齐衰期（居丧的头一年），只食疏饮水，不食菜果。服丧一年后可以食菜果。服丧二周年后可以食鱼、肉做的酱。除服（丧三年，以二十五月计算）可以饮酒，先饮浓度不高的甜酒；开始食肉，先食干肉。古人居丧，没有敢公然食肉饮酒的；今天（指清同治年间）的士大夫居丧，食肉饮酒同平常一样，而且相从宴集，竟然毫不惭愧，别人也不觉得奇怪。从上文可知，约束饮食，从简从淡，是古人丧礼的重要内容。

湖南巴陵县民间办丧事先大殓成服，开吊三日，到了出殡时，丧家置办筵席，亲友带香楮、联幛、酒席、羊豕等前往吊丧。丧家轮请士绅行家主持奠礼，有的一二天，有的三四天，每天置办筵席以数十席计。丧席例设大块半熟肉，多的可达每人一斤，宾客都包着带回家，名曰“包肉”。清同治《巴陵县志》引《湖上客谈》云：巴陵丧葬喜行大礼，其礼全用祭礼，有省视、盥濯、灌地、燎脂、瘗（yì）毛血、降神诸节，然后“三献终之，一肝、二膰，三鱼也”。丧席菜品以海参为最高档次，另外有包肉或胙肉，每位客人数斤。客人一住几天，人以为苦。南山有的随湘阴风俗，兼用盘碟小碗，像官家样式，没有包肉和胙肉。有的图省事，以大礼行之于夕奠，第二天早上出殡，主客两便。“最喜乡人泛宾一吊，即席便去，惟苦乞儿作闹也。荷塘夕奠有祖饯礼，自子侄亲宾皆持一杯为饯，列筵竟丈余，以为大有古意。”

江西新建县的民间丧俗是人死先入殓，葬无定期。亲友皆赴吊，“设食以食，曰‘上殓饭’。”下葬后，还要用草把在墓旁燃烧三天，移之为死者“送火”（大概是担心死者在另一个世界里如果没有火可能吃不到熟食的缘故），三天后，用酒菜祭墓，称之“关山”。[1]

江西崇仁县的民间丧俗是死人出殡之日，九族皆至，丧家大设筵席，“有费二三百金者”，谓之“关风饭”。开吊期间，主人家在“七七”内设素饭待客，在“七七”外则设荤饭待客。[2]

---

① 丁世良、赵放：《中国地方志民俗资料汇编·华东卷（中）》，书目文献出版社，1992年，第1061页。
② 丁世良、赵放：《中国地方志民俗资料汇编·华东卷（中）》，书目文献出版社，1992年，第1124页。

四、祭祀食俗

（一）官府祭祀

《左传·成公十三年》："国之大事，在祀与戎。"《礼记·祭统》曰："礼有五经，莫重于祭。"历代帝王都将祭祀当国之大事办理。地方政府亦重视祭祀活动。至清代，长江中游地区由官方主持的祭祀活动已相当频繁，诸如风云雷雨山川城隍坛、文庙、关帝庙、龙王庙、火神庙、贤良祠等，每年均要隆重致祭。下面据光绪《湖南通志》对其中几种祭祀所供祭品加以介绍。

1. 祭风云雷雨山川城隍诸神

每年春秋仲月上戊日合聚，诸神共一坛。风云雷雨居中，帛四；山川居左，帛二；城隍居右，帛一，俱为白色。陈设的食物祭品为：菁菹、韮菹、鹿脯、醓醢（tǎnhǎi，带汁的肉酱）、稻、粱、和羹、黍、稷、形盐、鳊鱼、枣、栗、豕、羊。

2. 祭五圣及十二哲

官方祭五圣及十二哲的地点在文庙。用来祭祀多位圣人及先哲。内殿所用祭品与正殿相似，只是品种稍少。祭祀的时间为每年春秋仲月上丁日。给至圣先师孔子神位进供的祭品是：帛一（白色）、牛一、羊一、豕一、登一、铏二、簠二、簋二、笾十、豆十、酒罇一、白磁爵三。陈设的食物祭品为：笋菹、青菹、韮菹、鱼醢、鹿醢、醓醢、脾析、芹菹、豕柏、兔醢、和羹、稻、粱、太羹、黍、稷、形盐、鳊鱼、枣、芡、栗、鹿脯、榛、白饼、菱、黑饼、豕、犊、羊。

除祭祀孔子的主位以外，还有四个配位：东配为复圣颜子、述圣子思子，西配为宗圣曾子、亚圣孟子。祭品：帛一（白色）、豕一、羊一、铏一、簠二、簋二、笾八、豆八、酒罇一、白磁爵三。陈设的食物祭品为：芹菹、韮菹、兔醢、笋菹、鱼醢、醓醢、菁菹、鹿醢、和羹、稻、粱、黍、稷、形盐、榛、鳊鱼、菱、枣、芡、栗、鹿脯、豕、羊。

十二位先哲的祭位：东六位为闵子、冉子（雍）、端木子、仲子、卜子、有子，西六位为冉子（耕）、宰子、冉子（求）、言子、孙子、朱子。祭品为：帛一（白色）、豕一、铏一、簠各一、簋各一、笾各四、豆各四、豕首一、白磁爵三。陈设的食物祭品为：芹菹、韮菹、兔醢、鹿醢、稷、和羹、黍、形盐、栗、枣、鹿脯、豕、豕首。

由上述情况可知，食品在祭祀中的地位是非常重要的。

3. 祭关帝

每年春秋仲月及五月十三日都要祭祀关羽。春、秋时节的祭品有：帛一（白色）、牛一、豕一、羊一、登一、铏一、簠二、簋二、笾十、豆十（后殿不用牛，余同）。五月十三日的祭品有：帛一（白色）、牛一、豕一、羊一、果五盘。春秋二祭陈设的食物祭品为：笋菹、青菹、韮菹、鱼醢、鹿醢、醓醢、脾析、芹菹、豕柏、兔醢、和羹、稻、粱、太羹、黍、稷、形盐、鳙鱼、枣、芡、栗、鹿脯、榛、白饼、黑饼、豕、犊、羊。

从上述几例官府祭祀所呈供的祭品分析，祭祀所用的饮食品大致可分为六类，即主食类，腌菜、鱼肉酱菜类，鲜肉类肴类，羹菜类，果品、鱼肉干、点心类，酒类，非常丰富。

特别是腌菜、鱼肉酱菜类更是品种繁多，如笋菹，是由竹笋腌制而成；菁菹，由蔓菁腌制而成；韮菹，由韭菜腌制而成；芹菹，由芹菜腌制而成；鱼醢，是鱼肉制成的酱；鹿醢，是鹿肉制成的酱；醓醢，是一种带肉汁的酱；脾析，是用牛百叶制成的酱；豕柏，是用猪胁部肉制成的酱；兔醢是兔肉制成的酱等等，展示出鲜明的地域祭品特色。

（二）民间祭祀

1. 祭祖

长江中游各地区民间祭祖的时间和使用的祭品差异不大，湖北通城县的祭祖之礼是：每姓各建宗祠。每年元旦燃香烛、以茶酒告祖。初二日，通族集聚在公祖祠堂举行赞礼。社日前，祭新葬先冢。清明节前后，备香楮、猪肉、酒菜上坟祭祀历代先祖。立秋之时，煮新米饭告祖尝新，七月中元，十一日，迎祖献饭；十四、十五日晚，烧楮钱包裹送祖，称之为“化钱”“化袱”。除夕，燃香炉，用酒馔奠祭神祖，称之“辞年”。在高、曾祖考妣的诞辰，穿吉服，具馔奠祖。在其忌辰（即去世之日），则穿素服，致斋具、献酒馔醮奠。各姓祭祖，多在秋冬之间举行，每五年、或十年、二十年、三十年，会集全族子孙，按门分派猪羊，所用牲畜可达百余只。祭祖完毕，将猪羊均分燕饮。①

江西武宁县民间每逢佳节都要治办酒肉祭祖。清明，治粔籹、酒肉上墓，鸣金扫墓，并向观看的小孩撒果品。上元节、中元节均要以酒菜祭祖，重阳后聚族祭祖，并要演戏燕饮。②

江西都昌县民间的祭祖分：春扫墓，各户在清明前数日备酒肴至祖先墓所扫墓，有时集中族人，备羊豕、鼓乐，读祝致祭，谓之“醮坟”；秋烧纸祭于寝，农历七月初一起，每天供食馔如同祀奉祖先正常饮食一般，谓之“接祖宗”，七月十五日的前三天，备酒肴，焚冥钱，谓之“送祖宗”；生日则庆、忌日则哀，凡高祖考妣生辰忌日，均上香、点灯，供酒肴拜荐；逆望参，每逢各月初一、十五日，早上香、午供饭、夕点灯，皆参拜，元旦和上元节则燃烛放花炮，与其他月不同；荐新，如立春献春菜盘，孟秋择日备酒肴荐新谷，如生前度新日；俗节则献以时食，如端午节献角黍、菖蒲酒，中秋节献月饼等。③

2. 对诸神的祭祀

民间所祭之神很多，有奉人们信仰中的“真神真仙”的，有奉前代帝王的，

① 丁世良、赵放：《中国地方志民俗资料汇编·中南卷（上）》，书目文献出版社，1990年，第377页。
② 丁世良、赵放：《中国地方志民俗资料汇编·华东卷（中）》，书目文献出版社，1992年，第1085页。
③ 丁世良、赵放：《中国地方志民俗资料汇编·华东卷（中）》，书目文献出版社，1992年，第1087~1088页。

有奉前代名臣名人的，也有奉各行各业先祖的。不过所祭最广的主要是社神、财神和灶神。

（1）祭社神　社神，即土地神。楚地祭社神之俗先秦已有，至清代长江中游地区仍有广泛的祭社活动。旧时农民认为农田林果收成好坏与土地神有很大关系，因此，农家在年节和收成时，以及六月初六的“土地公生日”时都要祭祀土地神，祈求丰收。如湖南永州府宁远县民间每逢春、秋两社，乡村各有社会，或十余人，或数人，备牲酒祭社。祭品有黍稷诸品，民间认为祭社之饭给小儿食用可以“启聪明，兼消关煞”。春社从简，惟秋社最丰。①

（2）祭财神　祭财神之俗各地均有，其中以商家为盛。民间为正月初二（南方为正月初五）祭祀，多供三位财神，即关圣大帝、玄坛赵元帅和增福财神。每到春节正月初二或初五时，人们大开门户，燃香放炮迎接财神。长江中游地区一般在正月初五祭祀财神，认为财神即五路神，即东西南北中五路，出门皆可得财。供品多为羊肉、鲤鱼、公鸡、年糕等。

（3）祭灶神　祭灶神的时间是在腊月二十三（送灶）和除夕夜（接灶），灶糖是必不可少的祭品，具体情况在“岁时节令食俗”部分已有叙述，此处不再赘言。

除此之外，各行各业均有所祀的祖师先贤，如豆腐及粉行祀淮南先师（即汉代淮南王刘安，相传刘安发明了豆腐），铁匠祀太上老君（即周代李耳，以有八卦炉之故），面食业祀关帝，药材业祀孙思邈（俗呼药王菩萨），酒业祀杜康，饼业祀眉公（即白眉神），茶业祀陆羽，木匠祀鲁班等。

① 丁世良、赵放：《中国地方志民俗资料汇编·中南卷（上）》，书目文献出版社，1990年，第573页。

第七章

清末至中华民国时期 名店美食繁花似锦

清末至民国，在急剧变化的社会环境中，长江中游地区的饮食文化得到了快速发展。多个城市的开埠，活跃了食品的进出口，从而促进了餐饮业的发展和兴盛。这一时期长江中游地区的各种菜品的风味流派各领风骚，名菜、名点、名酒、名茶争奇斗妍，食俗也随之发生嬗变。

第一节　多城开埠后食品进出口活跃

19世纪以来，长江中游地区有多个城市开埠，如湖北的汉口，湖南的长沙、岳阳，江西的九江等，自此，极大地促进了这些地区的进出口贸易，使海产品、牛肉、香料、洋酒、食糖等食品大量涌入，茶叶等特产也随之输出，从而丰富了长江中游地区民众的饮食结构，也为餐饮业的发展提供了新的原料来源。

一、湖北汉口开埠后的食品进出口交流

1. 国外海产品的输入

公元1861年湖北汉口开埠后，东南亚海产品成批输入武汉。清同治十三年（公元1874年），经销“东洋”海味的上海东源行派人来汉，设海味专号，专营海味品批发。1898年，日本的海产品开始直输汉口，由三井、伊藤忠等洋行经销。后经销海味的店铺不断增加，形成“两洋海味，闽广杂货”的浙宁帮，“糖盐海味，闽广杂货”的咸宁帮和“车糖海味，闽广杂货”的汉帮，使汉口一度成为南洋海味和川糖的贸易中心。

据《湖北近代经济贸易史料选辑》之“水产品贸易”载：清末汉口大量输入海味，消费遍及城乡。汉口地区水产之需极为普遍，“无上下贵贱之别，用于日常之食膳与猪肉相似。其份额约达百二十万两，每年且有增加”。海产品来源于日本、朝鲜、南洋，以及中国的宁波、福州、汕头、广东等处。

汉口主要输入的海产品为海带、海参、干鱿（含墨鱼）及洋菜等，这些海产品绝大部分由汉口居民所消费。尤其是干鱿及墨鱼，非常为汉口居民所好。使得湖北汉口及周边地区的饮食结构中海产品增多。

2. 牛羊肉的输入

湖北居民素以食用猪肉为主，牛羊肉相对较少。清朝时期，为保护耕牛以利农耕，清政府禁宰耕牛。据《武昌牛业的一些记忆》载：“那时宰户，三两日宰头肥牛，每头牛肉分割32块挑卖。县官一日两次出巡，卖牛肉的要躲过县太爷以后再卖，天气干旱禁宰较严，对被抓到的牛贩、肉贩，可以判坐牢的。”汉口开埠后，外商外侨大量涌入，又有不少外国水兵，这时欧风东渐，四洋杂处，以牛肉为食品大宗。清政府始放宽禁令，准许省内武昌、汉阳、汉口和宜昌、沙市、武穴、老河口等七个通商口岸宰牛及贸易。这一时期牛肉食品开始增多。

回民定居武汉后，牛肉食品有了新的发展。据当地“伊斯兰教协会”提供

的资料，回民内迁武汉人数较多的有两次，一次是1866年，清陕甘总督左宗棠继攻打捻军之后，率军镇压西北回民军，纵兵残杀回民，回民南逃而来；另一次是1906年河南周口地区黄泛成灾，该地回民中的部分小商贩，携家带眷来汉落户。回民的增多，加大了对牛羊肉的需求，从而促进了牛羊肉的输入。

3. 调味料、茶、酒的输入输出

湖北所需食糖、食盐、香味调料主要依靠外输。清末民国时期糖类货源主要来自上海口岸和广东地区，以及川、赣等地。当时武汉市场的食糖有日商、英商运销的车糖和香港糖，华侨运销的荷兰糖，还有国产广州、潮州的货源食糖的普遍使用，促进了糕点、糖果食品的发展，也使许多湖北菜具有咸鲜回甜、纯甜或酸甜的特点。

湖北菜中的卤菜和微辣菜大多须加胡椒调味，故进口胡椒所占比例较大。

湖北是产茶大省，而汉口为中国茶叶的主要集散地，是全国“三大茶市”之一。汉口运销的茶叶，主要为红茶、绿茶和砖茶三种。绿茶主要行销国内，红茶和砖茶主要出口外销。

酒类的输入。清末民国时期，武汉居民饮用和作调料的酒主要有湖北产的汾酒、南酒，江浙产的绍酒，以及从国外输入的洋酒等。汉口开埠以来，即有“洋酒”在此销售。经销进口酒的商号有金迩、天利、美丰等洋行，除售给武汉三镇的外侨外，多转由西菜馆、大酒楼、酒吧间和高级食品店零售。进口酒品种繁多，销路最广的是啤酒，其次是白兰地、威士忌、香槟酒等，再次为清酒、汽酒、汤姆酒等。

二、湖南长沙、岳阳开埠后的食品进出口交流

湖南长沙、岳阳开埠后，食物的输入输出品种与湖北相似，湖南省在清末民国时期的省外贸易主要经长沙、岳阳两埠进行。清末至20世纪30年代的食物原料

交流，促进了湖南菜点的发展，湖南菜点的格局也在此阶段初定。

1. 海产品的输入

湖南省河湖众多，盛产鱼虾，淡水鱼鲜可满足当地居民生活所需。历史上湖南菜中没有或少有海味菜，但自鸦片战争以后，海参、鱼翅等开始进入宴会、筵席之中。清末以后，海产品大量输进湖南，居民食用海味菜呈普及之势。据民国二十三年（公元1934年）《湖南经济调查所丛刊》所载“湖南之海关贸易”一文云：湖南海产品不断增加，且60%以上为从国外进口的洋货，民国二十年（公元1931年）输入土货（指中国海产品）不过二十六万两，而洋货达四十余万两（指进口价值，关平两）。

在进口的海产品中，数量最大的为海带类，占洋货进口总数70%以上；其次为海参，占20%；其他干贝、鱿鱼、墨鱼等，共不及10%。海带类包括海带、海菜及石花菜，90%由日本等地进口。海参有黑白两种，黑者来自朝鲜及日本，白者来自南洋。黑海参为大众消费品，占海参进口数量的70%以上，基本上由日本进口。

2. 粮食的输入输出

湖南省粮食进口以杂粮为多，平时输入较少，每逢天灾，即有数10万担进口，进口粮食以小麦、高粱为主。进口粮食的粉类几乎全是面粉，其他粮食粉类每年只有数担或数十担，微不足道。民国元年（公元1912年）时的面粉输入尚不过2万担，但到了20世纪30年代后，已增至20万担上下。据1933年统计，湖南省的小麦消费量为5万万斤，折合面粉在400万担以上。

清末民国时期湖南谷米输出额锐减，输入面粉等旱杂粮增加，促进湖南面点制作技术的提高及品种的增多。

3. 调味料、茶叶的输入和输出

湖南省从国外进口的调味料主要有砂糖和调味料。

进口的外国糖主要有赤糖、白糖、车白糖、冰糖四种。赤糖是指荷兰标准第十号以下的红糖，多由南洋一带进口；白糖是指荷兰标准第十二号以上的糖，多由爪哇及日本进口；车白糖是指荷兰标准第二十五号以上的糖，俗称“精糖”，经香港怡和或太古公司精炼后运来；冰糖即结晶糖，输入湖南省较少。

调味料的进口自清末民国初年始逐渐增加，至20世纪30年代，年输入量已达20万两关银以上。在所输入的香料“洋货”中价值最大者为胡椒。此外，还有八角茴香、砂仁、豆蔻、肉桂、丁香等。湖南居民自20世纪初开始越来越注重食物的调甜、调香，因此湖南菜中的一些品种变得更加甜起来，更加香起来。

湖南产茶素丰，早在唐宋时期便有茶叶输出，迄至清光绪初年，每年输出之茶，销售汉口者达90万箱，后因印度、斯里兰卡茶业发展，湖南茶的销路日渐缩减，至光绪末年出口仅为40万箱。民国以后，又时增时减。湖南出口之茶以红茶为最多，黑茶次之。红茶的国外消费对象主要是俄国，黑茶则销售我国西北各省及内外蒙古等处。

三、江西九江开埠后的食品进出口交流

江西九江开埠通商是江西近代历史上的重要事件，它为相对封闭的江西地区开启了对外接触的窗口，同时也对江西腹地的社会转型产生了重大影响。进出口贸易使江西地区农产品商品化的程度提高，产业结构得到局部的调整，乃至对江西地区的近代工业化也起着催化作用，使其逐渐向近代化方向转型。[①]

五口通商前，江西货之出入并不很多。五口通商，尤其是九江开埠以后，情况发生了变化，与鄱阳湖及九江相连接的赣中、赣北地区成为江西进出口贸易的主要渠道。相应地市场重心亦随之向赣北转移，这使省会城市南昌的地位日显突出。江西出口土货以此聚集而至九江出口，进口洋货亦以九江入口至南昌分销各处。

① 陈晓鸣：《九江开埠与近代江西社会经济的变迁》，《史林》，2004年第4期。

江西物产丰富，许多特产均可出口，“赣省土广肥沃，农产之富，甲于长江各省，除瓷器、茶叶、木材、纸张、夏布五特产外，余如粮食、棉花、烟叶等亦为农产之大宗”①。

九江开埠通商以来，其茶叶出口量猛增，催生出许多新的产茶区。使“江西省沿鄱阳湖的产茶区，在最近五十年中，已发展为一个很重要的茶区，所有婺宁及宁州茶都是这个地区出产的，并且大量输送欧美”②。由此而出现了以修水、武宁为主体的宁红茶销售市场。“故该地生产以茶叶为大宗，居民十之八九，赖茶为生”③。

九江口岸进口的主要是砂糖、海产品、染料等食品、用品，以及棉布、棉纱、火柴等机制洋货。④

第二节　餐饮业的迅速发展与特色

一、饭店茶馆的发展与兴衰

南北朝以来，随着中国经济重心的南移，南方经济水平不断上升。长江中游地区的城镇数量不断增多、规模不断扩大，餐饮业随之发展和繁荣起来。到清末，餐饮业已经形成相当规模。但随着时局的发展变化，出现了有兴有衰的发展态势。

1. 湖北武汉餐饮业的繁荣与衰退

早在唐宋时期，湖北武汉的餐饮业已日渐繁盛酒楼渐多。罗隐《忆夏口》

---

① 《经济旬刊》（第1卷），1993年第9期。

② R.Protune：A Residece among the Chinese，P393。转引自陈晓鸣：《九江开埠与近代江西社会经济的变迁》，《史林》，2004年第4期。

③ 国民政府实业部上海商品检验局编：《江西之茶》，1932年印行。

④ 日本东亚同文会编：《支那省别全档·江西省》第2编《九江府城·生业》，1918年。

记汉阳酒楼："汉阳渡口兰为舟，汉阳城下多酒楼。当年不得尽一醉，别梦有时还重游。"宋范成大《吴船录》记武昌："南市在城外，沿江数万家，廛闬（chánhàn）甚盛，列肆如栉，酒垆楼栏尤壮丽，外郡未见其比。"明末夏口（汉口）商业日渐繁荣，餐馆业相应发展。清初，武昌"酒楼临江开竹屋，当垆小姬能楚曲"。至清道光年间已有相当规模，并出现了行业的细分，如已有了菜面馆业、豆丝业、酒店炒菜业、包席赁碗业、面业、素菜业、杂碎馆业之分；不同风味的酒楼和名菜逐渐兴起；风味小吃已很普遍。叶调元《汉口竹枝词》中有"水饺汤元猪血担，夜深还有满街梆"，"鳊鱼肥美菜薹香"的记载。此外，还有野味及海味佳肴。

汉口开埠后，随着经济和市场的繁荣，各种类型的餐馆纷纷入鄂。不仅有京、苏、川、粤、浙、宁、徽、湘等风味的餐馆，还有经营英、法、德、俄各式西菜西点的西菜馆和经营日本菜肴的料理馆。20世纪20—40年代，因自然灾害和战乱，武汉餐馆业起伏跌宕。据1933年《实业统计》，在1931年武汉水灾后，各业萧条，以经营高档筵席为主的汉口中西菜馆歇业21家；酒饭面馆和熟食小店也分别歇业了47家和51家。"一·二八"事变，江浙时局不稳，上海、南京、安徽等地的厨师来汉开馆，仅徽州菜馆就由16家增至42家。抗日战争初期，武汉城市人口陡增，外出就膳需求扩大，餐馆业盛行一时。武汉沦陷前夕，餐馆业纷纷停业。日军侵占武汉后，伪市政对餐馆实行物料配给，复业户虽不少，但营业清淡，勉强维持。抗日战争胜利后，大批餐馆复业或新开，接近战前的水平。不久因苛捐杂税和通货膨胀的打击，业务衰落。1949年4月21日《汉口商报》载："熟食业因受时局不清，市面萧条之影响，一般人购买力几乎已降至零度，营业实在无法继续，所有微弱资本已亏耗殆尽。该业各会员纷纷宣告停业，所留无几"。这一时期的餐饮业，始终是伴随着时局的变化而兴而衰的。

茶馆业的发展状况。记载汉口茶馆最早、最详的文献是清道光年间范谐的《汉口丛谈》和叶调元的《汉口竹枝词》。当时汉口西郊的后湖是游览胜地，几十家茶馆星罗棋布，相传湖心亭茶楼最早，白家楼茶馆最著名。还有涌金泉、第五泉、翠芗、惠芳亭、丽亭轩、楚江楼等近10家茶馆，都分布在雷祖殿、龙王庙一带。遍及全镇、街头巷尾的茶馆生意兴旺，自晨开店，营业到深夜。特别是汉口开埠后，商业逐渐繁荣，茶馆、茶摊日益增多，原来专供休息的茶园成为商贾洽谈生意的处所，手工业者也聚集茶馆接活觅业。

1929年下半年，国民党汉口市党部对茶馆业进行调查，在《关于茶馆的调查》报告中说："茶馆是市民聚会最方便而最适当的地方，所以茶馆成为本市最发达且最多的营业……"于是提出加强"休闲教育"，在汉口、汉阳设立六所"民众茶园"。30年代初，因水灾的破坏，武汉百业萧条，工厂商店纷纷倒闭，失业闲散人口涌入茶馆，或打听行情、寻找就业机会，或消磨时间，在不景气的经济生活中，茶馆生意反而格外兴隆。武汉沦陷时，茶馆业受到摧残。抗战胜利后，虽有所恢复，但由于苛捐盘剥，通货膨胀，至1949年春，三镇茶馆倒闭300多家。①

2. 湖南长沙餐饮业的兴起与湘菜的传播

明清时期，湖南的交通日渐开拓，商旅兴旺，茶楼酒馆、小吃店遍及全省各地，就连湘北的城镇津市，也已是餐馆、酒楼迭现。到了清末，五口通商，海禁大开，岳州（今岳阳）、长沙开埠，商旅云集，市场繁荣，茶楼酒馆遍及全省，湘菜的独特风味也初步形成。当时，湖南出现了一批声名显赫的权贵，他们竞相雇用高级厨师精制湘菜供其享用。豪商巨贾也群起仿效，美食之风大为盛行。长沙、岳阳还成立了筵席行会，定有经营条规。长沙城内陆续出现了"轩帮""堂帮"两种湘菜馆，前者派厨师至民家，承制酒宴；后者则经营堂菜，开市揽客。由于交通方便，客商增多，堂帮生意日益兴旺，逐步形成了"式宴堂""旨阶堂""铋香居""庆星园"等十大菜馆，并出现了多种烹饪流派，著名的有戴（明扬）派、盛（善斋）派、肖（麓松）派和组庵菜派等。②曲园、玉楼东、奇珍阁、潇湘、挹爽楼、李合盛、火宫殿等餐饮名店曾盛极一时。后来，堂帮的经营范围

① 武汉地方志编纂委员会：《武汉市志·商业志》，武汉大学出版社，第768~782页。

② 湖南省蔬菜饮食服务公司：《中国名菜谱·湖南风味》，中国财政经济出版社，1988年，第2页。

越来越广，从业人员也越来越多，一些商贾和官衙的厨师相继开设菜馆，各自以拿手的招牌菜招徕顾客，促进了这一时期湖南餐饮业的繁荣和发展。

清代，湖南小吃已从民间家庭制作转向商业性经营，据清末出现的《湖南商事习惯报告书》中介绍，当时湖南小吃就分有米食、面食、肉食、汤饮、鲜食、豆制品等类，数十个品种，市肆出现“朝则油条之类，夜则河南饼之类，皆提篮唱卖。又有饺饵担，兼卖切面、汤圆，夜行摇铜佩、敲小梆为号，至四五鼓不已”的景象。

清末还出现了公共食堂。食堂一般经营大众化食品，主要为较大的机关团体、寄宿学校、工矿企业和军队营盘所设，以供职工、师生和士兵日常就餐之需。城镇餐馆酒楼和食堂的崛起，逐步使餐饮业走向社会化、集团化，促进了厨师之间的竞争和交流，使得湘菜更加丰盛、多样，烹调技术和理论日臻成熟，加快了湘菜体系的定型，扩大了湘菜的影响。

民国初年，经营餐馆酒楼者日益增多。据1922年《长沙市场》调查，酒席业原有65家，时存49家。玉楼东、潇湘酒家、飞羽觞酒楼等名店都是民国时期创办的，门店排场讲究，烹饪技艺精湛，风味独特。除长沙外，衡阳、湘潭、邵阳、岳阳、常德、益阳、津市、郴州等较大城镇，餐馆酒楼业均有发展。就连僻处五岭山脉丛壑中的汝城县，至20世纪30年代也是筵席馆林立。

抗日战争爆发后，长沙饮食业受挫，1938年11月的文夕大火，使玉楼东、奇峰阁、火宫殿、挹爽楼等一大批名店烧毁。1944年长沙沦陷，饮食业更是一蹶不振。抗战胜利后，有的酒楼一度复业，但终因历经烽火，人员四散逃难，各店门前冷清，业务顿减。不过，饮食业的发展逐渐转移至一些未受战火波及的地区。如在衡阳，各方人士逃难至此，人口激增，发展成为省内第二大城市，酒席业曾一度达到80余家，较战前增加8倍，所有酒家每日从早至晚，座无虚席。民国时期，随着近代工矿企业、新式学堂、新军兵营以及团体机关的发展，易做快食、方便携带的面点类食品逐渐增多，如馒头、面条、粉丝以及包点、细制点心和饼干等在市场上多有出售。并且在省内还出现了著名的面馆、粉馆，如长沙有甘长顺、杨裕兴等面馆，和记、杨春和、半雅亭等粉店；衡阳有杨裕兴、九如阁等面馆；津市有刘聋子牛肉粉店；益阳有盛光保粉店。此外，还应运而生了品种多样、风味独特、价廉物美、食用方便的小吃店群，以满足普通市民的日常饮食需求，如长沙著名小吃店群“火宫殿”。

民国期间的湖南茶馆也非常兴盛。抗日战争胜利后，长沙市有茶馆170余家。民国时期长沙著名的茶馆有徐松泉、半江楼、普天春、洞庭春、五芳斋等家，一般悬牌“山水名茶、时鲜细点”招徕顾客。

晚清民国时期湘菜的快速发展、传布全国，是与湖南省军事、政治、文化等方面名人的喜好及推广分不开的。如清末湘军始创者曾国藩为清剿太平军而转战江南各省，十多年中，湘军伙食以湘菜为主，将湖南口味传布各地，带动了湘菜的传播和发展。左宗棠（湖南湘阴人）率领湘军转战西北边境。把湘菜带到西北各省。而使湘菜作为一大菜系成名的，则是在20世纪的前半期。民国十一年（1922年）以后，南京、上海、重庆、贵阳等地先后开有湖南菜馆。尤其是抗战期间，长沙沦陷，一些餐饮从业人员迁往重庆、贵阳、云南等地，开设了曲园、潇湘、盟华园等湘菜馆，既服务于迁徙他乡的湘籍人士，又使当地的食客品尝到了正宗湖湘风味的菜肴，从而弘扬了湖湘的饮食文化，使湘菜闻名遐迩，确立了湘菜在全国菜系中的地位。

3. 江西南昌餐饮业的曲折发展

清末民初，江西餐饮业的发展以南昌地区为代表。当时京、苏、川、粤、浙、湘、鲁、滇等各地特色菜，以及清真、素菜和西菜餐馆逐渐在南昌出现。大、中、小型餐馆大多分布在中山路、胜利路、杨家厂及民德路中段。杨家厂有大众、龙门、青年会、普云斋、嘉宾楼、松鹤园等中西菜馆；民德路中段有长安、迎宾楼、滇南餐厅、西线川菜馆、万和楼等。而提供快餐的饭馆多分布在车站、码头。[①]

---

① 顾筱和：《1978年以来南昌餐饮经济的变迁与趋势》，南昌大学硕士论文，2006年6月，第1~45页。

到民国二十五年（1936年），南昌的饭馆有100家，中西菜馆有20家，餐饮业发展形势较好。但民国二十八年（1939年）抗日战争期间，南昌沦陷，大部分饮食店关闭或迁往内地。民国三十四年（1945年）抗战胜利，饮食店纷纷迁回复业，到民国三十六年（1947年）饮食店有327家。①

民国时期南昌市餐馆的经营形式呈现多样化，有店堂营业，承办筵席；预约饭菜，送菜上门；厨师上门置办婚宴等。资金运转采用现金结账、往来赊销、定期结账结合的办法。餐馆在经营中突出特色，以质取胜，形成招牌菜。如“普云斋酒家”的“北京烤鸭”，“佳宾楼”的京菜，“北京时鲜楼”（后改“北味时鲜楼”）“万和楼”（后改“清真万花楼”）经营的风味菜点，均在南昌享有盛名。此外，“天津馆”“罗扒馆”以“扒肥肠”著名；“六扒馆”以北方菜肴著名，“松鹤园”以“松子鱼”著名，“大三元”以粤菜著名，“滇南祥记馆”以“过桥滑米线”著名，“狗不理”以包饺著名，“觉园”以素菜著名。

二、各类餐馆的经营特色

清末至民国时期，长江中游地区已有着各种不同类型的餐馆，高低档兼备，南北菜齐全。如有餐馆酒楼、饭馆、小吃店、包席馆、西餐馆及茶馆等。各类餐馆经营定位准确，经营特色鲜明，下面以武汉餐饮业为例加以说明。

1. 大中型餐馆酒楼

民国初年，武汉的餐馆已具备“中西大菜、南北筵席”的各色风味，共有鄂、粤、川、湘、徽、苏、浙、闽、京、津和清真、素菜、西菜13个帮口。20世纪20—30年代，始按餐馆规模等条件划分等级，1934年的《调查与统计》将全市餐馆分为上、中、下三等；20世纪40年代又细分为甲、乙、丙、丁、戊、己六个

① 江西省政府统计室编：《江西年鉴》，1936年。

等级。民国年间，武汉大、中型酒菜馆逐步增多，各帮风味荟萃，其业务以各色风味酒席、菜肴为主，兼有小吃、点心等，一般有1~3个楼面的餐厅，陈设雅致，配以字画花木，爽洁宜人；大型餐馆还备有银铜台面和牙骨、细瓷等高级餐具；服务人员仪表整洁，按照规范迎接顾客，接待程序为安座奉茶、介绍菜点、摆设餐具、上菜递巾、代客结账、礼貌送客等。主要经营方式有：坐堂营业，招客上门；出堂下灶，上门服务；来碗购买，来料加工；往来赊销，定期结算；广告宣传，发行礼券；提供礼厅，代为请客；跑街（业务员）上门，网罗生意。

2. 饭馆

饭馆有科饭馆、扒笼馆和一般饭馆三种。

“科饭馆”是以供应小菜饭为主的夫妻店，常年经营大锅炒的素菜和小荤菜，如干子、千张、烧腊、炸小鱼等品种；夏秋卖凉菜，冬天供应骨头熬萝卜，这里是贫苦劳动者聚餐、小酌的地方。

“扒笼馆”是以笼蒸菜肴为主，故名；菜肴以猪头肉、腊猪头肉、蹄膀、蹄花、黄鳝鱼、鲢子鱼等为主要原料；蒸鱼、蒸鸡、蒸鸭、蒸丑（牛肉）、蒸膀、蒸蹄花、蒸糯米圆子等品种是其名菜；规模稍大于科饭馆。

“一般饭馆”即通称的饭馆，是以鄂菜为主的饭铺；供应蒸菜、炒菜和大路菜，可置办酒席，规模、技术居“科饭馆”和“扒笼馆”之上，逊于酒楼。

3. 小吃店

自清末以来武汉已有烧腊店（卤菜）、粉面馆、牛肉馆、甜食馆、油条馆、饼子店、汤包馆、水饺馆、煨汤馆等，经营本地和东、南、西、北各地方小吃。其中有许多品种享誉一方，名目众多的风味熟食小吃店遍布武汉三镇大街小巷，这些小吃店除就地生产零售外，还批售小贩走街串巷。

4. 包席馆

包席馆专门应顾主约订上门操办筵席。武汉包席馆是由宋代专为官府贵家宴会服务的“四司六局”的基础上演变而来的。一般有门面、字号，无店堂；备有炊具、餐具，有厨师、跑堂、出行（采购）等人员。资力厚、技术强的馆子，可操办高档筵席，配备高级餐具，主要服务于达官显贵和富户，以及公司、商号；而资力较小的馆子，在技术、餐具等方面均逐次减等，则主要为一般人家操办红白喜事的中、低档筵席。另外，包席馆还经营炊、餐具出租业务，故有“包席赁碗业”之称。

5. 西餐馆

武汉的西餐馆，旧称“番菜馆”，有大、中、小三种类型。据《汉口小志》记载，1913年建成的汉口大旅馆所设“瑞海”西餐厅首开风气，对外经营西餐。此后，一江春、海天春、第一春、普海春、美的卡尔登等大型西餐厅陆续开业。30年代初、中期，中餐馆经营不景气，而西餐业务不衰，武汉著名的大中型西餐馆有26家，西餐小吃馆也盛极一时。1938年武汉沦陷前夕，西餐馆有的停业，有的西迁重庆。沦陷期间保持开业的以日本菜馆为多，较大型的有5家。抗战胜利后，1946年11月汉口申请复业的西餐馆有13家。新中国成立前，武汉的大型西餐馆都是中国人经营的，厨师大多是洋行帮厨出身，服务员也是中国人；馆子的装潢、餐具均是西洋化，主要供应公司菜（即份菜或套餐），也供应点菜。西餐馆多做下午和夜间生意，有的送菜上门。外国人经营的西餐馆均开设在租界内，主要为外轮水手和侨民服务；菜肴大半为俄式。外侨的俱乐部也承做西餐，如英国波罗馆等，均采用进口原料，风味比较正宗。外国酒吧间也有西式菜点供应。

6. 茶馆

武汉的同业公会根据茶馆的规模划分了等级：25张茶桌以上的是甲等，15~25张茶桌的是乙等，5~10张茶桌的是丙等，5张茶桌以下的是丁等。甲等大茶馆多设于闹市，多集中于汉口，茶客大多数是做生意的商人。民国时期汉口著名的茶馆有怡心楼、汉南春、普天春、话雅、品江楼等30余家；内设雅座和普座，普座一般是方凳或条凳，茶叶中等；雅座备有靠椅、躺椅，春秋有毛

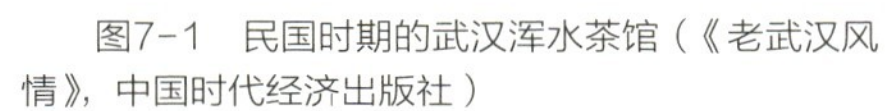
图7-1　民国时期的武汉浑水茶馆（《老武汉风情》，中国时代经济出版社）

图7-2　民国时期的武汉清水茶馆（《老武汉风情》，中国时代经济出版社）

巾，冬天有毛毯或狗皮褥，茶具雅洁，沏上等茶。乙等以下的中小茶馆房屋设备都比较简陋，遍布街头巷尾。按经营项目分，茶馆有“清水”和“浑水”两种类型。清水茶馆以卖茶为主，茶馆里不打牌不唱戏。浑水茶馆除售茶外，还有唱戏、说书、打皮影、演木偶、标会、赌博等其他娱乐活动。茶馆对拓展和传播乡土文化起过积极的作用。

三、烹饪技术特色及服务特色

这些餐饮店之所以口碑好、生意旺，是因为各家非常珍惜自家的声誉，他们以精湛的烹饪技术和周到的服务立足于业界。我们以长沙的一些饮食名店为例，总结这些名家的特点。[①]

① 何杰：《湖南饮食文化地理及其与旅游业的关系》，武汉大学硕士学位论文，2000年。

1. 菜品制作精细

清末民国时期，湘菜的烹饪技术已非常成熟，制作精细，从选料、切配到加热、调味等各个环节都十分考究。湘菜名店，多聘名厨掌勺，且不乏外籍厨师，菜品制作日益精进。在选料方面非常严格。如徐长兴烤鸭所需货源，均是年初由店方与汉寿、草尾等湖区一带养鸭户洽商，店方预交货款，议定中秋前后在长沙交货，按质议价。此外，该店还在洋湖和名龙潭设鸭场，雇有二人养鸭。养鸭的饲料也有讲究，每逢收割时新谷登场，就从大西门粮食行买进头谷，因为头谷营养足，鸭吃了壮得快。这样喂养出来的鸭，皮肥、肉嫩、味鲜，其烤鸭质量也就可想而知。

在切配上，湘菜十分注重刀工。如粗糙的牛百叶经厨师一切，细如发丝。火宫殿的“蝴蝶过海”取洞庭湖的才鱼去刺切片，鱼片薄如纸片，光鲜透亮。菜品的设置也非常巧妙，比如有一蛇三吃、一鸭四吃、一鱼三吃；洞庭湖区吃鳖有“龟肠鳖胆”的讲究，烹制鳖时，常把乌龟肠子放进去一起煮，这样搭配，有增鲜富味的作用。一些普通原材料通过巧妙搭配，也能烹出经典的湘菜来。

在加热、调味上，厨师非常重视火功。这在长沙的炒菜、浏阳的蒸菜、常德的钵子菜上体现得非常细腻。炖菜讲究先旺火后慢火，旺火断生去异味，慢火慢炖，炖出来的菜肴软烂，汤清味鲜。在调味方面，除了传统的调味品外，湖南还出现了一大批优质调味品：如长沙九如斋创制的辣椒油、菌油等。南岳雁鹅菌油被南岳僧侣视为素食的佳品，誉为“山珍”。特别是湘潭龙牌酱油，还曾于1915年获巴拿马赛会四等奖。

湘菜的制作还讲究“有味者使其出，无味者使其入”的烹饪艺术。“汤爆肚尖”就巧在用“汤”爆“入”味的技巧。用特殊刀法处理的原料经过特制的“汤”急速烫成谓之“爆”，肚尖脆嫩爽口，汤味鲜美醇厚。湘菜名菜“龟羊汤”则是“出”味艺术，选湘西山龟和浏阳黑山羊慢火煨炖而成，成汤后一扫羊肉的腥气和膻味，芬芳馥郁，咸甜适度，风味独特。

2. 服务热情周到

民国时湖南各饭馆、面粉店普遍都有饭后送毛巾、牙签、漱口水，然后送客出门的服务程序，给顾客留下了良好的印象。如徐长兴烤鸭店每有顾客进门，总是礼貌相迎，排座入席，持牌上菜，餐前，免费送一杯开水和一块香毛巾。餐后，又送上洗脸水、牙签、漱口水，付账出门喊“慢走”，还补上一句“下次多光顾”。该店在开业初期，为增强顾客的信任感，推出了一系列创新服务方式：将烤鸭、油鸡切小片块，免费让顾客试味；顾客入席，走堂者即盘托烤鸭、油鸡数只，任凭挑选，做上记号，上菜时另备小碟装标记送上，以示守信。

3. 讲究文化品位与环境卫生

饭店注重店面的文化氛围，尤以大饭馆、酒家为甚。店内普遍陈设雅致，鲜花盆景，名人书画，清雅不俗，吸引了各界顾客。光绪年间开设的曲园酒家，在长沙小四方塘黄翰林公馆内，为私家园林。前门正对走马楼，后门便是青石井，园内曲径绕塘，亭阁错落，清幽美雅，设宴于此，别具雅趣，故名“曲园”。[①]这里的园内门庭、阁柱上都悬挂着嵌有“曲园”二字的对联：“几曲栏干文结构，一园花木画精神”“一丘藏曲折，半亩壮园亭”“在城之曲，因地为园”……颇为传神。其他的饮食店也很注重文化品位，纷纷请名人撰写对联。“奇文饫铋集，珍食馔天酥。”这是光绪皇帝的老师翁同龢题赠当时湘菜名店“奇珍阁”的门联。称赞当时的“奇珍阁”美肴丰富，聚众家之长不失和，有独家之妙不离珍。“客上天然居，居然天上客。”这是清朝长沙名店“天然居”大门两侧的一副对联，如此回文妙对，堪称一绝。客人未曾消费，看过对联便能记住“天然居”，引得客人如潮。当时各地警察部门还对城市的餐馆饭店、饮食摊贩提出了一些卫生要求。如民国十九年（公元1930年），长沙市公安局限令熟食馆店“一律置备纱罩或玻璃罩，并订有取缔规则，派员随时检查”。

---

① 万里：《长沙老店与湘菜》，《文史博览》，2006年第5期。

四、一批餐饮名店脱颖而出

至民国时，长江中游地区已形成了一批餐饮名店，如湖北的老通城、五芳斋、小桃园煨汤馆、老会宾楼、冠生园、四季美汤包馆、蔡林记热干面馆、谈炎记水饺馆、祁万顺、大中华酒楼，湖南的曲园、玉楼东、奇珍阁、潇湘、挹爽楼、李合盛、火宫殿、天乐居、裕湘阁、徐长兴、奇峰阁、讌（yàn）琼园、东瀛台、杏园、紫园轩、银苑，江西的新雅餐厅等。[①]

"老会宾楼"由汉阳人朱荣臣1932年开办于汉阳，时名"会宾大酒楼"。1935年由原三民路口迁至三民路中段现址。1938年日寇入侵武汉，一度停业。1940年复业时，因一日本人也在三民路用"会宾楼"招牌开了一家餐馆，店主只好在其招牌上加了一个"老"字，抗战胜利后，老会宾楼聘请了一些名厨，生意逐渐兴盛。

图7-3　民国时期的武汉四季美汤包馆（《老武汉风情》，中国时代经济出版社）

① 长沙市烹饪协会：《近代长沙宴席业名店》，《中国烹饪》，1988年第3期。

“老大兴园”原名“大兴园”，清道光十八年（公元1838年）由汉阳人刘木堂创办，原址在汉口汉正街升基巷13号。刘无子女，收吴云山、吴宝成兄弟为徒弟，刘于1898年病故，吴云山争得了开大兴园的继承权，其弟便在大兴园隔壁开了一家“新大兴园”与之竞争。吴云山为显示自己是真正“大兴园”，民国初年在“大兴园”招牌上加上一个老字，并请夏口县知事书写“老大兴园”四字制成金字招牌，从此“老大兴园”在汉声誉越来越高。1927年吴用重金聘请“鮰鱼大王”刘开榜执厨，生意更加兴旺。1944年9月25日，“老大兴园”房屋被日军飞机炸毁，刘开榜被炸死，暂停营业。年底又在原址复业，刘的徒弟曹雨庭正式挂上“鮰鱼大王”的牌子，成为第二代鮰鱼大王。

“大中华酒楼”是由安徽人章再寿创办的，合股者有同乡18人，于1930年开业，1932年迁至武昌彭刘杨路，1935年营业面积扩大，生意始有发展。抗战期间生意萧条，1944年章弃店回乡，酒楼由其他股东维持经营。该店是徽帮风味的中型酒楼，以擅长烹调鱼菜在顾客中享有盛誉。

前面曾谈到的“曲园酒家”是长沙名店，早在光绪年间即开设于小四方塘黄翰林的公馆内，餐厅坐落在公馆的花园内，至民国八年（公元1919年），生意兴旺，便扩建为一栋三层楼的大酒家，另建有两栋平房，增设了茶点、照相、理发、澡堂、弹子房等业务，全是一流设备，如檀木餐桌、象牙筷子、银酒具、铜火锅等。由黄翰林的官厨雷银生任经理，请名厨袁善诚掌厨，还拥有丁云峰、史玉和等名厨，一时声名大振。曲园的奶汤生蹄筋、花菇无黄蛋、松鼠活鳜鱼、冬笋尖等名菜，深为顾客称道。湘菜大师石荫祥，即出自史玉和门下，得其真传。当时曲园酒家不独饮誉省内，而且扬名中外，如南京曲园、北京曲园多仿效于长沙曲园，与长沙曲园酒家都有着渊源关系。抗战胜利后，曲园曾一度复业于青年会东四楼，只因历经战火，人员四散，元气已伤，未能恢复原貌。

“新雅餐厅”为南昌名店。新雅餐厅原名“新雅亭”是一个专卖粉面的小店。老板叫郝宜春，最初只有两张半桌子（有一张桌子还是放在角落里，故称“半张桌子”）。后来郝老板把“新雅亭”搬到郝家祠堂，并改名为“新雅酒家”。雇了

30多个伙计，设有20多张桌面。当时，为了招揽更多的生意，郝老板鼓励伙计们开动脑筋，走访各家菜馆收集名菜。并对收集到的三四十种江西地方菜做了精心的加工整理，设计出了“新雅鸡”“新雅豆腐”和“新雅四宝”这三道菜。这三道菜一上市，顾客便赞不绝口，轰动了南昌市饮食行业，这三道菜便成了新雅的“三绝”。自此以后，店家生意格外兴隆。1946年下半年，郝老板拆掉了祠堂，盖了两层楼的新店，把“新雅酒家”改为“新雅餐厅”。①

第三节　名食名饮争妍斗艳

一、长江中游各地区饮食文化的鲜明地域特色

从清末至民国，长江中游地区各地的饮食文化，体现出了鲜明的地域特色。

鄂西北山岗饮食文化亚区是楚文化的萌生地，具有明显的中原食风；稻与麦、玉米等旱粮平分秋色，面制品小吃丰富；牛、羊、菌类菜颇有特色；口味偏重，多用葱、姜、蒜提香，菜肴多软烂有回味。

鄂东北低山丘陵饮食文化亚区以水稻为主粮，甘薯、豆类等为辅；以粮豆蔬果见长；菜品用油宽、火功足，口味略重，经济实惠。

长江中游平原饮食文化亚区以稻米为主，甘薯、小麦、豆类为辅；擅烹淡水鱼鲜、猪肉菜，米制小吃闻名于世；擅长蒸菜制作；煨汤技术别具一格；口味咸鲜回甜、软嫩、清鲜，山珍海味菜、艺术菜占重要地位，具水乡灵气。

江南丘陵、南岭山地饮食文化亚区以稻米为主，甘薯、小麦、豆类为辅；擅烹家禽野味和四季菜蔬；菜品的乡土味浓，色重味厚。

鄂西南、湘西饮食文化亚区稻米稍占优势，玉米、甘薯等占相当比重；具有

① 杜福祥、谢帼明：《中国名食百科》，山西人民出版社，1988年，第1214页。

鲜明的民族特色，重用山珍野味和杂粮山菜，饮食古朴粗放；擅长加工腌腊食品；口味重酸辣。[①]

二、鲜美丰富的水产名肴

长江中游地区擅烹水产菜，以鲜美的鱼虾名肴为一大特色。从清末至民国时期，形成了一大批水产名菜，代表性名菜众多，现撷萃如下。

“冬瓜鳖裙羹”是湖北传统名菜，以冬瓜球和甲鱼裙边蒸制而成。鳖骨多肉少，鳖裙富含动物胶，其味最美。有人称赞它“肉加十脔犹难比”。据《江陵县志》记载：北宋时期，宋仁宗召见江陵张景（公元970—1018年）时问道：“卿在江陵有何景？”答曰：“两岸绿杨遮虎渡，一湾芳草护龙舟。”又问：“所食何物？”答曰：“新粟米炊鱼子饭，嫩冬瓜煮鳖裙羹。”这段君臣对话说明，早在千年之前，“冬瓜鳖裙羹”便是湖北江陵美食。

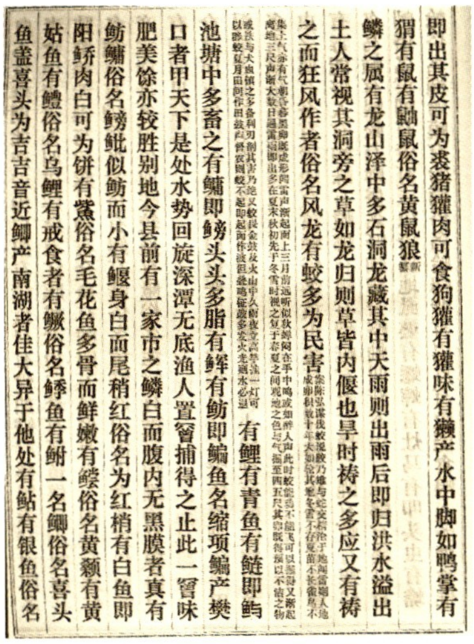

即出其皮可为裘猪獾肉可食狗獾有獾味有獭产水中脚如鸭掌有
猬有鼠有鼬鼠俗名黄鼠狼
鳞之属有龙山泽中多石洞龙藏其中天雨则出雨后即归洪水溢出
土人常视其洞旁之草如龙归则草皆内偃也旱时祷之多应又有祷
之而狂风作者俗名风龙有蛟多为民害
有鲤有青鱼有鲢即鲔
池塘中多畜之有鳙即鳑头头多脂有鲜有鲂即鳊鱼名缩项鳊产樊
口者甲天下是处水势回旋深潭无底渔人置罾捕得之止此一罾味
肥美馀亦较胜别地今县前有一家市之鳞白而腹内无黑膜者真有
鲂鳙俗名鳑鲌似鲂而小有鰋身白而尾稍红俗名为红梢有白鱼即
阳鲚肉白可为饼有鮆俗名毛花鱼多骨而鲜嫩有鲹俗名黄颡有黄
姑鱼有鳢俗名乌鲤有戒食者有鳜俗名鯚鱼有鲥一名鲫俗名喜头
鱼盖喜头为吉吉音近鲫产南湖者佳大异于他处有鲇有银鱼俗名

图7-4 《武昌县志》中关于湖北武昌（今鄂州）有鳊鱼等名产的记载（清光绪《武昌县志》）

① 赵荣光、谢定源：《饮食文化概论》，中国轻工业出版社，2000年，第75~76页。

“红烧鮰鱼”鮰鱼自古便脍炙人口。宋代文豪苏东坡谪居湖北黄州时曾在品尝过鮰鱼的美味后，挥毫写下了《戏作鮰鱼一绝》，诗中道：“粉红石首仍无骨，雪白河豚不药人，寄与天公与河伯，何妨乞与水精鳞”。

“清蒸鳊鱼”是湖北传统名菜。《武昌县志》载：“鳊鱼产樊口（今湖北鄂州境内）者甲天下。”在历史上，武昌鱼泛指湖北武昌（今鄂州市）一带所产的淡水鱼，早在三国时期就颇为有名，武昌石盆渡有古臼遗址：“孙权于此取鱼，召群臣斫脍，味美于他处。”即指武昌鱼。

“荆沙鱼糕”又称“鱼糕圆子”“鱼糕头子”，简称“头子”，是流行于荆沙一带的传统名菜。据说“头子”的来历出于五代时期，据《资治通鉴·后汉隐帝乾祐二年》记载：“后周太祖郭威即帝位之前”，“自河中还，过洛阳。（王）守恩自恃位兼将相，肩舆出迎。威怒，以为慢己，辞以浴，不见，即以头子命保义节度使、同平章事白文珂代守恩为留守，文珂不敢违。”北宋政和二年（公元1112年），“头子”定为“上天子命诸酋次第起舞”特而举行的鱼宴名菜。由于此菜软嫩鲜香，老少咸宜，直到南宋末年还流传在荆沙民间，并进而演变为对酋长和敬祖的供品。至明清时期，“头子菜”尤为盛行，凡达官贵人及富裕者，遇有“行会”“帮会”、婚丧喜事，均要以“头子”作为上等菜来款待宾客。荆沙鱼糕以鱼糕为主，与肉圆合烹，鱼糕晶莹洁白，软嫩鲜香；肉圆黄亮，滑润软糯。

图7-5　湖南名菜——芙蓉鲫鱼（《中国名菜谱·湖南风味》，中国财政经济出版社）

图7-6 江西名菜——小炒鱼

“皮条鳝鱼”是荆沙地区传统名菜，因鱼形似竹节，故又名“竹节鳝鱼”。皮条鳝鱼的称呼据说出自厨师的乳名。因沙市“义森酒楼”的掌勺名师曾友海对此菜的制作方法曾经进行过改进，使得鱼质更加酥脆，于是人们便以曾的小名“条子”称呼此菜为“皮条鳝鱼”。皮条鳝鱼形似皱皮蛇条，色泽金黄透明，外酥脆，内油嫩，味香醇。

“虾鲊”是一道湖北乡土风味名菜。鲊，是我国民间传统的储存鱼、虾、肉等食品的加工方法。汉刘熙撰《释名》：“鲊，菹也。以盐米酿鱼以为菹，熟而食之也。”北魏贾思勰所著《齐民要术》中“作鱼鲊法”，记载了用“糁”拌鱼及用倒扑坛贮藏的方法。另据民国十年（公元1921年）出版的《湖北通志》记载：“鲊，酝也。以盐糁鲊酿而成，诸鱼皆可为之。”荆楚民间制鲊之风一直盛行至今。此菜是以河虾或湖虾为主料，拌以米粉及调料入坛腌制成虾鲊后，采用炕焖法制成，成品咸、鲜、辣、香俱全，风味独特。

“洞庭鮰鱼肚”是湖南岳阳地区的传统名菜。岳阳味腴酒家烹制此菜最佳，该店为周权姐弟所创，早在20世纪30年代，就以加工洞庭湖水产闻名于业界。他们所制洞庭鮰鱼肚，软糯胜过蹄筋，味道十分鲜美。

“子龙脱袍”又名“熘炒鳝丝”，是湖南传统名菜。此菜选用拇指粗的鳝鱼为主料，去其表皮再烹制，“子龙”即小龙，意指鳝鱼状似小龙，“脱袍”即是去皮的意思，故名“子龙脱袍”。

“小酒炒鱼”。江西赣州习俗上称醋为小酒，炒鱼加醋即小酒炒鱼。小酒炒鱼与鱼饼、鱼饺三道名菜，素有“赣州三鱼”之称。

三、乡土风味浓郁的畜禽名馔

长江中游地区的畜、禽类资源历来丰富，在清末至民国时期，形成了一批用猪牛鸡鸭等畜禽制作的名菜，成菜多色重味厚，经济实惠，呈现出浓郁的乡土特色。

“沔阳三蒸”是湖北沔阳名菜。沔阳的蒸菜素享盛誉，关于“三蒸”，有多种说法。一说蒸鱼、蒸肉、蒸藕；一说为珍珠圆子、蒸白圆、粉蒸肉；还有一说为蒸“海、陆、空”，即天上飞的、水里游的、陆地上跑的都可以蒸，但以珍珠圆子和粉蒸肉最为脍炙人口。

“蟠龙菜”是湖北钟祥的传统名菜。据《钟祥县志》记载，此菜起源于明朝嘉靖年间（公元1522—1566年），县志描写了蟠龙菜上菜时的盛况：“山珍海错不须供，富水春香酒味浓，满座宾客吁上菜，装成卷切号蟠龙。”并记载了制作方法：“其质取猪肉之精者，和板油与鱼剁成肉泥，和以绿豆粉、鸡蛋清，后用鸡蛋皮裹之，皮间附以银朱，蒸熟后切成薄片，盘于碗中，红黄相间，宛然成龙形。”蟠龙菜制作精细，造型美观，味美可口，在湖北境内广为流传，在钟祥一带是“无龙不成席”。

“烧三合”是湖北黄陂传统名菜。相传明崇祯十五年间（公元1643年），农民起义军领袖闯王李自成率部由襄阳出发，攻占黄陂县城。当地老百姓用当地年节食品鱼圆、肉圆、肉糕犒劳起义军，厨师将其合而烹之，一菜三鲜，味道特鲜，义军极喜食用。后在民间广为流传，并把它作为品评酒席的起码标准：没有三鲜不称席，三鲜不鲜不算好。

“黄州东坡肉”是湖北黄州名菜。黄州东坡肉之出名，源于北宋著名文学家苏轼所作的《猪肉颂》。宋元丰三年（公元1080年）二月，苏东坡被谪黄州，当

图7-7 湖北名菜——黄州东坡肉（《传统与新潮特色菜点丛书》，农村读物出版社）

时黄州猪肉非常便宜，富人不屑于吃，穷人不会制作。苏东坡常吃猪肉，并写诗记述了“煮”肉的方法曰：“净洗铛，少著水，柴头罨烟焰不起。待它自熟莫催它，火候足时它自美。黄州好猪肉，价贱如泥土。贵者不肯吃，贫者不解煮。早晨起来打两碗，饱得自家君莫管。”苏东坡“煮”肉的方法广为流传。东坡肉之名，目前发现最早出现在明代，明浮白斋主人的《雅谑》中有“东坡肉”条：“陆曰：‘吾甚爱一味东坡肉。’黄州东坡肉卤汁黏稠，色泽红亮，软烂而不糜，味咸鲜略甜，香气浓醇”。

“发丝牛百叶”是湖南传统名菜。以牛百叶切丝急火爆炒而成。此菜是长沙市清真菜馆李合盛的名菜，该馆曾以善烹牛肉菜肴著称，其中发丝牛百叶、烩牛脑髓、红烧牛蹄筋尤为出色，被誉为“牛中三杰”，而发丝牛百叶更是其中的佼佼者。

“酸辣狗肉”是湖南名菜。湖南人喜食狗肉，擅烹多种狗肉菜肴，如酸辣狗肉、红煨狗肉、红烧全狗等。民国时期的湖南督军谭延闿曾写了一首颂扬狗肉宴的打油诗："老夫今日狗宴开，不料请君个个来，上菜碗从头顶落，提壶酒向耳边筛。"谭氏设狗肉宴"个个来"，可见人们对狗肉的喜爱。

"麻辣子鸡"是湖南名菜。此菜以百年老店长沙玉楼东酒家最负盛名，民间有"麻辣子鸡汤泡肚，令人常忆玉楼东"的诗句传颂。后来，长沙潇湘酒家的厨师精工细作，也很受人们赞许，民间又流传"外焦里嫩麻辣鸡，色泽金黄味道新，若问酒家何处好，潇湘胜过玉楼东"的诗句。

"臭豆腐"为长沙著名传统风味之一。这里的臭豆腐已有500年历史。最早为谁创制已很难查考，但传到江氏三兄弟时已誉满长沙。特别是江氏二弟手艺尤佳，其妻王满珍的手艺也不在其夫之下。火宫殿的臭豆腐名扬天下得益于其泡臭豆腐的水——陈年卤水的与众不同。

"保靖断桥青菜酸"是湖南名食。清嘉庆年间，湖南省保靖县城的大街小巷摆满了大坛小罐的河码头"萝卜酸"、烂泥湾的"白菜酸"、十字街头"藠头酸"、天塘坡的"葫葱酸"等酸菜。其中最为可口的要数断桥"青菜酸"，它色泽金黄，软脆，微酸，清香爽口，若与青辣椒拌和爆炒，更是别有风味。青菜酸制作简单，每年在四五月间，把特种的细叶花青菜用稻草捆成小把，挂在房前屋后的竹篙上，在背阴处风干，再洗净切细，灌进牛皮坛里压紧，挤除苦汁，用油桐叶子密封坛口，倒放在青石盘上。半月后即可食用，这种青菜酸，味道浓郁，清香扑鼻，随用随取，长年不坏。

图7-8　湖南名吃——臭豆腐（《中国名菜谱·湖南风味》，中国财政经济出版社）

“三杯鸡”是江西久负盛名的风味菜肴之一，因其烹制时不放汤水，仅用米酒、猪油、酱油各一杯将其焖制熟透，故名“三杯鸡”。加热用具也较独特，用南丰产的3号白陶小泥炉盛燃木炭，再用沙钵把原料装好盖严，以文火焖制成熟，以盘托沙钵上桌。

四、面点小吃异彩纷呈

长江中游地区小吃花样品种繁多。面点小吃用料广泛，且注重就地取材，地方性突出。米、麦、豆、莲、藕、薯、菱、菇、橘、野菜、桂花、木耳、鱼、虾、蟹、畜、禽、蛋等均被选作小吃的原料，其中米、豆、莲、藕、薯、鱼等原料使用广泛，地方风味鲜明。撷取部分名品如下。

“武汉豆皮”最早是在豆丝皮上摊上鸡蛋，再加糯米和配料制成。后来吃法日渐考究，先是“光豆皮”“蛋光豆皮”，进而为“荤豆皮”“三鲜豆皮”等。“蛋光豆皮”以武昌王府口（今紫阳路）的“杨豆皮”为最。20世纪40年代，高金安创新“三鲜豆皮”，味鲜爽口，外脆内软，油重而不腻，被誉为“豆皮大王”。

图7-9　1958年毛泽东主席与随行人员在江峡轮上合影。豆皮大王高金安与名厨师杨纯清随行（《湖北省志》，湖北人民出版社）

图7-10　湖北名点——热干面（《中国名菜谱·湖北风味》，中国财政经济出版社）

"老通城"豆皮制作精细，严把浆、皮、馅、制等关，其创新品种有蟹黄豆皮、虾仁豆皮、全料豆皮等。

"四季美汤包"。1922年由汉阳人田玉山创店经营，特色为"皮薄、汤多、馅嫩、味鲜"，是在镇江汤包的制法上改进而成。采取70%子面对30%酵面揉面，肉馅馅内放有皮冻，熟后即成汤汁。真正能领略到四季美汤包的特有滋味的吃法是先轻轻咬破汤包的表皮，慢慢吸尽里面的汤汁，然后再吃汤包的面皮和肉馅。汤包品种还有虾仁汤包、香菇汤包、蟹黄汤包、鸡茸汤包、什锦汤包等新品种。

"热干面"是武汉的传统小吃之一。20世纪30年代初期，由汉口长堤街一个名叫李包的食贩所创制，后来有位姓蔡的在中山大道满春路口开设了一家热干面馆，叫作"蔡林记"，成为武汉市经营热干面的名店。后迁至汉口水塔对面的中山大道上，改名"武汉热干面馆"。

"孝感麻糖"至今已有1000多年的历史。"白如霜，扑鼻香，脆薄响，风味长"，这句话概括了它的特点：吃起来酥脆可口，满口麻香。起初，孝感一带民间便流行用糯米糖粘上芝麻的吃法，元朝时孝感县生产麻糖已较普遍。到了明朝，孝感麻糖已很有名气，其中以孝感县八埠口镇一位姓何的师傅做的麻糖最为出名，被誉为"落口消"。后代代相传，技术日渐精进，渐渐名扬全国。

"五香酥饼"是武汉传统名点。系由汪玉霞茶食店于清乾隆四年（公元1739

年）创制的，素以甜松酥香著称，有“绝酥”之誉。到20世纪30年代，又经王旭元等制饼师的改进，质量又有提高。此饼采用饼皮小包酥，下碱捞浆；配料用松末麦芽糖和香油；馅心为黑芝麻屑、桂花糖、陈皮等。在酥饼的表面用黑芝麻标出“玉”字，用特制的七星提炉烘烤。成品形圆面鼓，色泽金黄光亮，松酥甜香，芝麻、桂花味浓郁，颇受消费者欢迎。

“浏阳茴饼”是湖南地方传统名点，已有300多年的历史。浏阳茴饼是以面粉、白糖、饴糖、茶油为主要原料，以芝麻粉、金橘蜜饯、小茴、桂子、红丝等为辅料，用传统配方和传统工艺精制而成的，前后经十多道工序。成品形如满月，色泽金黄，酥脆味美，气味甜香，颇受消费者欢迎。

“双燕皱纱馄饨”是湖南长沙名食，历史悠久，远近闻名。民国时，这家馄饨店虽然铺面窄小，但由于做出的馄饨别具风味，一直被人列为长沙的著名小吃。双燕馄饨采用精面粉为原料，精工擀成的馄饨皮，薄如纸，软如缎，拉有弹性，吃有韧劲。馅芯取新鲜猪腿瘦肉，配以适当的肥肉制成。馄饨一经煮熟，便外皮起皱，紧裹馅心。因皮薄似轻纱，故有“皱纱馄饨”之称。

“和记米粉”是湖南传统风味小吃。最早经营者是20世纪20年代的李氏，起初是挑担叫卖，几年后便在外湘春街买下一家铺面，取名“和记粉店”，由于李氏母子苦心经营，渐渐有了名气。和记米粉的特点，一是选料精，必用优质大米，牛肉则用腿部肉，香菇、味精、酱油、鲜菜等一应用料均有选择。二是制作精细，无论是制米粉、煨油码，还是吊高汤，各道工序均很严格，保证了米粉的质量。

“德园包子”是湖南风味名食，最出名的8种包子称八大名包：香菇鲜肉包、玫瑰白糖包、冰糖盐菜包、麻蓉包、水晶包、叉烧包、瑶柱鲜肉包，金钩鲜肉包。德园包子用料讲究，发面皮选用上等精粉，精心发酵、揉制；馅里拌有多种山珍海味；各道工序严格分工把关。

“油炸浪锅皮”是湖南靖县名食，清香酥脆，在明代就已有名。《靖州乡土志》上载：“明万历，土人以稻浆浪皮，入油锅爆炸，其香无比，名浪锅皮，用以祭神。”这种食品的制作方法较为复杂：用稻麦作原料，经磨、浪、刮、炸等四道工序，把好稀浓、厚薄、快慢、火候四道关才能制成。制成的浪锅皮，无泡无皱，光滑细腻，清香扑鼻，远看如洁白的圆月，近看似透明的薄膜。油炸浪锅皮过去只在春节时作祭品，摆在神桌上敬奉天地祖先，后来才作为食品，用以待客或当作菜肴上席。

“常宁凉粉”为湖南风味独特的食品。这种凉粉是用山上生长的凉粉藤的果心为原料制成的，风味独特，晶莹透明，手托3厘米多厚的凉粉块，隔粉可见指纹，吃起来，清凉爽口，味道醇美。据地方志记载，唐代时常宁人已会用凉粉籽制作凉粉解暑了。在人造冰问世以前，常宁凉粉被誉为“六月雪”“水晶冻”，宜夏季消暑。

“桂花茶饼”是九江市传统名点。此点清代就已闻名，但自清末至民国，九江市只有“源茂”一店制作茶饼。店家将此饼视为名品，一般一次只卖五块，且对制作方法严加保密，以便独家经营。此饼色泽晶莹，圆形，直径约5厘米，厚约2厘米，中间鼓起；其皮薄如纸，具有小而精，薄而脆，酥而甜，香而美，入口松爽的特点，为茶食细点。

“蛋黄麻花”是南昌市传统名点，因最早是由石头街徐氏开设的“品香斋”所创制，故又名“石头街麻花”。此品配料讲究，制作精细，揉搓均匀，个小形美，酥松爽口，畅销全省并行销沪、浙、穗等省市。

“丰城冻米糖”是江西名点，最早制作丰城冻米糖的是一个姓刘的老板，其店号为“天一斋食品店”，距今已有100多年的历史。丰城冻米糖洁白发亮，疏松甜脆，老少咸宜。

五、一批酒茶成为名品

至民国时期，长江中游地区已有一批品质优良的酒茶成为知名品牌。

“涢酒”是湖北省安陆产的名酒。安陆酿造涢酒有悠久历史，据县志记载，唐代即有此酒。唐代著名诗人李白曾在安陆寓居达十年之久，他在《秋于敬亭送从侄耑游庐山序》里说："酒隐安陆，蹉跎十年。"在这蹉跎十年中，李白曾在安陆的八景之首——白兆山（又叫碧山）石壁留诗："山名曰白兆，似知太白来……欲歌谁则和，瓮头富春醅，数过呼君起，同饮三百杯。"诗人李白甚爱涢酒；宋、元、明、清也有不少诗人赞誉涢酒。到清乾隆时，安陆县的"扬恒大"、"滕太和"等作坊也开始大批量生产涢酒，后有"周利记""徐宏大""魏延记"等作坊也大批量酿制涢酒。新中国成立前安陆县酿酒作坊30余家，其中以"三公盛"作坊产的涢酒质量最佳。涢酒色泽透明，清香，入口绵甜，醇香柔和，回味甘爽，风格独特，属兼香型酒。

"武陵酒"是湖南常德产名酒。武陵有产美酒的悠久历史。五代时，此地以崔氏酒坊所酿之酒最为有名。时有张逸人尝题崔氏酒垆，清褚人获《坚瓠集》诗云："武陵城里崔家酒，地上应无天上有。云游道士饮一斗，醉卧白云深洞口。"酒随诗传，声名益远。

"四特酒"是江西名酒。明清时，四特酒原名"高粱酒"，因按酒质分级，以四个特字标记为最优之品，畅销于湖、广、浙、闽等地，人们俗称该酒为"四特酒"。1933年，四特酒产量达到40余万斤，较有声望的酒坊有"集义""万成栈""娄源隆""吴万成"等十余家，尤以"集义""娄源隆"两家酒质最佳、产量最大，远销省内外各地，并在长沙、汉口等地设有分店。四特酒以"清、香、醇、纯，回味无穷"的风格见长。

"麻姑酒"是江西省名酒。《麻姑山志》记载："麻姑山人，取麻姑泉水酿酒，饮之冷比霜雪、甘比蜜甜，一盏入口，沉病即痊。"又据明《建昌府志》载有："唐邓紫阳真人，献皇家寿酒，系用麻姑山银珠糯米、麻姑泉、麻姑山药材所配。"1915年，南城"庆乐斋"酒栈酿制的麻姑酒畅销海外，参加南洋国际赛酒会，荣获银质奖。民间誉有"麻姑糯质，仙泉灵药，冷霜甘蜜，清脑提神，驱风壮胃，却病延年"之称。麻姑酒呈琥珀色至棕红色，晶莹光亮，芳香浓郁，味美甘甜，酒性柔和，是具有独特风格的甜型黄酒。

"君山银针"茶产于湖南省洞庭湖的岛屿上，自古闻名。君山茶始于唐代，清代被列为贡茶。据《巴陵县志》载：“**君山产茶嫩绿似莲芯。**”据《湖南省新通志》载：“**君山茶色味似龙井，叶微宽而绿过之。**”古人形容此茶如“**白银盘里一青螺**”。1956年，君山银针茶参加“莱比锡”国际博览会，受到高度评价，饮誉中外。君山银针茶芽头茁壮，紧实而挺直，大小匀齐，茸毛密盖。冲泡后，香气清鲜，汤色浅黄，滋味甜爽，叶底明亮。在玻璃杯中，可见芽尖悬空竖立，徐徐下沉；再泡再起，可三起三落；水光芽影，浑然成趣。

“牛抵茶”产于湖南石门县二都乡八坪峪，为湖南传统名茶之一。在宋元明时期被列为贡茶。八坪峪为涅水南岸十九峰中的一条峡谷，三面环山，中有溪流，气候温暖湿润，终年云雾弥漫；土质则泥中有沙，色黑透黄，多腐殖质，故茶树终年青翠，品质优异。牛抵茶于清明前后采摘，其嫩芽尖叶肥厚，银丝缕缕，再以传统工艺用手工精制而成。成品茶柄粗尖细，条索微弯，银毫显露；冲泡时，叶柄在下，毫尖朝上，不浮不沉，摇动茶杯，叶叶相碰，如牛抵角，故得名“牛抵茶”。其汤色碧绿，香气袭人，初泡苦中带甜，久泡清甜爽口，饮后爽神清心。

“婺绿”是婺源绿茶的简称。它出产在峰峦起伏、云雾缭绕的江西婺源。“婺绿”属于炒青条形绿茶。陆羽在《茶经》中就有“歙州茶生于婺源山谷”的记载。“绿丛遍山野，户户有茶香”，这是千百年来，人们对该地的称誉。婺源茶的著名品种有“上梅州”“大叶种”“中叶种”“圆叶种”“长叶种”等，共同点是：叶质柔软，持嫩性好，芽肥叶厚，有效成分高，宜制优质绿茶。“条索秀丽披银毫，叶嫩肉厚芽头饱；香高味醇汁水多，绿叶清汤水色好。”是“婺绿”的突出特点。

“狗牯脑茶”产于江西省罗霄山支脉的狗牯脑山中。此茶始于明末清初。当时，有一梁姓农家从广东带来茶种，种于狗牯脑山坳。问世后颇为人赞赏，于是种植开来。1915年狗牯脑茶参加巴拿马万国博览会展出，荣获奖状和银质奖章。从此，狗牯脑茶驰名国内外。此茶的特点为条索圆且紧，色泽绿而润，银毫细又多，滋味醇带甘，汤色明净，香气胜幽兰，饮后清凉爽快，清热去暑。

“宁红茶”是产于江西修水的传统名茶，因修水县在历史上叫“义宁州”，故名宁红茶。早在1914年宁红茶就在国际市场上享有盛誉，英国商人曾赠送一块大匾给修水县人民，称颂宁红茶是“茶盖中华，价压天下”。宁红茶条索紧结、圆直挺秀、毫锋显露，叶底红艳，汤色红亮，香味馥郁，滋味鲜醇。

“庐山云雾茶”产于江西庐山，素以“香馨、味厚，色翠，汤清”而闻名于世。因庐山多云雾，故将所产茗茶称为“云雾茶”。庐山种茶的历史非常悠久，据《庐山乃志》记载：“晋朝以来，寺观庙宇僧人相继种植。”唐代诗人白居易曾在庐山香炉峰下辟园，植茶种药，并写下了“长松树下小溪头，斑鹿胎巾白布裘。药圃茶园为产业，野麋林鹤是交游”的诗句。到宋代时，庐山之茶已闻名于世，并被列为贡茶。庐山茶虽久负盛名，可“云雾茶”之名直到明代才见于记载。云雾茶品质优异，芽壮叶肥，白毫显露，色泽翠绿，茶汤清澈，味浓厚鲜爽而甘醇，香幽如兰。①

六、长江中游地区城市宴席奢靡之风兴起

清末民国时期，长江中游地区的城市，特别是湖南长沙、湖北武汉等较繁华的城市，饮食尤其是筵宴奢靡之风盛行。湖南长沙的饮食风俗变迁就具有代表性。清咸丰以前，长沙人宴客只用四冰盘两碗，只有婚嫁才用十碗蛏干席，民间宴客，菜不过五碗。咸丰以后，由于财富的高度集中刺激了人们对奢华生活的追求，推动了湖南各地出现高档酒席馆，宴席日益豪华。《清稗类钞·饮食类·长沙人之宴会》中反映了清代中后期长沙宴饮的变化：“嘉庆时，长沙人宴客，用四冰盘两碗，已称极腆，惟婚嫁则用十碗蛏干席。道光甲申、乙酉间，改海参席；戊子、己丑间，加四小碗，果菜十二盘，如古所谓饾饤者，虽宴常客，亦用之矣。后更改用鱼翅席，小碗八，盘十六，无冰盘矣。咸丰朝，更有用燕窝席

① 杜福祥、谢帼明：《中国名食百科》，山西人民出版社，1988年，第322~330页、第333~346页、第438~442页、第452~461页。

者，三汤四割，较官馔尤精腆。春酌设彩觞宴客，席更丰，一日縻费率二十万钱，不为侈也。”就连安福县（今临澧县）在同治年间也是“稍裕之家，虽乡里肆宴招客，绝非用海味无以示敬”[①]。清朝中叶湖南出现了湘菜满汉全席，其特点是规格高、礼仪重，摆最名贵的餐具；席面大、菜品多，少则50~70道，多则一百余道，席套席，菜带菜，燕、翅、烧、烤居首位。全部菜品以几道主菜为轴心，分门别类组成若干小、精、全的席面，而后依次推进，如同百鸟朝凤、众星捧月，显示了清代湖南宴席的奢靡之风。[②]

民国初年，宴席更奢。随着工商业的发展，各派政治、军事势力的角逐、交替，促使了奢靡之风的滋长。1923年印行的《慈利县志》写道：该县筵客备物，以县城、九溪、江垭等地为甚，“冠盖衔接”，竞为侈靡。“寻常百姓交际往来，饮食流连，力摹官派，更递酬酢，踵事增华。他日十大碗之特设，几灭影匿迹，不可复见。方是时也，微但鱼翅、海参为入馔常品，即燕窝、烧猪亦供宾例菜矣！”1926年刊《醴陵乡土志》也记载当时醴陵的“中人之家，酬酢往还，争奢斗靡，以远物为尚，暴殄为豪”。据民国时期《长沙乡土志》记载：“宴请亲友，在省甚奢，或在潇湘、奇珍（阁）、玉楼东等著名酒家，海陆珍馐，所费不赀。”在乡村及“中人以下之席面”，亦“总以十碗为常”。

在民国时期，西方饮食文化对湖南的影响日益加深。美国、意大利、英国、日本等相继在省城开设华洋饭店，西式食品和西餐受到越来越多的人喜爱。洋米、洋面、西式糕点和啤酒、汽水、咖啡、香槟酒、白兰地酒、冰淇淋等各种西式饮食逐渐成为一些新派官绅的常用食品。据当时的调查，人口不过三十万的湘城，仅每年啤酒汽水之消费即达十万元以上。地处偏僻湘西的沅陵县，1930年时的舶来品也有“洋鲍鱼、洋冰糖、啤酒”等。西式菜肴、罐头等也进入了宴席。

① 清同治《安福县志》，江苏古籍出版社，2002年。

② 何杰：《湖南饮食文化地理及其与旅游业的关系》，武汉大学硕士学位论文，2000年。

第八章 中华人民共和国时期饮食文化迅速发展

新中国成立以来，长江中游地区的饮食文化在经历了低潮之后，又迎来了春天。人们的饮食观念、生活方式发生了巨大变化，饮食观念追求“吃出健康，吃出快乐”；居民食物结构发生明显变化，营养状况有较大改善；食品科技与饮食文化比翼齐飞；民族饮食、西餐等有较大发展；形成了湘菜、鄂菜及赣菜三个地方流派；食品工业、餐饮业的发展日新月异。

第一节　居民饮食生活与食物结构

一、居民饮食生活由简到丰

1949年中华人民共和国成立以来，长江中游地区居民饮食生活的发展经历了由简到丰的几个阶段：

1. 粗茶淡饭，解决生存问题

1949—1978年期间，中国处在一个不断变革的时期，进行了土地改革运动，第一个五年计划开始实施，基本完成了对生产资料私有制的社会主义改造。国民经济得到了初步的恢复和发展，基本解决了人民的吃饭问题。但由于极“左”思潮的干扰，在20世纪50年代末进行了“大跃进”和人民公社化运动，60年代又开始了历时十年的“文化大革命”，造成了经济的巨大破坏，严重影响了国计民生的正常发展，使原本有所缓解的温饱问题又再次严重起来。具体表现在以下几个方面。

居民收入与消费水平低，恩格尔系数（即食品支出总额占个人消费支出总额的比重）长期在60%以上，居高不下。我国从1952年至1978年人均消费水平年平均仅增加3.2元，以致恩格尔系数始终保持在65%~68%。这说明当时人们的收入水平都很低，家庭收入中用来购买食物的支出比例始终较高。

食物结构单一。除粮食以外，其他食物供应很少。这一时期，除粮食人均消费量保持一定水平外，副食方面的人均食用植物油、肉类、蛋类和水产品消费量均较低。这种单一的粮食型食物结构，是贫困与营养不良的一个反映。从武汉市的口粮供应政策及其标准大致可看出市民的粮食消费主要是大米和面粉，只搭配少量的黄豆和杂粮，基本维持生存。而肉类则完全不能满足人民的日常生活需求。饮食生活十分艰苦。

营养水平低，热量供给不足。这一时期内，每人每日膳食所供给的能量始终未达到1900千卡，据中国营养协会（1998年10月修订）推荐的每日膳食中应供给的能量例举中，一个成人一天所需能量最少为2100千卡。当时人们的能量80%~90%来自粮食；蛋白质低于45.2克，其中90%以上来自植物性食物；脂肪约27.8克，热量仅大约相当于合理标准的75%，蛋白质约相当于65%。从营养结构看，这个时期的热量来源中碳水化合物所占比例很高，而蛋白质与脂肪的比重偏低，其构成比不合理。

实行食物平均分配、凭票限量供给的消费方式。长期以来，在农村由生产队统一分配粮食等食物，在城市则采取凭票限量购买主副食的做法。在食物十分短缺、供给水平低下的情况下，这对于保证庞大人口的生存性食物需求、免受饥饿固然起了重要作用。但这种消费方式对生产发展和生活改善具有抑制作用，同时造成了食物消费的平均化和食物结构的雷同化以及紧张的消费心理。这个时期，生存意识成为人们食物消费的核心，节约食物、精打细算是指导消费行为的基本原则。

2. 从基本解决温饱到鸡鸭鱼肉进入寻常百姓家

从1978年起，中国改革开放政策给人们的饮食生活带来了巨大的变化；物资供应从短缺走向富足，从单一走向多样。20世纪80年代，随着农村家庭联产承包责任制在全国迅速推广，农村巨变，各业兴旺，气象一新。这促使国家在继续深入搞好农村改革的同时，加快以城市为重点的整个经济体制改革的步伐。特别是在党的十一届三中全会后，我国实施了菜篮子工程，把禽、蛋、奶、水果、蔬菜等纳入菜篮子工程统筹解决。物资供应逐渐市场化，象征短缺经济的粮票、油票、肉票相继退出历史舞台。从此，中国人餐桌上发生了彻底变化。市场品种日渐丰富，蔬菜、瓜果、蛋、禽、肉类供应充足。各种副食走向市场，面包、蛋糕、牛奶、饼干等食品向传统主食发起挑战。和菜篮子一样，百姓的米袋子也悄然发生了变化。20世纪80年代后期，吃了几十年的粗粮逐渐从百姓餐桌上淡出，细粮成为主角。这个时期，每个人都有一个明显的感觉：生活水平正从温饱型向小康型转化。

这一时期，居民饮食生活进入了一个新的阶段。具体表现在：

居民收入与居民消费水平提高较快，恩格尔系数下降到53%~59%。除水产品外，人均肉类、鲜蛋、奶类、食用植物油、食糖、水果、蔬菜、酒类等消费大幅度同步增长。其中大多数食物增长幅度在40%以上。

单一的粮食型食物结构开始向多样化转变。肉、蛋、水产品三种动物性食物在人们的日常食物结构中大幅增长，牛肉、羊肉、鱼虾、禽蛋的增长尤为突出。

营养水平明显提高，人均每日摄入的热量达到2400千卡以上。其中来自粮食的热量比重下降，来自蛋白质的有所增加，来自脂肪的增加近一倍。

3. 吃得丰富，吃得健康，吃出文化

20世纪90年代，经济的高速发展带来了饮食文化的革命。主要表现为人们需

要吃得丰富，吃得健康，吃出文化。

从1987年肯德基登陆北京以来，世界各大食品业巨头先后抢滩中国市场。西餐、法国大菜、日本料理、韩国烧烤等纷纷进军中国，中国人不出国门便能吃遍世界。而国内餐饮业也如雨后春笋般发展起来。改革开放后餐饮行业以全民、集体、个体三种体制竞相发展，迎来了餐饮业的春天。到了20世纪90年代末，中国烹饪开始走出国门。中国餐饮行业呈现出多元化、全方位的发展格局。

对于普通百姓而言，这一时期进餐馆尝鲜不再遥不可及，鲍鱼、海参、鱼翅、甲鱼等开始出现在人们面前，各种档次和风味的餐厅酒肆随处可见。人们在外用餐占食品支出的比重明显上升。

随着生活节奏的加快，人们的消费观念也变化了，随着经济收入、饮食供给能力的提高以及饮食市场的发育和完善，使居民有了更广阔的选择余地，并促进生产与消费新机制的形成。人们在满足温饱后，正步入小康、迈向富裕，开始追求饮食享受、讲究科学膳食、注重节省时间、崇尚新口味，饮食已朝快乐化、营养保健卫生、快捷方便、多样化方向发展。人们的审美情趣也在悄然变化，他们既欣赏“古色古香”，又追求“新潮现代”，也喜欢“洋里洋气”。许多人已不再那么迷信山珍海味了，“正宗”观念也淡漠了，更信奉“食无定味、适口者珍”。

与此同时，各种成品、半成品、速冻食品备受青睐，减少了人们花在一日三餐上的时间，增加了选择饮食的方式，比如，对不想做、不愿做而又不便出去吃饭的人来说，他们可以选择以“方便面”为代表的方便、即食类食品，或用电话订购心仪的盒饭。经济条件许可的话，则可以去劳务市场选一个符合自家要求的“钟点工”，以解决自家的吃饭问题。对偶尔想在家享享口福或改善一下伙食的家庭，他们既可以去自己中意的餐馆打包，也可以请餐馆送外卖，或是请厨师来家中做上一桌好菜。

这一时期，国家也对国人的食物结构和民众消费习惯的政策做出了适时的调整。1993年2月9日经国务院审议通过了《九十年代中国食物结构改革与发展纲要》，提出了要按照“营养、卫生、科学、合理”的原则，继承中华民族饮食习惯中的优良传统，吸收国外先进、适用的经验，改革、调整我国的食物结构和居民的消费习惯。1999年11月22日，中国国内贸易局、财政部、卫生部等八部门联合实施以培育绿色市场、提倡绿色消费、开辟绿色通道为内容的“三绿工程”正式启动。“无公害食品行动计划”于2002年在全国推广。湖南长沙的许多餐饮企业为了满足消费者的需求，纷纷建立自己的“绿色蔬菜基地”，荠菜、蕨菜、马兰头等野菜被摆在了菜单的显眼位置。一时，长沙刮起了一股声势浩大的吃乡土菜的旋风。

随着消费结构的升级换代，消费者的消费需求逐渐升级到注重精神文化层次的消费阶段。讲究“吃出品位，吃出文化”，从“吃”中感受出艺术的美感、文化的内涵和享受的情趣。从而促使饮食文化的地位空前提高。在学界，湖北、湖南、江西都有不同规模的烹饪、餐饮、饮食文化学术研讨会，各地的饮食文化交流更加频繁，互相吸纳、互相交融，出现了大量的著述和刊物；饮食文化课程纳入了高等教育，今湖北就有华中农业大学、湖北经济学院、武汉商业服务学院等高校开办了烹饪高等教育，更多高校开办了食品类高等教育。全国许多省市都出现了各种具有典型地域风情的美食节、饮食文化节；许多产品开始注重打文化牌，产品开发更加注重文化内涵。这些现象既是居民饮食生活提高的表现，又是饮食文化迅速发展的表现。

二、居民的食物结构与营养

1. 居民的食物结构

时至20世纪80年代中期，长江中游地区居民的饮食生活水平已有大幅度提高，人们基本解决了温饱问题，居民的饮食主要由植物性食物和动物性食物两部分构成，我们可以从中国中长期食物发展研究组编写的《中国中长期食物发展战略》1985—1987年统计的食物消费状况中得出大致的结论。

食物结构中的粮油果蔬类消费：

赣鄂湘三省植物性食物消费种类主要有粮食、植物油、糖、蔬菜、水果和酒类等。三省的食物消费结构相较有如下特点：

江西省居民口粮消费数量居三省之首，比全国平均水平高29.9%；但水果消费又为三省最低，比全国平均水平低36.3%。

湖北省居民口粮消费量在三省中最低，接近全国平均水平；蔬菜的消费量大，明显高于全国和另两省，比全国平均水平高35.6%；植物油的消费量也高出全国和其他两省较多，比全国平均水平高45.9%。

湖南省居民口粮消费量较高；糖果和酒类的消费在三省中最高，并高于全国平均水平；植物油的消费在三省中最低，只有湖北省的61.7%。

食物结构中的禽畜蛋奶类消费：

赣鄂湘三省动物性食物消费种类主要有猪肉、牛羊肉、禽、蛋、鱼虾、奶等，三省相较有如下特点：

江西省居民禽畜蛋奶类的消费总量较低，不仅大大低于湖北、湖南两省，也低于全国平均水平，除猪肉消费略高于全国平均水平外，其他各项均低于全国平均水平。

湖北省禽畜蛋奶类的食物消费量居三省之首，比全国平均水平高出18.3%；牛羊肉、蛋类和鱼虾的消费量明显高于另两省。

湖南省猪肉消费量明显大于全国和赣、鄂两省，比全国平均水平高48.8%；禽肉的消费量也较大，比全国平均水平高24.1%；牛羊奶的消费量很小，只有全国平均消费量的4%；牛羊肉的消费量也只有全国平均消费量的62.7%。

2. 居民的膳食营养

从《中国中长期食物发展战略》中统计的数据可以看出，长江中游地区居民营养水平居全国领先地位，长江中游地区居民膳食营养水平与全国相比，有以下特点：

该地区的日人均摄入热量高出全国平均值的16.1%，蛋白质摄入量高出14.7%，脂肪摄入量高出19.0%。这种差距一是与本区居民以食用大米为主，口粮消费明显高于全国平均水平有关；二是与本区居民动物性食物消费总量水平居全国上乘，植物油消费量较高有关。

长江中游地区居民日人均摄入热量2400千卡，蛋白质70克，其中优质蛋白约占30%，动物蛋白质占20%以上，脂肪占20%~25%，最高不超过30%。这种营养水平已经接近东方素食型小康生活营养水平的下限。

长江中游地区居民营养还存在着地区和城乡之间的差异。农村居民在蛋白质的摄入量中动物蛋白质所占比重只占12.4%，明显偏低。尤其是江西省，其农村居民动物蛋白质摄入量仅占9%。

3. 食物消费趋势与优劣辨析①

21世纪长江中游地区的居民食物结构与营养状况发生了较大变化，膳食结构仍以植物性食物为主，但有向高脂肪膳食转型的趋向。能量和三大营养素均能满足人们的基本需要，但比例不合理。下面以湖南的食物消费趋势为例作一简述。

粮谷类食物消费在逐渐减少。城乡居民人均粮谷类食物的消费量明显下降，根茎类食物的摄入量下降更显著。从而导致了膳食纤维的减少，可能会引起相关的慢性病。

动物性食物消费逐渐增长。其中城市居民畜、禽肉类的人均消费量是农村的两倍，供能比大大超过世界卫生组织推荐的合理营养的上限值，使得超重与肥胖的危险大大增加。

食用油脂消费大幅增加。这跟湖南菜的做法有关，因为湖南菜的特点是油重、色浓、偏咸、偏辣。湖南农村村民的植物油摄入量比城市、县城高。

豆类消费接近推荐值。但县城和农村偏低一些。

---

① 肖剑峰：《湖南省成人居民膳食结构和营养素摄入状况分析》，中南大学硕士论文，2007年5月，第1~46页。

奶类消费量偏低，尤其是县城与农村。

其他食物消费情况。蔬菜消费量达到平衡膳食的合理范围，但水果的消费量不达标，城市居民水果消费明显高于县城和农村。

微量营养素。湖南省成年居民人均营养素维生素C、维生素E、铁、锌、硒的摄入量大大增加了，但是钙的摄入不足，导致居民钙缺乏、骨质疏松症患者增多。提高各年龄段居民的奶类和豆类食物的摄入量是解决缺钙的关键。

第二节　少数民族的饮食文化特色

长江中游地区居住着苗、土家、瑶、侗、回、畲、满、蒙古、维吾尔、壮等少数民族，其中人口较多、分布较集中的有苗、土家、瑶、侗等民族，他们主要居住在湘鄂西地区。

一、少数民族的历史及饮食

（一）苗族

据2010年第六次人口普查统计，苗族总人口为9426007人，主要分布在贵州、云南、湖南、广西、四川、湖北等地，江西省也有分布。居住在长江中游地区的苗民主要分布在湘、鄂西部。

1. 苗族的历史

苗族的历史悠久，早在五千多年前就有关于苗族先民的记载。苗族先民殷周时代已在今湖北清江流域和湖南洞庭湖一带生息。约在春秋战国时期，在巴蜀、夜郎以及荆州都有苗族先民的活动足迹。秦汉时，大部分苗族先民在武陵郡、牂柯郡、越巂郡、巴郡、南郡等地区定居，小部分继续迁徙到黔东南。苗族在历史上多次迁徙，大致路线是由黄河流域至湘、至黔、至滇。

2. 苗族的饮食

苗族饮食有其独特的风格，湘西苗民饮食颇具代表性。

苗族曾有过漫长的原始社会。以树叶为衣，以岩洞或树巢为家。商周时期，苗族先民便开始从事农业稻作。秦汉以后，封建王朝在大多数苗族地区建立郡县，中原铁器和生产技术的传入，推动了苗族经济的发展。唐宋时期，苗族逐步进入到了阶级社会，农村公社的首领已有了土地支配权。元明时期，苗族地区的封建领主经济已相当发展。明朝中央政府于弘治十五年（公元1502年）在湖南城步苗区开始实行“改土归流”，其他地区开始派遣流官。清雍正年间“改土归流”的规模进一步扩大。

清代苗族的社会生产多以农业为主，并辅以采集与狩猎活动。苗族平日的主食多以荞、粟、玉米等为主，以盐为贵，饮岩浆水，副食有蔬菜、石螺、鱼、畜禽、蛇等。据清宣统《永绥厅志》记载：“苗俗，日食两餐，春夏始三餐，以粟米、包谷诸杂粮为饭。渴饮溪水，生啖蔬菜、石螺，得鱼为贵，得盐宝之，各以一撮掌舐之以为美。近日均相贸易，盐始达于远砦。畜肉用火燎去毛，烹而食之，不知五味。客至，或煮姜汤以示敬。”“苗人饮岩浆水，性寒能解脂毒，无痘疹之患。其苗女鬻外境者，服内地水土，虽年已三四十岁，往往反有痘疹。”清徐珂《清稗类钞》中也讲：“苗人嗜荞，常以之作餐。适千里，置之于怀。宴客以山鸡为上俎。山鸡者，蛇也。又喜食盐，老幼辄撮置掌中食之。茶叶不易得，渴则饮水。”

新中国成立后，苗民的饮食生活古风犹存，改善不大，至改革开放前后苗民生活仍在温饱线上。据1986年出版的《湘西苗族实地调查报告》中说到：大抵一年之内，苗民之中吃净米饭者约占十分之三，吃米兼食杂粮者约占十分之五，吃杂粮兼食野菜蕨葛者约占十分之二。苗民所食杂粮，以高粱、小米、包谷为主，荞麦、薯、豆为辅。

苗民平日生活多系素食，但也食用禽鸟类、畜兽类、水产类等肉食。在畜兽类食物中以猪、牛肉为主，马、羊肉次之，野兽肉又次之。水产以鱼虾鳖鳝为上品，蛙蟹等次之。其中以鱼为普通。土鱼（俗称蠢鱼）产量甚多。生于田间，易于蓄养。如在春季二三月，将秧鱼分种，至秋季七八月间，便可收利。每条长至半斤、一斤、斤余不等。如果长到一两年，小的可长至一两斤，大的可达三四斤。即使滂沱大雨，洪水横流，该鱼也不随波逐流而去。每年初秋，苗家人竞相腌酸鱼。苗民所食蔬菜种类甚多，可分为人工栽培和野生菜两大类。苗民所用调料品种不多，有辣椒、桂皮、油、盐等。茶油菜油，各地皆产。唯茶油一项以永绥、古文两县特多。苗民喜爱茶油。苗民食盐、以川盐、淮盐为主，但偏爱川盐，苗民又称之为巴盐。平时做菜，缺油并不以为意，缺盐则大有遗憾之感。

由于苗乡交通不便，购肉不易，为了年节改善、调剂饮食、招待人客，各家多将肉腌制后备用。苗民性忠厚，待人真诚。倘有客人到家时，不论生熟，均以酒饭相待，绝不可少。一般在过年节或宴会时以食鸡、鸭为珍品待客，客人亦心满意足，自感主人深情盛意。苗族的节日有春节、春社节、端午节、吃新节、赶秋节、中秋节及重阳节等。

（二）土家族

据第六次人口普查统计，土家族人口数为8353912人。土家族主要分布在湖北、湖南、四川三省接壤的地区。

1. 土家族的历史

土家族自称“毕兹卡”或“毕基卡”（“卡”是“家”或“人”的意思）。土家族族源，目前有多种说法。其中一说是古代巴人后裔说，据说巴人鼻祖廪君为古代巴族最早的首领，他率领氏族向清江进发，继而溯江而上，进入川东地区。

西周时，建立了寰雄西南的奴隶政权巴国。战国中期被秦国并吞，改建为巴郡。到了唐五代以后，原来意义上的“巴人”不见了，取而代之的是以“土”字作称，如土司、土人、土家等。从元代起，汉族及其他民族的迁入，“土”逐渐成为土家族的专有名称。同时，元代在土家族地区建立土司制度后，由本民族上层人物担任官职，自此，土家族地区逐渐进入封建领主经济的社会。元明期间，随着土司制度的稳固，土家族聚居的湘鄂川黔边的地域也就相应结成了一体，并逐渐巩固起来。清康熙、雍正年间，实行“改土归流”，湘鄂川黔边土家族地区与中原汉族文化交流日益密切。

2. 土家族的饮食

历史上的土家族，生活方式比较原始，饮食粗放而短缺。至明清实行“改土归流”后，粮食的品种及质量均有较大改观。尤其是随着苞谷、洋芋、甘薯等农作物的传入，为土家族人民的饮食提供了保障。同治《恩施县志·物产》载，如鹤峰“近日种包谷者多，其种固好，可以作米、作酒、作糖、作糕饼，亦种之美者也”。恩施“环邑皆山，以包谷为正粮，间有稻田，收获恒迟，贫民则以种薯为正务，最高之山，惟种药材，最近遍种洋芋，穷民赖以为生。”道光《施南府志·物产》亦记：“境内播种谷属，以包谷为最多，地不择肥瘠，播不忌雨晴，肥地不用粪，唯锄草而已。凡高地无水源者，均可种包谷。东乡椿木营、忠洞之乌脊岭等处，均可种洋芋，忠建之金陵寨，高罗之九间店，宜种甘薯”，等等。至现代后，土家族人民的生活有了很大提高，稻米在主食中的比重明显增大。土家族人日常以苞谷饭为主食，苞谷饭是以玉米面为主，掺进适量大米，用鼎罐煮或用木甑蒸制而成。土家族的副食结构及食俗与苗族有许多类似之处。

土家族的饮食习俗受地理环境的影响很大，居民所居之地气候潮湿，地处高寒，故有喜食辣椒以驱寒散湿的习惯。又因山路崎岖，交通不便，购物较难，为解决日常饮食之需，每家每户都有用酸坛子腌制贮存食物。因腌制的食物含有酸味，又能刺激人的食欲，所以形成了以酸辣为明显特征的饮食风味，几乎餐餐不离酸菜和辣椒。酸菜以素食为主，主要用盐水腌泡青菜、萝卜、辣椒，成品酸脆爽口。土家族所食用的辣椒是作为主料，而不是做调配料。他们习惯用鲜红辣椒为原料，切开半边去籽，配以糯米粉或苞谷粉，拌以食盐，入坛封存一段时间，即可随时食用。因配料不同称为“糯米酸辣子”或“苞谷酸辣子”。烹调时用油炸制，光滑红亮、酸辣可口，刺激食欲，为民间常备菜。土家族嗜辣的饮食习惯与原因在清代的地方志中已有记载。如同治《来凤县志·民俗》载：“邑人每食不去辣子，盖丛岩幽谷中，水泉冷冽，非辛热不足以温胃健脾也。”光绪《龙山县志·风谷》亦载，龙山县“土人于五味，喜食辛蔬。茹中有茄椒一种，俗称辣椒，每食不彻此物。盖丛岩邃谷间，水泉冷洌，岚瘴郁蒸，非辛味不足以温胃健脾，故群然资之”。土家族的酸肉、酸鱼、腊肉别具特色。

土家族有喝“咂酒”的传统。咂酒是我国南方少数民族地区普遍流行的一种独特的饮酒习俗，涉及壮族、土家族、苗族、布依族、羌族、藏族、高山族、彝族等，流行地域包括两广、两湖、四川、云南及贵州等。咂酒是用糯米或苞谷、高粱、小麦酿成的甜酒，装在坛内，储藏一年或数年，然后用凉水冲泡，以竹管吮吸。用于宴会上招待嘉宾，及在劳动中驱散疲劳。清同治《来凤县志·风俗》载：“九十月间，煮高粱酿瓮中，至次年五六月灌以水，瓮口插竹管，次第传吸，谓之‘咂酒’。”清光绪《龙山县志·风俗》称咂酒为“筒酒”，讲“土人”（指土家族人）喜欢饮用，“酒性多峻烈，过饮或致病”。而筒酒性温平，最能解渴：“惟糯稻酿煮曰‘甜酒’，并糟食之，性较温平。呷酒糟，用青梁（粱）；夏月浸以山泉，置竹管瓮中，吸之最能解渴，又称筒酒，土人喜欢之。”土家族咂酒蕴含着津液交流、共享一瓮的关系，它符合土家族人的民族心理，这种集体的情感交流，反映了中国古代哲学“和”的思想对土家族民族饮食文化的影响。咂酒集饮食、聚会、娱乐于一体，成为土家族调节社会关系的一种重要手段。土家族人还通过咂酒这种方式来履行礼仪，区别上下，明辨主客和长幼，成为土家族传统礼仪重要的表现形式。

还有部分土家族聚居地区喜喝油茶汤。油茶汤是把茶叶、阴米，或苞谷、花生米、豆干、芝麻等原料，加上姜、葱、蒜等作料，先用茶油炸焦，然后再用水煮沸而成，油茶清香可口，可提神解渴，驱热御寒。清同治《来凤县志》中有载："土人以油炸黄豆、苞谷、米花、豆乳、芝麻、绿焦诸物，取水和油煮茶叶作物泡之，饷客致敬，名曰'油茶'"。

土家族的节日有春节、春社节、清明节、"四月十八"、栽秧节、重阳节及祭冬节等。湘鄂西部的土家族同胞，有提前过年（或称过赶年）的习俗，大月在二十九过年，小月在二十八过年。土家族吃年饭时有不许外人参加的传统。土家人过年吃"团年饭"时，要吃蒸坨子肉和合菜。"坨子肉"即大肉，就是把猪肉切成大坨的块状，拌上小米和灌肠，一同放在大米饭上蒸。"合菜"是用萝卜、炸豆腐、白菜经锅炒之后，再将猪下水、海带等一起放在锅中煮，并加调料而制成的各料合烹菜。

（三）瑶族

据第六次人口普查统计，瑶族人口为2637421人。主要分布在广西、湖南、云南、广东、贵州等省区。

1. 瑶族的历史

秦汉时期，瑶族已经分布在华中地区的湖北、湖南一带，特别是洞庭湖、长沙五陵和五溪等地。汉代把居住于这些地区的少数民族统称为"武陵蛮"或"五溪蛮"。瑶族先民也在其中。

唐、宋、元时期，瑶族已经向湖南的南部和两广北部迁徙。即湖南的梅山、零陵、桂阳、衡山、澧阳、熙平等郡；广东的韶州、连州；广西的贺州、静江（桂林）、融州（融安）等地已有瑶族居民。明清时期，瑶族先民主要在两广腹地和贵州南部以及云南边陲和东南亚一些国家定居。

2. 瑶族的饮食

瑶族在原始时期的生活以渔猎为主，农业为辅。《梁书·张缵传》称其"依山险为居”，刀耕火种，采食猎毛，食尽则他徙。《天下郡国利病书》称：“随溪谷群处，砍山为业。”瑶族民间珍藏的《评皇券牒》记述了瑶族先民“入山居住，刀耕火种山田”和“手把硬弓求野肉”的原始生活状态。至宋代，湘西丘陵地区和资水流域一带，已经出现开垦农田，种植水稻、旱禾的情况。史载宋代梅山（今湖南新化、安化一带）14800多户瑶汉各族，垦种农田达260430亩。到了明清时期，居住在河谷和丘陵地带的瑶族人民，已开垦数量较多的水田，种植水稻粮食作物。

瑶族人民所食用的粮食，在早期主要是粟、黍禾、山芋、豆、薯类，到了近现代则以玉米、大米、红薯为主，次为芋、粟之类。遇上荒年，就采集蕨根，取其淀粉充饥。瑶族一日三餐，一般为两饭一粥或两粥一饭，农忙季节可三餐干饭。过去，瑶民常在米粥或米饭里加玉米、小米、红薯、木薯、芋头等，有时也单独煮食薯类或把稻米、薯类磨成粉做成粑粑食用。焖煮饭多用铁鼎锅架在火炕上的铁三脚架上或泥筑的灶上。有时也用煨或烤的方法加工食品，如煨红薯、烤嫩玉米、烤粑粑等。居住在山区的瑶民有冷食的习惯，食品的制作都考虑到便于携带和储存，所以粽粑、竹筒饭是他们喜爱制作的食品。《中华全国风俗志》中讲到了竹筒饭的制法：“瑶人截大竹筒，以当铛鼎，食物熟而竹不燃，亦异制也。”用竹筒烹制出的米饭别有一股竹的清香味。

瑶族日常所食的蔬菜有黄豆、饭豆、各种瓜类、青菜、萝卜、辣椒、香菇、木耳、竹笋、蕨菜、香椿、黄花菜等。蔬菜常制成干菜和腌菜。食用的肉类有牛肉、羊肉、鸡肉、猪肉、各种鸟兽肉。部分地区的瑶民还以鸟腌制的“鸟酢”和以牛羊、兽肉腌成的“酢”作为美味的民族食品，小鸟可带骨剁成“肉糁”，加葱、姜、辣椒，炒得骨酥肉脆后食用。他们还制作鱼鲊，可陈放数年甚至几十年，留备重大节日及款待贵客之用。这些酸菜、酸鱼、酸肉，也是外出劳作时的野餐佳品。

瑶族人喜爱饮用油茶和酒。热情好客的瑶民，凡客人至其家，不问生熟，“概由妇女招待，敬以油茶，客能多饮，则主人喜”。瑶族喝酒和抽烟的嗜好极为普遍。每逢客至，必以自酿米酒款待，“无论男女老幼，遇饮必醉，每值市期，其倒卧酒肆之旁及路侧者，指不胜偻”。这些日常饮食习俗，反映了瑶民豪爽淳朴的性格和热情好客的传统风尚。

瑶族的节日有盘王节、春节、达努节、社王节、清明节、六月六及小年节等。

（四）侗族

据第六次人口普查，侗族人口总数为2879974人。侗族居住区主要在贵州、湖南和广西的交界处，湖北恩施也有部分侗族。

1. 侗族的历史

历史学家们普遍认为侗族源于古代百越。秦汉时期，在今广东、广西一带聚居着许多部族，统称之为“骆越”，它是“百越”中的一支，侗族即是起源于此。侗族的社会历史直到唐代以前仍处在原始社会阶段。在漫长的原始社会里，侗族先民已经掌握了原始的稻作技术，驯养了家畜，还学会了酿酒。自唐代开始，侗族由原始社会直接向封建社会过渡。由于从唐至清，中央王朝在侗族地区建立羁縻州、实行土司制度，社会处在早期封建社会阶段。清初实施了“改土归流”，清政府对侗族人民进行直接统治，土地日益集中，此时的侗族社会进入了封建地主经济发展阶段。民国时期则在侗区实行了保甲制度，进一步加快了侗族封建社会的发展。新中国成立以后，侗乡于20世纪50年代完成了土地改革和社会主义改造，并在侗族聚居地实行民族区域自治，侗族社会历史进入了一个崭新的发展阶段。

2. 侗族的饮食

侗族以农业生产为主，兼营林业。主要农作物有水稻、小麦、粟子、玉米、甘薯、油菜、黄豆等，家畜、禽饲养有猪、牛、鸡、鸭、鹅，善于以塘养鱼，好饮米酒和茶，口味嗜酸辣。

侗族在宋代之前农耕已初具规模，并以农产品为食品的主要来源。清代，农业经济有了迅速发展，扩大了水稻的种植面积，旱地作物也占有相当比重。如光绪《会同县志·风俗》记，靖州会同县“**丰年粒米狼戾，中产之人犹食糜粥以备不虞，偶遇歉岁辄餐菜食葛**”。在清以前，旱地作物以粟谷、荞麦为大宗，玉米传入之后，跃居杂粮的主要地位，甘薯的种植仅次于玉米。如同治《保靖县志·物产》记，保靖“（玉米）**收期有早中晚之分，邑中甚多。**”“（甘薯）**养人与米同，邑多种之**”。

侗族人所在的大部分地区日食三餐，也有些地方有日食四餐的习惯，即两饭两茶。一天中间以两餐为正餐，正餐以米饭为主食，一般在平坝地区的侗民吃粳米饭，山区的侗民多食糯米。糯米性黏，多用于制作粽子、糍粑、糯米饭团。既能抗饿，又便于携带，而且不易变馊，备受侗族人民喜爱。“两茶”是指侗族民间特有的油茶。

侗族的副食有南瓜、苦瓜、韭菜、萝卜、刀豆、青菜、蕨菜等各类蔬菜，和鱼、牛、猪、鸡、鸭、虾等各种动物性食物。侗族最富盛名和最具特色的当数腌酸食品。侗族家家腌酸，四季备酸，天天不离酸，人人爱吃酸，正如歌谣中所唱的那样：“做哥不贪懒，做妹莫贪玩。种好白糯米，腌好草鱼酸。人勤山出宝，家家酸满坛”。

侗族的节日有春节、二月二、清明节、姑娘节、端午节、中元节、中秋节、冬节及重阳节等。

二、少数民族的饮食文化特色

长江中游少数民族主要居住在多山的相对比较封闭的地区，饮食古朴而天然，体现出鲜明的民族特色。

1. 饮食结构以粗粮为主，山珍野味占有一定比重

多山的地理环境不适于稻作的发展，却利于玉米、甘薯、马铃薯、荞麦、小

米、高粱等种植，因此湘鄂西苗族、土家族等民族的主食普遍以本地产的各种粗粮为主。加之山区交通不便，外地粮食输入困难，即使有少量大米等细粮的输入，也难以改变其以粗粮为主的饮食结构。多山的地理环境对其副食结构也产生了很大影响，即以各种野生动植物为原料制成的菜肴品种较多。他们将山间野果、野菜充分利用，制作出不少别具特色的山间菜肴。例如人们把橡栗浸泡磨浆后做成“橡子豆腐”，这种“橡子豆腐”在外形上和普通豆腐一样，吃起来却有一股香甜的橡子味。

2. 普遍嗜食酸辣

湘鄂西苗族、土家族等民族普遍嗜食酸辣的饮食习惯也与当地特定的自然环境密切相关。由于山区的水质较硬，含碱多，故需多食酸以中和之。他们所食之酸并非来自作为调味品的醋，而是来自本地自产的各种酸菜、酸鱼、酸肉等。几乎家家户户都有几个或十多个酸菜坛子，一年到头餐餐不离酸。在土家族人那里，几乎各种蔬菜都可以制成酸菜，如酸青菜、酸萝卜、酸洋姜、酸豇豆、酸大兜菜等，这些酸菜多用盐水腌泡而成，成品酸脆爽口。腌渍的酸肉、酸鱼也别具风味。同时，他们也嗜食辣味。由于山区海拔较高，森林茂密，降水丰富，丛岩幽谷之中日照不足，空气潮湿，加之“水泉冷冽”，故需驱寒散湿，而辛辣具有除湿利汗、温胃健脾的作用，因此他们多有嗜辣的习俗。

3. 食物储存独特，烹饪方法粗放

山区多雨潮湿的气候使得各种食物原料易于腐败变质，而交通的不便更为当地少数民族居民储存各种食物增加了不少困难。山民辛苦劳作而得的粮食和鱼、肉等产品，很难像交通发达的平原区那样拿到市场上销售。在长期的生活实践中，鄂西土家族人民发明了不少防止食物原料腐败的方法，如用风干、腌渍或熏制的方法来储存食物。

湘鄂西苗族、土家族等少数民族食物烹饪方法粗放，首先表现在菜肴的刀工成型上，他们的菜肴不太讲究刀工成型，多为大块切割。其次还表现在原料的

“混杂”上，即习惯于用多种不同的原料混合烹调，类似“大杂烩”。如土家族的“年和菜”（又称“合菜”），就是将粉条、豆腐、白菜、香菇、猪肉、下水等多种原料混合炖制而成，味鲜辣而杂，往往一炖就是一大锅。“羊杂碎”则是利用山羊内脏，如肚、肠、肺，及蹄、头等物，配上陈皮、八角、茴香、干辣椒、花椒等作料，混合煮制而成。在主食上，土家族人也同样喜欢掺杂，如常见的“苞谷饭”，是以苞谷为主，掺上少许大米蒸制而成。“豆饭”，是将绿豆、豌豆等与大米混合煮制。“合渣”是将黄豆磨浆，磨出来的浆、渣不分，将其煮沸澄清再加青菜等其他配料煮熟即成。民间还常常将豆饭、苞谷饭加合渣汤一起食用。烹饪方法粗放的再一个表现是烹饪方式单调。在那里，虽然也有蒸、煮、炖、炸、焖等不同的烹饪方法，但在具体制作一道菜点时，人们却很少应用先煮后炸、先炸后焖等二次、三次烹调，所烹饪的菜点多为一次烹调成熟。

4. 豪放淳朴，崇祖重礼

湘鄂西苗族、土家族的食风十分豪放，平日土家族人普遍喜欢用大大的土碗吃饭喝酒。如果饭碗太小，就觉得吃不舒服；酒碗太小，就觉得喝不爽快。这种豪放的食风在接待客人的筵席上，更是得到了十足的体现。一般说来，客人临门，夏天要先请客人喝一碗糯米甜酒，冬天则先请客人吃一碗开水泡团馓，再待以酒菜。鄂西土家人待客还喜用盖碗肉，即以一片特大的肥膘肉盖住碗口，下面装有精肉和排骨。为表示对客人的尊敬和真诚，土家族待客的肉要切成大片，酒要装放大碗。这种豪放的食风与其淳朴、豪放的民族性格有密切的联系。实际上，湘鄂西苗族、土家族人平时生活十分俭朴，往往是粗茶淡饭。但淳朴的山民十分好客，许多穷户人家如有酒、肉、蛋类，必留存到有客人来访时才肯食用。平时自己的饮食不甚讲究，一旦来客，便尽其所能让客人吃好喝好，可谓民风淳朴。

湘鄂西苗族、土家族崇宗敬祖、尊老爱幼。他们通过祭拜、野餐的形式缅怀先人们艰苦创业的精神，祈盼家族的兴旺发达。湘西土家族、苗族十分注重礼仪，如“拦门酒”就是苗家山寨里的一种古老习俗，凡迎接尊贵的客人，都要在门口或者村口摆上一碗碗酒，请尊贵的客人们每人都喝上一两碗或一两口。客人来访，必杀鸡宰鸭盛情款待。若是远道来的贵客，苗族人习惯先请客人饮牛角酒。吃鸡时，鸡头要敬给客人中的长者，鸡腿要赐给年纪最小的客人。①

土家族人民认为“礼之初，始诸饮食”，这是十分深刻的见解。因为“民以食为天”，一切礼仪的初始都源于饮食。自古以来，土家人就注重饮食之礼，比如席位的座次，要请尊长坐于神龛之左，这是最尊贵的位置，其次为神龛之右，以此类推，按辈分尊卑一一入座。菜肴则要先请长辈品尝，之后其他人方可动筷。对孩子的爱护，首先表现在日常生活中立规矩，潜移默化地施教。比如，要求孩子“坐要有坐相，站要有站相”，吃饭时若是孩子懒散、漫不经心，甚或洒落饭菜，必会受到家长批评，告之不允许糟踏食粮。孩子帮忙烧火做饭时，家长常将“人要实心，火要空心（增加氧气的进入量，使燃烧充分）”挂在嘴边，不仅教他们干好活，更教育孩子做人要真诚实在。邻家的老人、小孩若因故缺人照应，自家吃饭时一定会把他们叫上，甚至把自家孩子的零食毫不吝惜地拿出来给邻居家小孩吃，亲如一家，其乐融融。淳朴的民风代代相传，至今依然。

5. 谨守农时，勤勉互助

土家族是以农耕为主的少数民族，农业作物的收成对于土家族人民来说至关重要，所以土家族人民谨守农时、勤勉耕作。正如土家族谚语所说，“赶季节种宝，过季节种草”“八月无闲人，闲人是苕人”。土家族人的日常饮食时间也随着农忙、农闲发生着相应的变化，农忙时一日三餐简化为两餐。由于田地较远，为节约时间，土家族人一般是清早上山，中午进食干粮或由家庭主妇送餐，只有晚上才能吃上热腾腾的较为丰盛的饭菜。土家族人从小就被告知，要想吃到精米细面就必须选好种、勤除草、多施肥、防虫害等，要多向会种田的老农请教，勤劳才能致富。长时间耳濡目染“不违农时，促进生产”的观念已深深印入土家族人

① 刘於清、李平：《湘西少数民族饮食文化特色及可持续发展研究》，《南宁职业技术学院学报》，2010年第15卷第1期，第10~13页。

民的脑海里。

土家族人民历来具有团结互助的传统。譬如农忙时，大家互助帮工，齐心协力；遇到红白喜事，也总是出钱出力。经济条件较差时，婚丧宴席都是你家一斤米，我家一斤肉凑出来的。这种互助形式在经济不发达时期可以解决很多实际问题。

土家族节日的一些食俗强化了大家互相协作的精神。比如农历五月初五的端午节，土家族跟汉族一样要包粽子，相互馈赠盐蛋等食品。相比而言，土家族包粽子的场景更加热烈，一般都是男女老少齐上阵，包的包，扎的扎，煮的煮。尔后将腌好的盐蛋、煮好的粽子馈赠给邻里四舍，遇到过路的老老小小都会毫不犹豫地送上一份。

土家族地区虽然物种丰富，但土地较为贫瘠，粮食产量不高。土家族人民在长期的生活中养成了艰苦朴素的良好品质。过去土家族人民以甘薯、玉米、土豆为主食，菜肴以素食为主，只有过年过节的时候才能吃上一点肉。改革开放以后，人们的生活水平提高了，米面成了主食，各种肉食、蔬菜走入了寻常百姓家。但是土家族人民没有因此而改变艰苦奋斗的精神，相反他们节衣缩食，忌浪费，耻奢华，把大量的资金放在了子女的教育上。

6. 注重饮食养生

湘西土家族十分重视饮食习惯与养生保健的关系。冬令时节喜食狗肉，以补肾壮阳。冬春之际，喜吃炉子菜（火锅），无论荤素，以达温中元、驱寒气、防病延年之效。土家族人常在凉拌食品中拌加自酿的酒，以健肚肠。平日喜饮米酒，以解渴爽心、生津养神、驱寒健体。土家族人善于利用食物的冷热偏性来调节人体气血精的内外平衡。寒体寒病忌食生冷食物，热体热病忌食大热大辛。火旺便适宜服蜂糖、核桃以润肠滑便；吃鱼腥草，有利尿消炎之功。喜用花椒叶、柑橘树叶、辣椒等当调料煮菜，起到增加香味和开胃助消化的作用。苗族的饮食讲究井水卫生，讲究食物卫生，常吃一些带药性的食物，饮食全面，营养丰富。

第三节　鄂湘赣菜各领风骚

随着长江中游地区饮食文化的发展，逐渐形成了各具地方特色的鄂菜、湘菜和赣菜。

一、鲜味为本、兼收并蓄的鄂菜

湖北处于东西南北交会之地，菜品风味比较“折中”，曾被认为“个性不够鲜明，风味欠突出”。后湖北餐饮人认识到湖北菜既有楚乡韵味，又兼具百家之长正是湖北菜的优势。它土而不粗、俏而不媚，辣而不燥，甜而不腻，鲜而醇厚，登雅席绝无小家之气，入排档也不觉“曲高和寡”，具有更广泛的适应性。

为了更清晰地分析湖北菜的风味特点，我们以《中国名菜谱·湖北风味》（下简称《名菜谱》）一书中收录的236道湖北名菜为分析对象，从菜肴的品种类型、刀工成形、烹调方法、滋味、色泽、质感等六个方面进行分类统计，并在量化分析的基础上总结出湖北名菜风味的主要特色。

1. 以鱼为本，兼及禽畜

在湖北菜中，水产菜的数量位居各类名菜之首所占比例高达31.4%，这与

图8-1　湖北名菜——清蒸菊花武昌鱼（《中国名菜谱·湖南风味》，中国财政经济出版社）

湖北具有丰富的水产资源和百姓爱吃水产的悠久传统是分不开的。原料有鳊鱼、青鱼、鳜鱼、鲤鱼、鲫鱼、鳡鱼、鮰鱼、鲤鱼、鳝鱼、银鱼、春鱼、甲鱼、虾、蟹、蚌、鱼肚、鱼翅、海参、鲍鱼、干贝、石鸡、乌龟等，其中以团头鲂（武昌鱼）、鮰鱼、鱼肚、鳜鱼、鳝鱼、甲鱼、春鱼等最具特色。在此基础上烹制出了一系列颇具地方特色的水产名菜，如“红烧鮰鱼”“珊瑚鳜鱼”“明珠鳜鱼”“清蒸武昌鱼”“荆沙鱼糕”“黄焖甲鱼”“虫草八卦汤”“皮条鳝鱼”“鄂南石鸡”“炸虾球”“酥馓糊蟹”等。

湖北菜中的肉菜、禽蛋菜地位也很显著，肉菜所占比例为20.8%，仅次于水产菜。肉菜选用的原料以猪肉及其内脏为主，《名菜谱》中有35道肉菜以此为主料，占肉菜总数的71.4%；其次为牛肉、牛掌、羊肉；还有獐、鹿、野兔。代表菜有“珍珠圆子”“粉蒸肉”“应山滑肉”“螺丝五花肉”“千张肉”“蟠龙菜”“黄州东坡肉”“紫菜薹炒腊肉”“夹沙肉”“小笼粉蒸牛肉”“蜜枣羊肉”等。

禽蛋菜所占比例为20.3%，位居第三。禽蛋菜中以鸡及其内脏为主料的菜最多，共23道，占禽蛋菜总数的47.9%；其次为鸭及鸭掌（6道菜）、野鸭（6道菜）、野鸡及竹鸡（5道菜），还有鹌鹑、麦啄。代表菜有“板栗烧仔鸡”“翰林鸡”“瓦罐鸡汤”“芙蓉鸡片”“红烧野鸭”“母子大会”等。

湖北菜中的山珍海味菜、植物类菜也颇具特色。

山珍海味菜所占比例为11.0%，位列第四。较有地方特色的原料为猴头、甲鱼、燕窝（湖北神农架山地岩洞中出产土燕窝）等。代表菜有“武当猴头”“蟹黄鱼翅”“鸡茸笔架鱼肚”“冬瓜鳖裙羹”“鸽蛋燕菜”等。

植物类菜所占比例为10.6%。湖北省丘陵、河湖广布，盛产各类植物原料，其中包括香菇、银耳、猕猴桃、香椿、桂花、柑橘等特色原料，代表菜有“豆腐圆子”“椒盐蛋皮椿卷”“花浪香菇”“散烩八宝”“银耳柑羹”“拔丝猕猴桃”等。

总体上看，湖北名菜在采用原料上很有地方特色，通常以本地土特产和时鲜产品作原料，即使采用部分省外海味原料，也能因地制宜，制作出富于楚乡特色的菜品。

2. 刀工有术，大气美观

湖北菜注重外形品相，菜品原料的形态以块形菜和整形菜居多，比较“大气”较大形状的块状菜占32.2%，整形菜占19.9%，即有半数以上的湖北名菜形状较大，这与湖北名菜多以蒸、烧、炸、焖、煨等烹调方法是协调配合的。片状菜占16.3%，位居第三，也是一种常用的形状。

湖北菜中的茸、泥类菜所占比例较高，比例达14.8%，这是湖北名菜的一个显著特点。不少菜肴是将猪肉、鱼肉、鸡肉、红薯等制成茸、泥后再烹制而成。如“明珠鳜鱼”“橘瓣鱼氽”“空心鱼圆”“白汁虾面”“蒸白圆”“蟠龙菜”“芙蓉鸡片”“桂花红薯饼”“黄陂烧三合”“三鲜圆子”等。

湖北菜以刀工见长，追求刀工后的艺术效果，所以经花刀处理后再造型的菜肴比重较大，特别是新品名肴。据统计，花刀处理后再造型的菜肴占名菜总数的33.9%。所用花刀种类繁多，如凤尾花刀、柳叶花刀、兰草花刀、葡萄花刀、百叶花刀、十字花刀、多十字花刀、螺丝花刀、佛手花刀、麦穗花刀等。不少菜肴原料制成丝、片后再制成卷。将原料制成茸、泥后更是富于变化，把茸、泥再制成球、橘、瓣、片、元宝、荷花、葵花等。这类菜肴有“绣球干贝”“葱燵裙

图8-2　湖北名吃——瓦罐鸡汤

边”“葡萄鳜鱼”“珊瑚鳜鱼”“白汁鱼圆”“鱼皮元宝”“玉带财鱼卷”“螺丝五花肉”“锅烧佛手肚”“梅花牛掌”“琵琶鸡”“葵花豆腐”等。

3. 蒸法领衔，技法多样

在湖北菜中，“蒸制法”的使用频率最高。在《名菜谱》的236道鄂菜名肴中，便有59道菜采用了蒸制法，比例占25.0%，是应用最广的一种烹调方法。鄂菜的蒸法又分为粉蒸、清蒸、干蒸几种。“粉蒸”一般用小形原料（或加工成块、片等形状）加精盐、料酒、姜末、味精、酱类调味料等拌匀腌渍入味，再加入经炒香后磨成的粗粉，如米粉、豌豆粉、玉米粉等拌匀，而后蒸制。“清蒸”是将出水处理后的原料加调料入盘蒸熟，多用于水产类整形原料。“干蒸”是将原料加工整理后加盐、料酒、酱制品、干咸菜之类再蒸熟的一种方法。代表菜有“武当猴头”“蒸粉石头鱼”“清蒸武昌鱼”“荆沙鱼糕”“珍珠圆子”“粉蒸肉”“小笼粉蒸牛肉”“扣蒸酥鸡”等。

湖北菜中的“烧菜”所占比例为15.9%，“烧”又分“干烧”和“红烧”，其中以“红烧”最具特色。红烧多选用动物性原料中的水产类、畜类及其内脏、山珍海味制作，一般要加酱油、白糖，成菜为咸鲜回甜口味，汤汁红亮，调料约为原料的1/4，口感软嫩、肥厚。代表菜有“红烧鮰鱼”“红烧瓦块鱼”“红烧鲶鱼”“红烧野鸭”“海参武昌鱼”“烧鱼桥”等。

湖北菜中的煨汤技术具有独特的楚乡情韵，“煨”菜所占比例为4.2%，其中以煨汤技术最有特点。湖北民间多用灶内柴草余火煨汤，方法是把经过煸香的各种肉、禽类原料装在瓦罐中，置于灶内余火中长时间加热使其成熟。特点是使用暗火，煨制时间长，菜肴骨酥肉烂，汤汁浓醇，色泽乳白，鲜醇浓香。代表菜有“虫草八卦汤”“龟鹤延年汤”“牛肉萝卜汤”“瓦罐鸡汤”等。

4. 咸鲜为本，甜辣臣佐

湖北名菜以咸鲜为最基本的味型。在《名菜谱》收录的湖北236道名菜中，有115道属咸鲜味型，所占比例为48.7%。从六大类菜肴中咸鲜味型所占的比例来看，以山珍海味菜最高，高达88.5%；其次为其他菜，达78.6%，植物菜占52%，水产菜占44.6%：较低的为肉菜，占32.7%，禽蛋类占41.7%。说明山珍海味、植物菜、水产菜等多突出本味、鲜味。湖北素称“千湖之省”，淡水鱼虾资源丰富，而咸鲜口味的形成可能与楚人爱吃鱼有关。①

湖北菜中的咸甜、酸辣等味型，特色也很突出。咸甜、甜酸、无咸苦（纯甜、纯甜酸）几种味型占有较大比例，尤其咸甜味型更具特色。咸甜味型、甜酸味型、无咸苦味型所占比例分别为18.2%、8.1%、6.8%。带甜味的名菜数量很大，约有41.9%的湖北名菜带有甜味。十分突出的是，不少名菜具有咸鲜甜或咸鲜回甜味道。咸甜味型是在咸鲜味的基础，用白糖、冰糖、甜面酱等调料调出甜味，所以此味型有回味悠长、滋味醇美的特点。

甜辣、甜酸辣、咸麻等味型也颇有特点，它们所占比例分别为4.2%、3.8%、3.4%。湖北名菜中的带辣味菜占13.6%，带酸味菜为16.1%，这些菜除以咸鲜味为基础外，往往添加甜味调料，形成咸鲜甜辣、咸鲜甜酸辣等味型，这也是湖北菜的独特之处。

5. 注重本色，遗风“尚赤”

本色菜肴在湖北名菜中占有较大比重，为42.4%。本色菜烹调时不加有色调料，突出原料的固有色彩，体现了一种明净秀雅、清新淡雅之美。代表品种有“武当猴头”“鸡茸笔架鱼肚”“氽鮰鱼”“空心鱼圆”“芙蓉鱼片”“鸡粥菜花”“清炖野鸡汤”“虾蛋蹄筋”等。

湖北名菜注重着色，红黄色彩菜肴比例大，色泽鲜亮。红色菜与黄色菜合计起来占湖北名菜总数的57.6%，具有古代楚人“尚赤”之遗风。红色菜一般是在烹调时加入酱油、酱类、番茄酱等有色调料制成，代表菜有“珊瑚鳜鱼”“黄州东坡肉”“螺丝五花肉”“红烧野鸭”等。黄色菜一般是在烹调时加入较少量的有

① 姚伟钧：《长江流域的地理环境与饮食文化》，《中国文化研究》，2002年春之卷，第131~140页。

色调料，使菜肴呈现黄色。一些炸、烤等烹调方法制作的菜肴也要形成诱人的黄色，代表菜有“酥炸鱼排”“黄焖圆子”“拔丝猕猴桃”“黄陂烧三合”等。

6. 嫩字当家，兼备酥烂

湖北名菜的质感以“嫩”最为突出，在《名菜谱》收录的236款湖北名菜中，有近百款菜的质感以嫩为主，所占比例高达40.9%。菜肴的质感主要与其用料、刀工成形、烹调方法等有直接关系。首先，原料质地是菜肴质感形成的基础。湖北名菜所用的动物原料以鱼虾、鸡鸭及猪肉等为主，这些原料组织结构中含水量高，结缔组织少、肌肉持水性较强；而所用的植物原料更是以柔嫩的豆腐和各种鲜嫩蔬果为主。其次，刀工成形和烹调方法是菜感形成的关键。湖北名菜中，有相当数量的菜肴原料被加工成细小或极薄的片、丝、茸、丁、粒等形状，有些还要上浆，有利于菜肴快熟和保持水分。蒸、炒、烩、烧等烹调方法的使用，更促使菜肴形成质“嫩”的特点。

“烂”在湖北名菜的质感中位居第二。有21.3%的湖北名菜呈软烂、肥烂、酥烂的质感。使用的烹调方法是蒸、煨、炖、焖等，长时间加热。其中蒸菜占25.0%，煨菜占4.2%，焖菜占4.0%，炖菜占3.0%。

“酥”在湖北名菜的质感中地位较突出。有20.8%的湖北名菜表现出酥的质感。“酥”，多通过油传热的烹调方法来完成。当原料与高温油接触后，原料组织中的水分迅速气化逸出，则形成酥松、酥脆、外酥内嫩的质感。在湖北名菜中，干炸菜占11.0%，焦熘菜占6.1%，均有“酥”的质感。

“糯”感名肴也占有一定的比重。有8.1%的湖北名菜表现出糯的质感。湖北名菜中有一些采用含胶原蛋白高的原料及糯米等原料制成，烹调中又经慢火加热或加入白糖、冰糖烹制，令成菜呈现出糯的质感。

7. 面点小吃尽显楚韵

湖北面点小吃用料广泛，且注重就地取材，地方特色十分突出。米、麦、豆、莲、藕、薯、菱、菇、橘、野菜、桂花、木耳、鱼、虾、蟹、畜、禽、蛋

图8-3　湖北名点——面窝

等均被选作小吃的原料，因此湖北小吃的花色品种繁多。其中米、豆、莲、藕、薯、鱼等原料使用广泛，地方风味鲜明。

湖北面点小吃制作精细，广泛采用揉、搓、擀、切、叠、包、捏、嵌、擦、盘、削等操作技艺，以及煮、蒸、炸、煎、烙、烤、炒、煨、炖、烩、烧、炕等熟制方法。湖北面点小吃工艺讲究，如“三鲜豆皮”要求火功正、皮薄浆清、油匀形美、内软外脆；“四季美汤包”在包馅时讲究剂准、皮圆、馅中、花匀；“枯炒牛肉豆丝”要求一次只炒一盘，且火不宜过猛，要炕炒至色黄、质枯。

湖北面点小吃风味各异，色、质、味、形丰富多彩。就成品而言，颜色上有白色、淡黄、金黄、褐黄、红色、黑色、绿色、花色等类别；质感上有软嫩、滑嫩、滑爽、松泡、酥脆、酥松、软糯、粉糯、肥糯、软烂、酥烂、柔韧、干香等类型；滋味上有咸鲜、咸甜、咸鲜酸甜、咸鲜酸辣、咸鲜酸辣麻、咸鲜麻、纯甜、纯甜酸等味型；形状上有圆饼、包子、饺子、面条、方形、菱形、球形、羹汤、丝形等种类。

二、酸辣为魂，阳刚霸气的湘菜

湘菜以“辣”著称，有“无辣不成湘菜”“辣椒是湘菜的灵魂”等说法。可以说，湖南人嗜辣成性，湘菜菜肴不仅少不了“辣椒”，不少湘菜名称也包含有“辣椒”一词，如传统湘菜“麻辣仔鸡”“酸辣肚尖”“油辣嫩鸡”，口味菜“香辣鱼”“香辣蟹”，创新湘菜“酱椒鱼头”“辣味豆腐盒”等。湘菜对“辣椒”的吸收，主要是地理因素的原因：一是湖南温差大、湿度高，适宜辣椒生长；二是辣椒祛寒去湿，适宜在湖南食用。此外，辣椒融入了湖南人“敢作敢为、坚忍刻苦”的性格特征，深得湖南人的喜爱。因此，辣椒在湖南得到了很大的发展，并被广泛地应用在湘菜中。在辣椒引入湖南的三百多年中，湖南人培育出两百多个各具特色的辣椒品种，如“剁辣椒”“酸辣椒”等。

湘菜反映了湖湘文化“兼收并蓄、博采众长”之风。湘菜对其他菜系烹饪方法的借鉴，是湘菜不断进步的重要原因。如“奶汤鱼翅”“怪味蚕豆”“酱爆肉片”“爆炒猪肚”等湘菜，即是“兼收”“博采”的得意之作。其中的“奶汤”是鲁菜特有的提鲜原料，“怪味”是川菜独创的味型，“酱爆”“爆炒”的烹调技法也是鲁菜创制的。此外，“咖喱仔鸡”“石锅牛排”“鱼子酱牛蛙钵”等湘菜新菜品，把西餐中常见的一些原料“咖喱、牛排、鱼子酱”等引入到湘菜中，丰富了湘菜的原料和菜品。

一些菜肴的制作独具新意，这在湘菜名称中也有所表现，如“臭豆腐烧牛排”“腊八豆蒸猪排”，这两道菜肴在原料的搭配上就显得很特别，可谓是“中西合璧”。“臭豆腐”“腊八豆”都是湖南本土的特色食品，而“牛排”“猪排”则是西餐桌上的主食。湘菜厨师秉承着创新的精神，把具有浓厚乡土气息的本土原料和西餐原料相结合，创制出了别具风味的湘菜新菜品。湘菜在坚持其传统特色的基础上，博采众长，坚持“拿来主义”，广泛地吸取其他菜系中具有特色的事物，并融会贯通，丰富发展了湘菜的内涵。

湘菜体现湖湘文化的“经世致用”之风，即理论与实践相结合以经邦济世，这是中国儒家的一种优良学风。湘菜经营者即是密切关注现实，把人们的关注热点融入湘菜文化中，于就餐消费中享受饮食文化。例如当今社会绿色消费观念深入人心，人们向往回归舒适自在的田园生活。湘菜经营者由此推出绿色乡土菜，如“田园小炒花枝片”“田园鸡”“酱瓜田园菜”“生态小炒”等。[①]

我们以《中国名菜谱·湖南风味》（下简称《名菜谱》）一书中收录的湖南名菜为分析对象，进行分类统计，在量化分析的基础上总结出湖南名菜风味的主要特色如下。[②]

1. 水产菜居首，禽蛋肉次之

湖南菜中水产菜位居各类菜之首。在《名菜谱》收录的湖南菜中，水产菜所占比例达24.9%，这与湖南具有丰富的水产资源和悠久的食用水产的传统是分不开的。湖南拥有一碧万顷的洞庭湖，并有湘、资、沅、澧四水涵汇于此。得天独厚的水生条件为湖南人民提供了多种多样的水产品。早在两千多年前的《吕氏春秋·本味篇》中就有“鱼之美者，洞庭之鳟”的赞美。据初步统计，在充当湖南名菜主料的100种原料中，水产原料有25种（尚不包括海味类菜中所用6种），其中鳜鱼、鮰鱼、银鱼、笔鱼、龟、甲鱼等均是特色原料，在此基础上产生了“翠竹粉蒸鮰鱼”“网油叉烧洞庭鳜鱼”“芙蓉鲫鱼”“祁阳笔鱼”“洞庭金龟”“原汁武陵甲鱼”“子龙脱袍”等一系列颇具地方特色的水产名肴。

湖南菜中的禽蛋菜、肉菜地位也比较显著。禽蛋菜所占比例为20.1%，仅次于水产菜。禽蛋菜选用的原料以鸡为最多，其次为鸭、鸽、野鸡、野鸭等，代表菜有“东安子鸡”“油淋庄鸡”“红煨八宝鸡”“麻辣子鸡”“一鸭四吃”“花菇无黄蛋”“酱椒胰子白”等。肉菜所占比例为18.3%，位列第三。肉菜选用的原料以猪肉及其内脏为最广，其次为牛、羊、狗、兔，代表菜有“走油豆豉扣肉”“荷叶粉蒸肉”“湘西酸肉”“黎篙炒腊肉”“宝塔香腰”“发丝百叶”等。

湖南菜中的植物类菜所占比例为14.8%，位居第四位。湖南省丘陵山地广布，盛产各类植物原料，其中包括冬菇、草菇、寒菌、冬笋、湘莲、香椿等特色原料，代表菜有“冰糖湘莲”“红烧寒菌”“油辣冬笋尖”“凉拌香椿”等。山珍海味菜所

---

① 蔡宇华：《湘菜名称研究》，《湖南师范大学》，2007年5月，第1~79页。

② 谢定源、白力刚：《湖南名菜主要特点的量化分析》，《中国烹饪研究》，1998年3月，第38~43页。

占比例为10.0%，构成山珍海味菜的原料大多不为湖南所产，而是引进后由湖南人精制成富有湖南特色的名菜，如“红煨鲍鱼”“红煨刺参”“冰糖燕窝”等。

总体来看，湖南名菜的原料极具地方特色，使湖南菜产生了深厚的乡土气息。

2. 传统菜质朴，新品菜美观

湖南名菜的形态比较质朴、自然，保持主料自然形状的整形菜占湖南名菜总数的23.1%，其中只有少数菜进行了艺术造型，较大形状的块状菜占21.4%，形状精细的丝、糊、茸、丁、粒等所占比例不高，体现了湖南菜追求朴实自然，不事雕凿修饰，以古拙质朴为美的基本格调。

湖南传统名菜中造型菜不多，而创新菜却有明显变化，开始注重菜肴的形式美，注重花刀、造型与色彩、装饰。如创新菜“开屏柴把鳜鱼”是用鳜鱼肉丝等原料制成的一幅造型美观的孔雀开屏图，栩栩如生。“葵花虾饼”则是用虾茸制成的美丽绽放的葵花。“金鱼戏莲”是将鱿鱼卷制成活泼可爱的金鱼，嬉戏于用鸡蛋、虾茸、青豆制成的群莲之中，妙趣横生，令人目悦心怡。

3. 蒸法居冠，煨炒居亚

湘菜中的蒸制法使用频率最高在《名菜谱》收录的229道湘菜名肴中，便有

图8-4　湖南名菜——腊味合蒸（《中国名菜谱·湖南风味》，中国财政经济出版社）

图8-5　湖南名菜——红烧肉（《中国名菜谱·湖南风味》，中国财政经济出版社）

47道菜采用了蒸制法，是应用最广的制法。湘菜的蒸制法颇有特色，蒸又分为原蒸、粉蒸等。“原蒸”菜肴以鸡汤为重要原料，要经过干蒸、汤蒸两个阶段。“干蒸”使主料排水去腥，“汤蒸”是在原料碗中加入鸡汤，使原料回软入味，成菜后醇美鲜香。“粉蒸”则是将原料与炒干碾碎的糯米、粳米拌和蒸制。湖南名菜中的一些品种还辅以荷叶或竹筒，成菜造型独特，形味兼美。蒸菜代表有“海参蒸盆”“荷叶粉蒸肉”“原蒸肚片”“腊味合蒸”等。

湖南菜的煨制法风貌独特，独树一帜。在湖南名菜中有32道菜肴采用了煨制法。湘菜的煨包括红煨与白煨两种，“红煨”常选用湖南的地方名产酱油做调料，成菜口味浓郁、汁浓红亮、有酱香，秋冬季节多采用此法；“白煨”是不加或少加酱油等有色调料，成菜质地软烂、口味清淡，春夏多用之。煨菜的特点是主料突出、原汁原味、质软汤浓、鲜香醇美。煨菜一般选用能适应长时间加热、质地韧性较强的原料。23道山珍海味菜肴用煨制法制作的达9种之多。因鱼翅、鲍鱼、海参、鹿筋等采用其他制法不易表现出最佳风味，这些原料加入鸡肉、猪肉后经长时间加热煨制，其质感滋味更为佳美。煨制法代表菜有“红煨鱼翅”“组庵鱼翅”“红煨八宝鸡”“红煨狗肉”等。

炒制法在湖南名菜中也广泛使用。在湖南名菜中有34道菜采用了炒制法，使用次数仅次于蒸制法。炒菜多具鲜、嫩、香、辣特点，“麻辣子鸡”“湘西酸肉”“冬笋腊肉”“炒血鸭”等都是富有湖南特色的炒制菜肴。

湖南菜还以擅长腌腊烟熏闻名于世。制作酸味食品和烟熏禽畜肉类，是湘西地区饮食的一大特色。代表菜如“干煎酸肉”“肉末酸豆角”“什锦酸合菜”“湘西酸肉”“冬笋腊肉”“腊味合蒸”等。

4. 酸辣为本，湘韵浓烈

湖南菜以咸鲜为最基本的味型。在《名菜谱》收录的229道湖南名菜中，有107道属咸鲜味型。从六大类菜肴中咸鲜味型所占比率看，以山珍海味菜为最高，高达87.3%，其次为其他菜，达55.6%，水产菜达48.8%，植物菜达47.1%，较低的为肉类菜，为28.6%，禽蛋菜是35.9%。说明山珍海味菜、水产菜、植物菜等多突出本味、鲜味。

咸甜，也是湖南名菜中较有特色的一种味型。湖南名菜中有22道咸甜味型的菜肴，所占比例仅次于咸鲜味型的菜肴。此种味型的调制是在咸鲜味的基础上用冰糖、砂糖或甜面酱等调出的甜味，所以具有回味悠久、滋味醇美的特点。

最能体现湘菜韵味的是“酸辣”味。在《名菜谱》收录的湖南名菜中，有19道菜肴是酸辣味型。湘菜的“酸辣”乡土味十分浓郁。湘菜除了用食醋和辣椒调制酸辣味外，还常用酸泡菜和朝天椒混合制成酸辣汁，按此法烹制出的酸辣菜者可谓风味独具。

湘菜重酸辣是与湖南所处的地理位置有直接关系的。湖南地处亚热带丘陵，潮湿、温差大；辣椒可以祛风湿寒热。另外湘西南山区百姓为了缓解当地缺盐的情况，则以辣椒当盐来调味。这些因素使湖南逐渐发展为中国吃辣椒最厉害的几个省份之一。在吃辣椒的方法上，湖南人比其他地方更胜一筹，湘菜中常以干辣椒做调料，也生吃。就制作辣椒的技术而言，湖南各地都不同。如常德以炸干辣椒最为出名，衡阳以竹筒卜辣椒或甘草卜辣椒为代表，绥宁以灌辣椒为特色，长沙则以剁辣椒著称。另外，酸口味的形成也与气候有着直接关系。在潮湿闷热的山区，酸味可以促进食欲，与辣味结合在一起，可减轻辣味的刺激而适口，还有祛风祛湿的功效。

湘菜中的传统口味保留至今，且发扬光大，许多湘菜新菜品都沿袭了酸辣这种独特的风味。如“酸辣笔筒鱿鱼”“酸辣鱼丝”“酸辣寒菌”“酸辣凉薯丝”“酸辣蛇丁”等，辣中带酸，酸中有辣，相辅相成，口感十分适宜，湖南风味突出。

5. 红黄本色，质感嫩酥

与鄂菜相似，湖南名菜中有44.9%的菜呈其本色，如“虾仁鱼肚”“奶汤生蹄筋”“纸包石榴鸡”“君山鸡片”“竹荪玻璃鱼片”等红色菜肴与黄色菜肴合计起来占湖南名肴总数的约一半，稍高于本色菜肴所占比例。红色代表菜有“红煨鲍鱼”“红煨八宝鸡”“烧烤大方”等。黄色菜肴以“椒盐兔片”“油焖整鸡腿”“桃源铜锤鸡腿”等为代表。

湖南菜的质感以嫩为主，酥、烂突出。在《名菜谱》中，有40.5%的湖南名菜质感为“嫩”，19.1%的湖南名菜质感为“酥”，14.8%呈现出烂的质感。以“嫩”为主是湖南名菜质感的最大特点。

6. 烹饪器皿湘音袅袅

湘菜中不仅以竹器作为饮食盛器，还以竹子作为烹饪器皿制作菜肴，成为湘菜一大特色。早在先秦楚国人就有以竹筒为器皿煮食米饭的习俗，当今，湘菜厨师沿用了古时制作方式，选用新鲜的翠竹筒，盛料后密封，使菜肴融入竹子的淡淡清香，极富乡土气息。湘菜还有用荷叶、树叶包裹食物的方式。如“荷叶粉蒸排骨”“荷叶粉蒸牛肉”“荷叶糯米鸡”“荷叶软蒸鱼”“荷叶粉蒸鸭”等，都是用荷叶作为烹制器皿。

洞庭湖地区也有专门吃鱼的饮食器具，如“颤钵炉子”就是湖区居民在长久吃鱼鲜的过程中发明出来的，可以边煮边吃，食物滚热鲜嫩，深受湖区居民的喜爱。这种陶制的颤钵、砂锅或金属小锅。如今为湘菜制作而大量使用，并形成“钵子菜”系，如“神仙钵子”“虾仁萝卜丝钵子”“茶熏水鱼炖野藕钵子”“三杯鸭钵子”“鲤鱼炖皮蛋钵子”等。

三、香辣为魄，刚柔相济的赣菜

赣菜又称江西菜，乡土味浓，主要由南昌、赣州和九江等地方流派组成。其主要风味特色是：选料严谨、制作精细、原汁原味、油厚不腻、口味浓厚、咸鲜兼辣、辣味适中，南北皆宜，具有广泛的适应性。[①]其中，南昌菜肴讲究配色、造型。九江有浔阳鱼席，菜品色重油浓，口感肥厚，喜好辣椒。江西山区讲究火功，菜肴丰满朴实、注重原味。经过长期发展，赣菜逐渐形成了独特的风格。1964年中国财政经济出版社出版的《中国名菜谱》上收录了大量的赣菜。1986年江西科学技术出版社出版的《江西名菜谱》收录了肉菜、水产菜、禽蛋菜、野味菜、甜菜、素菜、豆腐菜、其他菜等各种菜品共209个。此外，还有大量的民间菜未及整理。

在原料选取上，赣菜崇尚绿色、生态、健康理念，菜品乡土气息浓。江西生态环境好，取自本土的原料绿色健康，如鄱阳湖的藜蒿、井冈山的竹笋、军山湖的大闸蟹、余干的辣椒等。赣菜选料严谨精细，要求鲜活，部位取用，分档取料。以小炒鱼为例，要求鲜活鲩鱼，重一斤半左右，只取肚皮上无骨的那一块。要求鱼不能大，大则肉粗，小则过嫩。江西著名的风味菜点有：豫章酥鸡、五元龙凤汤、三杯仔鸡、瓦罐汤、香质肉、冬笋干烧肉、藜蒿炒腊肉、原笼船板肉、浔阳鱼片、炸石鸡、兴国豆腐、米粉牛肉、金线吊葫芦、信丰萝卜饺、樟树包面、黄元米馃、米粉蒸肉、豆泡烧肉、八宝饭、井冈山烟笋、南昌狮子头、南昌炒粉、南安板鸭、贵溪捺菜、宜丰土鸡等。

赣菜烹饪技法多种多样，注重火候，以烧、焖、炖、蒸、炒等制法见长。其中“粉蒸”是一特色，比如粉蒸肉、粉蒸大肠。赣菜在质感上，讲究原汁鲜味，酥、烂、脆，油而不腻。在刀工处理上，要求厚薄均匀，长短一致。配料时注重营养成分的搭配和利用药膳的营养原则。菜成后，注重选配盛具，讲求装盘的造

① 王俊暐：《关于赣菜振兴问题的学术探讨——“赣文化背景下的赣菜文化与经营研讨会”综述》，《企业经济》，2008年第5期，第144~146页。

图8-6 江西赣南春节食俗——打黄元米馃（CCTV.com，项火摄影）

型美，并适当选用异形盘，引起人们的食欲。

江西有近山靠水的地理环境和气候特点，雨季长，降水量大，湿气重，因此赣人饮食口味喜香辣，偏咸鲜，味道重。

由于江西民风的包容性，菜品风格也多姿多彩，受到周边省份菜系风格的影响，使赣菜显现出海纳百川的特点。如南部的赣州受到广东客家菜的熏陶，北面的九江有鄂菜和徽菜的影子，婺源更是承袭了徽菜的传统，进而影响整个赣菜体系。

第四节　食品工业与餐饮业的发展

一、长江中游地区食品工业的发展

1. 湖北食品工业的发展

新中国成立以后，特别是改革开放以来，湖北的食品工业呈现出快速发展的势头。

食品工业的产品质量明显提高，形成了一批优势品牌。湖北省广泛推广标准化生产和健康养殖，加大了食品监管的力度，切实保障农产品质量的安全。全省绿色食品品牌数在全国位居第2位，优质稻、麦占75%，优质猪、禽、鱼比例达70%。

食品工业的产业链不断延伸，形成了一批特色经济板块。例如，湖北推行种植建板块、畜牧业建小区、水产建片带，分别重点建设了46个粮食大县、20个油菜大县、10个茶叶大县、30个畜牧大县、26个水产大县。同时，围绕农产品精深加工，不断延伸产业链。各地新上一批米乳、饴糖、玉米浆、米糠油、方便饭、方便粥、方便米线、方便糕点等深加工项目。[①]

几十年来，湖北省的食品工业获得了长足的发展。

2. 湖南食品工业的发展

湖南省农产品资源丰富，围绕这一资源优势，湖南省重点发展了精深加工业，逐渐形成了粮食加工业、畜禽肉类加工业、食用植物油加工业等一批优势产业，产业规模不断扩大，出现了生产持续快速的增长。

全省食品产业年均增长40%以上。全省稻谷产量居全国首位；生猪出栏居全国第2位；茶叶产量居全国第6位；淡水产品产量居全国第5位；油料、柑橘、蔬菜等农产品产量也居全国前列。

省内各食品企业不断成长壮大，品牌建设力度不断加大。全省共有食品工业企业近两万家，其中较有规模的食品工业企业有一千多家，并形成了一批品牌群，如已拥有了“中国名牌产品”“中国驰名商标”“湖南名牌产品”“省著名商标”等诸多的荣誉称号，[②]成为食品工业发展的标志。

---

① 葛天平：《发挥湖北资源优势打造食品工业大省》，《当代经济杂志》，2008年第10期，第12~13页。

② “2010湖南食品加工及机械展览会”宣传部：《湖南食品产业发展现状及十一五食品工业发展规划》，2010年6月10日。

3. 江西食品工业的发展

新中国成立后，特别是改革开放以来，江西省各地将食品工业当作一项重要的基础产业来发展，发展环境不断改善，产业地位不断提升。

江西省创造了良好的政策环境促进了食品工业的快速发展。改革开放30多年来，全省食品工业经济效益大幅提高，30年累计实现税利近460亿元，是1980年的40倍。特别是进入21世纪以来，全省规模以上的食品企业实现利税跨越式增长，年均增幅达到19.7%，成为财政收入的重要来源。

江西省的科技创新成效显著，产品技术含量和质量不断提高。依托全省食品工业科研院校的力量和食品工业专家网络，大力推进产、学、研一体化，科、工、贸一条龙，推进企业技术开发和创新。特别是近几年来，全省食品行业通过大力推广农产品采后保鲜、保藏技术，现代生物技术、真空浓缩技术、微胶囊技术、膜分离技术、真空冻干技术、超高压技术、基因工程技术等现代技术，使全省食品工业产品科技含量不断提高，竞争力不断提升。

江西省的食品工业结构调整成效显著，方便食品、绿色食品快速发展。改革开放初期，全省食品生产企业主要分布在盐加工、粮油加工、罐头加工、制糖、卷烟、白酒、啤酒等几个行业，生产规模都比较小。如今，全省食品工业已成长为农副食品加工业、食品制造业、饮料制造业、烟草制品业四大行业。方便食品、速冻食品、绿色食品、有机食品等也迅速发展起来，且势头强劲。①

二、长江中游地区餐饮业的发展

1. 湖北武汉餐饮业从缓慢发展到迅速崛起

自1978年的改革开放以来，湖北省的餐饮企业焕发了青春，饮食业重新划为

---

① 江西省食品工业办公室：《改革开放30年江西食品工业发展成就和未来思路》，《食品在线》，2008年12月29日。

酒楼、餐厅、专业风味小吃店、经济饭馆、熟食面点馆5种类型，并逐步恢复了各帮风味。20世纪80年代，各类餐馆营业活跃，竞争激烈，各自发挥优势，满足不同层次的饮食消费需要。呈现出以鄂菜为中心，各帮风味竞相发展的经营特色。

但这一时期，出现了一些"老字号"餐馆的衰败。老字号餐馆往往拥有世代传承的技艺或服务，具有鲜明的中华民族传统文化背景和深厚的文化底蕴，取得社会广泛认同，形成良好的信誉品牌。但是，自20世纪80年代中期以后，老字号在洋快餐和现代餐饮业的冲击下节节败退、衰落甚至消亡。这与市民食品消费结构、生活方式的变化有关，也与企业机制不合理有关。这一时期，武汉的四季美汤包、大中华武昌鱼、小桃园鸡汤等逐渐被人们淡忘。数据表明，这个时间段的诸多"老字号"，勉强维持现状的占70%；长期亏损、面临倒闭、破产的占20%；有一定规模、效益好的则很少。

改革开放以后，湖北的西餐业快速发展，特别是武汉地区更为显著，数百家西餐企业遍地开花，餐厅种类有：西式正餐、西式快餐、酒吧、咖啡厅、茶餐厅等，同时还有日餐、韩餐及东南亚餐。

这些西餐业有着一些很值得中餐学习的特点：

例如，网点发展非常迅速。基本遍布武汉、江岸、江汉、武昌等区，发展速度快，触角长，从高档到中档到低档，从传统的西餐到便餐、茶餐同时出现，多种业态在西餐企业中发展的相当丰富，而且每种业态都有相当一部分的消费群在追捧，使西餐的消费出现了多层次、多品种的局面，表现出了十分活跃的生命力。

西餐业的连锁化推进了它的品牌效应。西餐很多企业是靠品牌、靠连锁迅速发展起来的，西餐企业一进入武汉地区市场，即以现代化的风格与形式推进。使西餐企业很快进入相对的成熟阶段，这对企业的经营以及对品牌的附加值产生了非常好的作用。

武汉地区的西餐业有一支高素质的服务、管理人员队伍，从品牌包装到环境营造以及菜品制作，都对从业人员提出了更高的要求。

这些西餐店的文化包装创造了重要的附加值。与中餐不同，西餐店的菜点品种并不多，它不是靠品种繁多的菜点来吸引客人，而更重视营造一种文化。文化包装创造了丰厚的附加值。

西餐店的产品标准化，以及注重营养卫生。一些西餐连锁店从一建店就考虑了中心厨房、配送和产品标准化，西餐企业一起步就在一个很高的起点上。西餐企业从进货到厨房，从原料选择到制作，从营养搭配到出品大都遵循西方传统的卫生营养原则，突出卫生和安全原则也吸引着很多高层次的消费群体。

西餐店的本土化成为重要的卖点。武汉的西餐正视所售产品要面向武汉的消费者，不断打造卖点，赢得了诸多的消费者，创下了不菲的企业效益。①

2. 湖南餐饮业异军突起

改革开放以来，湖南将湘菜餐饮业作为重要产业抓，湖南省政府下发了《关于加快发展湘菜产业的意见》，从制定湘菜产业发展规划、完善湘菜产业体系、加快规范化和标准化进程、着力打造品牌、加大资金扶持、加快人才培养等方面明确了16条要求，此外，还制定了首个地方标准《湘菜基本术语、分类与命名》，在全国开创了菜系标准化先河。

湖南积极实施餐饮业品牌战略，打造餐饮航母。积极吸引外来资本和民间资本进入餐饮产业；开展“振兴老字号工程”；评选认定名菜、名店、名厨；使湖南一些餐饮企业不断壮大。

湖南省注重挖掘传统餐饮文化，他们将建筑设计、店堂布置、人员着装、器皿菜名和烹饪方法等都用一种有鲜明特色的文化观念统一起来，以走出一条经营新路。餐饮文化建设贯彻了以人为本、人与自然和谐相处的理念。多以弘扬文化为主题，用文化精华元素丰富湘菜底蕴。

长沙餐饮业的竞争重在口味，现已形成三条富有特色的饮食街，产生了规模

---

① 涂水前：《武汉西餐市场现状与发展》，《武汉商界》，2006年5月，第38~40页。

效应。近年来，湘菜产业蓬勃发展，在全国，湘菜的影响力和辐射力大幅向前跃升，形成了较好的产业发展环境，涌现了一批知名的龙头企业，形成了一些特色鲜明的原辅材料基地。

3. 江西餐饮业从低潮到快速发展①

江西的餐饮业同样经历了从新中国成立初期到改革开放前的一段曲折，南昌的发展状况是整个江西的缩影。

自1978年改革开放以后，国民经济逐步走上正轨。文革期间南昌市被取消的饮食网点逐步得到恢复，并重新出现了集体、个体饮食店，逐步形成了以国有饮食店为主体，集体、个体饮食店为辅的格局，方便了市民在外就餐的需求。

从20世纪90年代开始，造就了一些私营餐饮新锐，这一时期国有餐饮经济出现了衰退，私营和个体餐饮经济则得到快速的发展。

2001年以后南昌市餐饮经济进入飞速发展时期。这一时期餐馆数量的增长快、餐馆规模的扩张快、餐馆的投资增长快。

南昌餐饮市场的快速增长，吸引了不少外地的餐饮企业进驻南昌，如川菜、湘菜、杭帮菜、粤菜等。这一时期，许多新的经营方式、管理模式被引入，受到了市场的欢迎。

南昌餐饮业注重把餐饮与文化日趋紧密的结合，不断提升企业文化内涵。一是增强就餐环境的文化内涵；二是提高员工的文化素质；三是增强饮食产品本身的文化内涵。如民间饭庄主推民间瓦缸煨汤，这是来自江西民间传统的煨汤方法，以瓦罐为器，配以各种食物，加入天然矿泉水，置入直径1米左右的大瓦缸内，以硬质木炭火恒温煨7小时以上而成。又如“豫章十景”宴，即是以南昌市著名的十大风景名胜为主题，选用江西特产原料，运用赣菜独特的烹调方法，大胆创制出的宴席，构思巧妙，寓意于景。

① 顾筱和:《1978年以来南昌餐饮经济的变迁与趋势》，南昌大学硕士论文，2006年6月，第1~45页。

但总体来看，南昌的餐饮业与国内餐饮发达的城市比较，无论是在企业规模、营销手段上还是管理方法、服务意识上都存在着一些差距。

4. 长江中游地区餐饮业的发展态势

改革开放30多年以来，长江中游地区餐饮市场的传统格局已被打破，可谓烽烟四起、群雄逐鹿，餐饮大潮汹涌澎湃，并呈现出如下特点。

（1）发展迅速，竞争激烈　随着经济的发展，城乡人均收入持续增加，市场更加活跃，需求渐旺，餐饮业的发展仍有很大的空间。目前，餐饮市场竞争已进入到白热化的程度。一些餐馆不久前还人气很旺，转眼间便销声匿迹了，人们不禁发出了“红颜何以如此薄命”的感叹。近几十年，长江中游地区的餐饮业经历了菜品风味战、价格战，现在已步入到品牌战阶段。品牌战是市场竞争的一次跳跃与升级，品牌经营是从技术、菜品质量、服务、餐饮环境、企业文化等诸多方面协同作用，打造出企业良好的整体形象。品牌大战将是未来餐饮竞争的一个显著特点。

（2）饮食观念与审美情趣在转变　当今中国餐饮潮流的主旋律已经是营养与品位相结合的新曲调，人们在满足温饱后，正步入小康、迈向富裕，开始追求饮食享受、讲究科学膳食、注重节省时间、崇尚新口味，从而给餐饮业带来巨大的变革空间。

（3）餐饮市场呈现以大众化为主、高中低档并存的格局　中国餐饮曾经是少数人的高消费与绝大多数人的低消费。直到改革开放初期，由于集团消费过热，仍在一定程度上出现过盲目追求高档的倾向。随着普通百姓消费水平的提高，个人消费、工薪阶层逐渐成为了餐饮消费的主体。一些“贵族化”酒楼也颇感“高处不胜寒”，转而开始面向寻常百姓。一些餐饮“新字号”更是高举“工薪消费”大旗，生意做得分外红火。

（4）连锁化、集团化的步伐加快　在中国改革开放之初，大家纷纷撤墙开店，在浅水经济条件下，一条小船摸着石头也能过河。但随着餐饮竞争加剧，市场进入深水经济时期，市场成为“汪洋大海”，便需要大船甚至“航空母舰”。企业进行连锁和集团化后方能抵御大风大浪，增强抗风险的能力，实现规模化效益。因此，餐饮企业的单兵作战开始向连锁化、集团化发展。

（5）企业特色和个性化经营更加明显　传统的名餐馆，往往是综合性菜馆，他们以全面经营整个“菜系”的菜品为己任。特色不仅来自菜品风味，而且渗透在独特的餐馆名称、餐厅装饰和餐饮服务等诸多因素之中。

（6）餐饮业由传统管理方式向现代管理制度转化　市场竞争加剧，市场经济优胜劣汰的运行法则要求企业实行“法制”。在此大背景下，餐饮企业纷纷改制或引入现代管理制度。依法治企，建立科学民主的现代企业制度，健全企业管理规章，实行规范化现代管理已成为一种不可抗拒的潮流。

（7）既讲餐饮艺术，又重视餐饮科学　营养保健、平衡膳食、清洁卫生、科学加工将提到更加重要的地位。中国餐饮业要进军国际市场必须先过营养及卫生安全关。餐厅设计既讲究科学合理，又追求美学意境；餐饮服务既讲规范，又讲究技巧；餐饮管理既讲原则，按规章制度办事，又以人为本，重视启发与激励等管理艺术。

长江中游地区的餐饮业既突出地方特色，又兼收并蓄。形成了一股发掘传统菜，创制新品菜，大胆引进外地风味菜加以杂交改良的热潮。富有浓郁地方特色的菜点不断推陈出新，就连霉豆渣、泡菜、鱼皮鸡杂等也被制成风味菜肴登上了“大雅之堂”。湘鄂赣风味美食以其独特的地方特色享誉海内外，长江中游地区的餐饮业前景无限美好。

参考文献※

一、历史文献

[1]《十三经注疏》整理委员会. 论语. 十三经注疏本. 北京：中华书局，1980.

[2]《十三经注疏》整理委员会. 礼记. 十三经注疏本. 北京：中华书局，1980.

[3]《十三经注疏》整理委员会. 左传. 十三经注疏本. 北京：中华书局，1980.

[4] 韩非. 韩非子. 诸子集成本. 北京：中华书局，1980.

[5] 庄子. 诸子集成本. 北京：中华书局，1980.

[6] 刘向. 战国策. 上海：上海古籍出版社，1985.

[7] 吕不韦. 吕氏春秋. 诸子集成本. 北京：中华书局，1980.

[8] 管子. 诸子集成本. 北京：中华书局，1980.

[9] 史游. 急就篇. 长沙：岳麓书社，1989.

[10] 司马迁. 史记. 北京：中华书局，1982.

[11] 班固. 汉书. 北京：中华书局，1962.

[12] 班固. 白虎通. 上海：上海古籍出版社，1992.

[13] 刘熙. 释名. 上海：上海古籍出版社，1989.

[14] 刘安，等. 淮南子. 顾迁，译注. 北京：中华书局，2009.

[15] 桓宽. 盐铁论. 北京：中华书局，2005.

[16] 许慎. 说文解字. 北京：中华书局，1980.

[17] 陈寿. 三国志. 北京：中华书局，1959.

[18] 葛洪. 抱朴子. 诸子集成本. 北京：中华书局，1986.

[19] 范晔，司马彪. 后汉书. 北京：中华书局，1965.

[20] 沈约. 宋书. 北京：中华书局，1974.

[21] 刘义庆. 世说新语. 北京：中华书局，2004.

[22] 萧统. 文选. 北京：中华书局，1977.

※ 编者注：本书“参考文献”，主要参照中华人民共和国国家标准GB/T 7714-2005《文后参考文献著录规则》著录。

[23] 宗懔，习凿齿. 荆楚岁时记. 谭麟，译注. //襄阳耆旧记校注. 舒焚，张林川，校注. 武汉：湖北人民出版社，1999.
[24] 郦道元. 水经注. 北京：中华书局，2009.
[25] 贾思勰. 齐民要术校释. 缪启愉，校释. 北京：农业出版社，1982.
[26] 白居易. 白氏长庆集. 上海：上海古籍出版社，1994.
[27] 段成式. 酉阳杂俎. 四部丛刊本. 上海：上海书店，1985.
[28] 房玄龄. 晋书. 北京：中华书局，1974.
[29] 李吉甫. 元和郡县图志. 北京：中华书局，1983.
[30] 陆羽. 茶经. 丛书集成初编本. 北京：中华书局，2010.
[31] 李肇. 唐国史补. 上海：上海古籍出版社，1979.
[32] 孟诜，张鼎. 食疗本草. 北京：人民卫生出版社，1984.
[33] 孙思邈. 备急千金要方. 北京：人民卫生出版社，1955.
[34] 姚思廉. 梁书. 北京：中华书局，1973.
[35] 刘昫，等. 旧唐书. 北京：中华书局，1975.
[36] 高承. 事物纪原. 四库全书本. 北京：商务印书馆，2005.
[37] 欧阳修，宋祁. 新唐书. 北京：中华书局，1975.
[38] 司马光. 资治通鉴. 北京：中华书局，1976.
[39] 李昉. 太平广记. 北京：中华书局，1961.
[40] 李昉. 太平御览. 北京：中华书局，1960.
[41] 陆游. 老学庵笔记. 北京：中华书局，1979.
[42] 罗大经. 鹤林玉露. 北京：中华书局，1983.
[43] 欧阳修. 文忠集. 四库全书本. 北京：商务印书馆，2005.
[44] 沈括. 梦溪笔谈. 上海：上海出版公司，1956.
[45] 苏轼. 东坡全集. 四库全书本. 北京：商务印书馆，2005.
[46] 苏轼. 苏轼集. 北京：国际文化出版公司，1997.
[47] 陶穀. 清异录. 北京：中国商业出版社，1985.
[48] 林洪. 山家清供. 丛书集成初编本. 北京：中华书局，2010.
[49] 忽思慧. 饮膳正要. 四部丛刊本. 上海：上海书店，1985.
[50] 陶宗仪. 南村辍耕录. 北京：中华书局，1959.
[51] 陶宗仪. 说郛. 上海：上海古籍出版社，1988.

[52] 脱脱，等. 宋史. 北京：中华书局，1985.
[53] 王祯. 农书. 北京：商务印书馆，2005.
[54] 佚名. 居家必用事类全集. 上海：上海古籍出版社，1995.
[55] 宋濂. 元史. 北京：中华书局，1976.
[56] 徐光启. 农政全书 . 长沙：岳麓书社，2002.
[57] 李时珍. 本草纲目. 北京：人民卫生出版社，1985.
[58] 新城县志. 刻本影印，1516年（明正德十一年）.
[59] 茶陵州志. 刻本影印，1525年（明嘉靖四年）.
[60] 蕲州志. 刻本影印，1530年（明嘉靖九年）.
[61] 常德府志. 刻本影印，1535年（明嘉靖十四年）.
[62] 永丰县志. 刻本影印，1544年（明嘉靖二十三年）.
[63] 张廷玉，等. 明史. 北京：中华书局，1974.
[64] 刘基. 多能鄙事. 上海：上海古籍出版社，1995.
[65] 曹寅，等. 全唐诗. 北京：中华书局，1960.
[66] 陈梦雷. 古今图书集成. 北京：中华书局. 成都：巴蜀书店，1985.
[67] 陈世元. 金薯传习录. 北京：农业出版社，1982.
[68] 吴其濬. 植物名实图考. 北京：商务印书馆，1957.
[69] 徐珂. 清稗类钞. 北京：中华书局，1984.
[70] 徐松辑. 宋会要辑稿. 影印本. 国立北平图书馆，1936（民国二十五年）.
[71] 薛宝辰. 素食说略. 北京：中国商业出版社，1984.
[72] 袁枚. 随园食单. 南京：江苏古籍出版社，2000.
[73] 高濂. 遵生八笺. 成都：巴蜀书社，1988.
[74] 范锴. 汉口丛谈//江浦，等. 汉口丛谈校释. 武汉：湖北人民出版社，1990 .
[75] 叶调元. 汉口竹枝词校注. 徐明庭，马昌松，校注. 武汉:湖北人民出版社，1985.
[76] 湖广通志. 刻本，1733年（清雍正十一年）.
[77] 襄阳府志. 刻本，1760年（清乾隆二十五年）.
[78] 沅江府志. 刻本影印，1757年（清乾隆二十二年）.
[79] 永顺府志. 刻本，1763年（清乾隆二十八年）.
[80] 辰州府志. 刻本，1765年（清乾隆三十年）.
[81] 龙泉县志. 刻本影印，1771年（清乾隆三十六年）.

[82] 善化县志. 刻本，1818年（清嘉庆二十三年）.
[83] 永州府志. 刻本，1828年（清道光八年）.
[84] 施南府志. 刻本，1834年（清道光十四年）.
[85] 蒲圻县志. 刻本，1840年（清道光二十年）.
[86] 建始县志. 刻本，1842年（清道光二十二年）.
[87] 宝庆府志. 刻本，1849年（清道光二十九年）.
[88] 咸丰县志. 刻本，1865年（清同治四年）.
[89] 宜昌府志. 刻本，1866年（清同治五年）.
[90] 来凤县志. 刻本，1866年（清同治五年）.
[91] 长阳县志. 刻本，1866年（清同治五年）.
[92] 归州志. 刻本，1866年（清同治五年）.
[93] 宜城县志. 刻本，1866年（清同治五年）.
[94] 通城县志. 活字本，1867年（清同治六年）.
[95] 恩施县志. 刻本，1868年（清同治七年）.
[96] 通山县志. 活字本，1868年（清同治七年）.
[97] 房县志. 刻本，1865年（清同治四年）.
[98] 南安府志. 刻本，1868年（清同治七年）.
[99] 郧阳志. 刻本，1870年（清同治九年）.
[100] 攸县志. 刻本，1871年（清同治十年）.
[101] 桑植县志. 刻本，1872年（清同治十一年）.
[102] 永顺府志. 刻本，1873年（清同治十二年）.
[103] 酃县志. 刻本，1873年（清同治十二年）.
[104] 赣州府志. 刻本，1873年（清同治十二年）.
[105] 义宁州志. 刻本，1873年（清同治十二年）.
[106] 会同县志. 刻本影印，1876年（清光绪二年）.
[107] 龙山县志. 刻本，1878年（清光绪四年）.
[108] 江西通志. 刻本，1881年（清光绪七年）.
[109] 黄州府志. 刻本，1884年（清光绪十年）.
[110] 武昌县志. 刻本，1885年（清光绪十一年）.
[111] 湖南通志. 刻本，1885年（清光绪十一年）.

[112] 黄安乡土志. 铅印本，1809年（清宣统元年）.
[113] 湖北通志. 刻本，1911（清宣统三年）.
[114] 日本东亚同文会. 支那省别全档·江西省：第2编，1918(民国七年).
[115] 佚名. 长沙市公安局十九年下期业务概况报告书//湖南政治年鉴，1930（民国十九年）.
[116] 国民政府实业部上海商品检验局. 江西之茶，1932（民国二十一年）.
[117] 刘世超. 湖南之海关贸易//湖南经济调查所丛刊. 1934（民国二十三年）.
[118] 中央银行经济研究处. 华茶对外贸易之回顾与前瞻. 商务印书馆，1935（民国二十四年）.
[119] 佚名. 江西米谷运销调查报告//江西省农业院：专刊第4号，1937（民国二十六年）.

二、当代著作

[1] 黑格尔. 历史哲学. 王造时，译. 北京：三联书店，1956.
[2] 顾颉刚. 中国古代地理名著选读：第1辑. 禹贡，注释. 北京：科学出版社，1959.
[3] 辛树帜. 禹贡新解. 北京：农业出版社，1964.
[4] 湖南农学院，等. 长沙马王堆一号汉墓出土动植物标本研究. 北京：文物出版社，1978.
[5] 睡虎地秦墓竹简整理小组. 睡虎地秦墓竹简. 北京：文物出版社，1978.
[6] 恩格斯. 经济学手稿//马克思恩格斯全集. 北京：人民出版社，1979.
[7] 梁方仲. 中国历代户口、田地、田赋统计. 上海：上海人民出版社，1980.
[8] 何浩. 楚文化新探. 武汉：湖北人民出版社，1981.
[9] 郭宝钧. 商周铜器群综合研究. 北京：文物出版社，1981.
[10] 中国科学院《中国自然地理·历史自然地理》编辑委员会. 中国自然地理·历史自然地理. 北京：科学出版社，1982.
[11] 陈敦义，胡积善. 中国经济地理. 北京：中国展望出版社，1983.
[12] 武汉地方志编纂委员会. 武汉食品杂货商业志·酒业（未刊稿），1984.
[13] 中国社会科学院考古研究所. 新中国的考古发现和研究. 北京：文物出版社，1984.
[14] 谭其骧. 中国历史地图集：1-8册. 北京：地图出版社，1985.
[15] 姜亮夫. 楚辞通故. 济南：齐鲁书社，1985.
[16] 胡焕庸，张善余. 中国人口地理下册. 上海：华东师范大学出版社，1986.
[17] 中国大百科全书出版社编辑部，中国大百科全书总编辑委员会，《考古学》编辑委

员会. 中国大百科全书·考古卷. 北京：中国大百科全书出版社，1986.
[18] 马克思. 资本论. 北京：人民出版社，1986.
[19] 曾非祥. 湖北近代经济贸易史料选辑：4. 武汉：湖北省志贸易志编辑室，1986.
[20] 潘新藻. 湖北省建制沿革. 武汉：湖北人民出版社，1987.
[21] 中华人民共和国民政部. 中华人民共和国县级以上行政区划沿革. 北京：测绘出版社，1987.
[22] 王世襄. 中国古代漆器. 北京：文物出版社，1987.
[23] 湖南省蔬菜饮食服务公司. 中国名菜谱·湖南风味. 北京：中国财政经济出版社，1988.
[24] 马之骕. 中国的婚俗. 长沙：岳麓书社，1988.
[25] 马承源. 中国青铜器. 上海：上海古籍出版社，1988.
[26] 曾纵野. 中国饮馔史：第1卷. 北京：中国商业出版社，1988.
[27] 张正明. 楚文化志. 武汉：湖北人民出版社，1988.
[28] 邓子琴. 中国风俗史. 成都：巴蜀书社. 1988.
[29] 湖北省博物馆. 曾侯乙墓：上册. 北京：文物出版社，1989.
[30] 牟发松. 唐代长江中游的经济与社会. 武汉：武汉大学出版社，1989.
[31] 武汉地方志编纂委员会. 武汉市志·商业志. 武汉：武汉大学出版社，1989.
[32] 姚伟钧. 中国饮食文化探源. 南宁：广西人民出版社，1989.
[33] 杜福祥，谢帼明. 中国名食百科. 太原：山西人民出版社，1988.
[34] 后德俊. 楚国科学技术史稿. 武汉：湖北科学出版社，1990.
[35] 吴永章. 湖北民族史. 武汉：华中理工大学出版社，1990.
[36] 汪受宽. 读史基础手册. 长春：吉林文史出版社，1990.
[37] 杨蒲林，皮明庥. 武汉城市发展轨迹. 天津：天津社会科学出版社，1990.
[38] 丁世良，赵放. 中国地方志民俗资料汇编·中南卷：上. 北京：书目文献出版社，1990.
[39] 赵荣光. 中国饮食史论. 哈尔滨：黑龙江科学技术出版社，1990.
[40] 宋兆麟，李露之. 中国古代节日文化. 北京：文物出版社，1991.
[41] 丁世良，赵放. 中国地方志民俗资料汇编·华东卷：中. 北京：书目文献出版社，1992.
[42] 王会昌. 中国文化地理. 武汉：华中师范大学出版社，1992.

[43] 王玲．中国茶文化．北京：中国书店，1992.

[44] 中国烹饪百科全书编辑委员会中国大百科全书编辑部．中国烹饪百科全书．北京：中国大百科全书出版社，1992.

[45] 王森泉，屈殿奎．黄土地风俗风情录．太原：山西人民出版社，1992.

[46] 许怀林．江西史稿．南昌：江西高校出版社，1993.

[47] 王仁湘．饮食与中国文化．北京：人民出版社，1993.

[48] 王学泰．华夏饮食文化．北京：中华书局，1993.

[49] 中国中长期食物发展研究所．中国中长期食物发展战略．北京：农业出版社，1993.

[50] 宋公文，张君．楚国风俗志．武汉：湖北教育出版社，1995.

[51] 张志文．中外食品发展概况统计．北京：中国物资出版社，1995.

[52] 龚胜生．清代两湖农业地理．武汉：华中师范大学出版社，1996.

[53] 姚伟钧．中国传统饮食礼俗研究．武汉：华中师范大学出版社，1999.

[54] 季羡林．中华蔗糖史．北京：经济日报出版社，1997.

[55] 谢定源．新概念中华名菜谱湖北名菜．北京：中国轻工业出版社，1999.

[56] 赵荣光，谢定源．饮食文化概论．北京：中国轻工业出版社，2000.

[57] 陈诏．中国馔食文化．上海：上海古籍出版社，2001.

[58] 何介钧．马王堆汉墓．北京：文物出版社，2004.

[59] 王仁湘．往古的滋味——中国饮食的历史与文化．济南：山东画报出版社，2006.

[60] 王美英．明清长江中游地区的风俗与社会变迁．武汉：武汉大学出版社，2007.

[61] 谢定源．中国饮食文化．杭州：浙江大学出版社，2008.

三、期刊、论文

[1] 杨联陞．汉代丁中、禀给、米粟、大小石之制．国学季刊：7卷，1950（1）.

[2] 王仲殊．汉代物质文化略说．考古通讯，1956（1）.

[3] 丁疑．汉江平原新石器时代红烧土中的稻谷壳考查．考古学报，1959（4）.

[4] 湖南省博物馆．长沙两晋南朝隋墓发掘报告．考古学报，1959（3）.

[5] 高至喜．长沙烈士公园3号木椁墓清理简报．文物，1959（10）.

[6] 加藤繁．中国稻作的发展——特别是品种的发展//中国经济史考证：卷3．吴杰译．北京：商务印书馆，1959.

[7] 周世荣，文道义. 57·长·子17号墓清理简报. 文物，1960（1）.
[8] 江西省博物馆考古队. 江西靖江晋墓. 考古，1962（4）.
[9] 李文漪. 湖南洞庭层泥炭的孢粉分析及其地质时代和古地理问题. 地理学报，1962（3）.
[10] 高至喜. 记长沙、常德出土弩机的战国墓——兼谈有关弩机、弓矢的几个问题. 文物，1964（6）.
[11] 湖北省博物馆. 武汉地区四座周朝纪年墓. 考古，1965（4）.
[12] 湖北省文物管理委员会. 湖北均县“双冢”清理简报. 考古，1965（12）.
[13] 湖南省博物馆. 长沙南郊的两晋南朝隋代墓葬. 考古，1965（5）.
[14] 江西文管会. 南昌老福山西汉木椁墓. 考古，1965（6）.
[15] 王儒林. 河南桐柏发现周代铜器. 考古，1965（7）.
[16] 湖北省文化局文物工作队. 湖北江陵三座楚墓出土大批重要文物. 文物，1966（5）.
[17] 湖北省文物管理委员会. 湖北随县唐城汉魏墓清理. 考古，1966（2）.
[18] 湖北省文物管理委员会. 武昌东北郊六朝墓清理. 考古，1966（1）.
[19] 湖北省文物管理委员会. 湖北随县塔儿塆古城岗发现汉墓. 考古，1966（3）.
[20] 史树青. 关于丝织品：座谈长沙马王堆一号汉墓. 文物，1972（9）.
[21] 高耀亭. 马王堆一号汉墓随葬品中供食用的兽类. 文物，1973（9）.
[22] 长江流域第二期文物考古工作人员训练班. 湖北江陵凤凰山西汉墓发掘简报. 文物，1974（6）.
[23] 湖南省博物馆中国科学考古研究所. 长沙马王堆二、三号汉墓发掘简报. 文物，1974（7）.
[24] 江西省历史博物馆. 江西南昌晋墓. 考古，1974（6）.
[25] 江西省博物馆. 湖北江陵凤凰山西汉墓发掘简报. 文物，1974（6）.
[26] 王开发. 南昌西山洗药湖炭的孢粉分析. 植物学报：第16卷，1974（1）.
[27] 纪南城凤凰山168号汉墓发掘整理组. 湖北江陵凤凰山168号汉墓发掘简报. 文物，1975（9）.
[28] 余家栋. 江西新建清理两座晋墓. 文物，1975（3）.
[29] 吉林大学历史系考古专业赴纪南城开门办学小分队. 凤凰山一六七号汉墓遣册考释. 文物，1976（10）.
[30] 孝感地区第二期亦工亦农文物考古训练班. 湖北云梦睡虎地十一号秦墓发掘简报. 文物，1976（6）.
[31] 贾兰坡，张振标. 河南淅川县下王岗遗址中的动物群. 文物，1977（6）.

[32] 陈文华，程应林，胡义慈．江西清江战国墓清理简报．考古，1977（5）．
[33] 周世荣．湖南益阳市郊发现汉墓．考古，1978（8）．
[34] 柳子明．长沙马王堆汉墓出土的栽培植物历史考证．湖南农学院学报，1979（2）．
[35] 黄展岳．关于秦汉人的食粮计量问题．考古与文物，1980（4）．
[36] 刘林．江西南昌市东吴高荣墓的发掘．考古，1980（3）．
[37] 单先进，熊传新．湖南湘乡牛形山一、二号大型战国木椁墓．文物资料丛刊，1980（3）．
[38] 刘茂阶，外国人与武汉牛肉业：未刊稿．存武汉市食品公司，1981．
[39] 魏家甫．武昌牛业的一些记忆．存武汉市食品公司，1981．
[40] 云梦县文物工作组．湖北云梦睡虎地秦汉墓发掘简报．考古，1981（1）．
[41] 湖北省博物馆．楚都纪南城的勘查与发掘：下．考古学报，1982（4）．
[42] 鄂城县博物馆．湖北鄂城四座吴墓发掘报告．考古，1982（3）．
[43] 季羡林．蔗糖的制造在中国始于何时．社会科学战线，1982（3）．
[44] 荆州地区博物馆．江陵岳山大队出土一批春秋铜器．文物，1982（10）．
[45] 谭其骧，张修桂．鄱阳湖演变的历史过程．复旦学报：社会科学版，1982（2）．
[46] 熊亚云，丁堂华．鄂城楚墓．考古学报，1983（2）．
[47] 黄展岳．试论楚国铁器//湖南考古辑刊：第2集．长沙：岳麓书社，1984．
[48] 刘彬徵．楚国有铭铜器编年概述//古文字研究：第九辑．北京：中华书局，1984．
[49] 熊传新．湖南战国两汉农业考古概述．农业考古，1984（1）．
[50] 徐正国．枣阳东赵湖再次出土青铜器．江汉考古，1984（1）．
[51] 河南信阳地区博物馆，等．春秋早期黄君孟夫妇墓发掘报告．考古，1984（4）．
[52] 云梦县博物馆．湖北云梦癞痢墩一号墓清理简报．考古，1984（7）．
[53] 刘彬徽．随州擂鼓墩二号墓青铜器初论．文物，1985（1）．
[54] 湖北省博物馆．宜昌覃家沱两处周代遗址的发掘．江汉考古，1985（1）．
[55] 王慎行．试论周代的饮食观．人文杂志，1986（5）．
[56] 李长年．略述我国谷物源流．农史研究，1987（2）．
[57] 张建民．“湖广熟，天下足”述论．中国农史，1987（4）．
[58] 知子．西汉第一食简——长沙马王堆一号汉墓遣策食名一览．中国烹饪，1987（8）
[59] 长沙市烹饪协会．近代长沙宴席业名店．中国烹饪，1988（3）．
[60] 彭锦华．沙市周梁玉桥商代遗址动物骨骸的鉴定与研究．农业考古，1988（2）．
[61] 舒向今．湖南高坎垄新石器时代农业遗存．农业考古，1988（1）．

[62] 周世荣．湘菜源流及其主要特点．中国烹饪，1988（3）．
[63] 向安强．论长江中游新石器时代早期遗存的农业．农业考古，1991（1）．
[64] 张国雄．“湖广熟，天下足”的内外条件分析．中国农史，1994（3）．
[65] 陈光新．荆菜的演化道路．中国烹饪研究，1995（4）．
[66] 谢定源．论中国历史上各饮食层的典型代表及文化特征//李士靖．中华食苑．北京：中国社会科学出版社，1996．
[67] 谢定源，白力刚．湖南名菜主要特点的量化分析．中国烹饪研究，1998（3）．
[68] 陈光新．中国饮食民俗初探//春华秋实．陈广新教授烹饪论文集．武汉：武汉测绘科技大学出版社，1999．
[69] 何杰．湖南饮食文化地理及其与旅游业的关系．武汉大学硕士学位论文，2000．
[70] 蓝勇．中国古代辛辣用料的嬗变、流布与农业社会发展．中国社会经济史研究，2000（4）．
[71] 蓝勇．中国饮食辛辣口味的地理分布及其成因研究．地理研究，2001（2）．
[72] 姚伟钧．长江流域的地理环境与饮食文化．中国文化研究，2002（1）．
[73] 陈美惠．张仲景养生思想与养生方法研究．北京中医药大学博士论文，2002．
[74] 张春龙．湖南省近年出土简牍文献资料略论．第一届中国语言文字国际学术研讨会，2002（3）．
[75] 谢定源．湖北名菜风味特色分析．饮食文化研究，2003（3）．
[76] 陈晓鸣．九江开埠与近代江西社会经济的变迁．史林，2004（4）．
[77] 万红丽．从楚地墓葬出土资料看楚的饮食文化．南京农业大学硕士论文，2004．
[78] 蒋慕东，王思明．辣椒在中国的传播及其影响．中国农史，2005（2）．
[79] 金珍淑．关于陆羽《茶经》中饮茶观点的研究．浙江大学博士论文，2005．
[80] 姚伟钧．鄂西土家族原生态饮食文化的传承与开发．湖北民族学院学报：哲学社会科学版，2005（3）．
[81] 顾筱和．1978年以来南昌餐饮经济的变迁与趋势．南昌大学硕士论文，2006．
[82] 涂水前．武汉西餐市场现状与发展．武汉商界，2006．
[83] 万里．长沙老店与湘菜．文史博览，2006（5）．
[84] 蔡宇华．湘菜名称研究．湖南师范大学学报，2007（5）．
[85] 肖剑峰．湖南省成人居民膳食结构和营养素摄入状况分析．中南大学硕士论文，2007．

[86] 邓小英.《本草纲目》的养生思想研究. 江西中医学院学报，2007(2).
[87] 葛天平. 发挥湖北资源优势打造食品工业大省. 当代经济杂志，2008(10).
[88] 江西省食品工业办公室. 改革开放30年江西食品工业发展成就和未来思路. 食品在线，2008.12.29.
[89] 王俊暐. 关于赣菜振兴问题的学术探讨——“赣文化背景下的赣菜文化与经营研讨会”综述. 企业经济，2008(5).
[90] 易先桥，黄清峰. 浅析武汉老字号餐饮企业衰败的原因及其对策. 理论月刊，2008(3).
[91] 曾晓林，彭沧海. 湖南餐饮业发展比较分析及发展对策. 省统计局贸外处，2008-11-4. http://www.i5177.com.
[92] 李玉麟. 先秦荆楚饮食研究. 兰州大学硕士论文，2009.
[93] 赵鲲鹏. 略论仲景著作中的饮食养生思想与方法. 甘肃省中医药学会2009年学术研讨会论文专辑，2009.10.
[94] “2010湖南食品加工及机械展览会”宣传部. 湖南食品产业发展现状及“十一五”食品工业发展规划，2010.6.10.
[95] 刘於清，李平. 湘西少数民族饮食文化特色及可持续发展研究. 南宁职业技术学院学报，2010(1).

索　　引※

※　编者注：本书“索引”主要参照中华人民共和国国家标准GB/T 22466-2008《索引编制规则（总则）》编制。

后记

《中国饮食文化史》（十卷本）是国家出版基金资助项目，并列入“十二五”国家重点图书规划项目，我忝为“长江中游卷”的撰著者，深感荣幸。本卷几经删改，总算脱稿。本书力图在广泛查阅历史典籍、考古资料，吸取学术界研究成果的基础上，结合个人研究，尝试系统地梳理长江中游地区饮食文化的起源与发展脉络，并对该地区的饮食文化特征做出具体分析。

在本书撰写过程中，湖北省政协原副主席、湖北省食文化研究会会长胡永继先生，湖北省政协原副主席陈柏槐、杨斌庆先生给予了亲切关怀；得到了该书主编赵荣光教授的指导与督促；华中农业大学、武汉商学院、哈尔滨商业大学的领导与老师给予了大力支持；湖北省烹饪与酒店行业协会会长张贤峰先生，湖北省食文化研究会执行会长李斌先生、副会长李玉友先生，武汉大汉口食品有限公司刘海元董事长，华中师范大学姚伟钧教授，湖北经济学院卢永良、余明社教授，湘菜大师石荫祥先生等给予了热情的鼓励；中国轻工业出版社马静编审、方程编辑等，中华书局刘尚慈编审付出了大量心血并提出了宝贵意见；参考了有关专家的研究成果，采用了有关传媒与作者的图片。在此一并致以衷心的感谢！

由于笔者水平有限，书中失当和错误之处在所难免，敬请读者批评指正。

本书的研究与撰写得到中央高校基本科研业务费专项资金资助（项目批准号2013PY099），特此鸣谢！

环境食品学教育部重点实验室 华中农业大学 谢定源

2013年7月于武汉狮子山

编辑手记

为了心中的文化坚守

——记《中国饮食文化史》（十卷本）的出版

《中国饮食文化史》（十卷本）终于出版了。我们迎来了迟到的喜悦，为了这一天，我们整整守候了二十年！因此，这一份喜悦来得深沉，来得艰辛！

（一）

谈到这套丛书的缘起，应该说是缘于一次重大的历史机遇。

1991年，“首届中国饮食文化国际学术研讨会”在北京召开。挂帅的是北京市副市长张建民先生，大会的总组织者是北京市人民政府食品办公室主任李士靖先生。来自世界各地及国内的学者济济一堂，共叙“食”事。中国轻工业出版社的编辑马静有幸被大会组委会聘请为论文组的成员，负责审读、编辑来自世界各地的大会论文，也有机缘与来自国内外的专家学者见了面。

这是一次高规格、高水准的大型国际学术研讨会，自此拉开了中国食文化研究的热幕，成为一个具有里程碑意义的会议。这次盛大的学术会议激活了中国久已蕴藏的学术活力，点燃了中国饮食文化建立学科继而成为显学的希望。

在这次大会上，与会专家议论到了一个严肃的学术话题——泱泱中国，有着五千年灿烂的食文化，其丰厚与绚丽令世界瞩目——早在170万年前元谋（云南）人即已发现并利用了火，自此开始了具有划时代意义的熟食生活；古代先民早已普遍知晓三点决定一个平面的几何原理，制造出了鼎、鬲等饮食容器；先民发明了二十四节气的农历，在夏代就已初具雏形，由此创造了中华民族最早的农耕文明；中国是世界上最早栽培水稻的国家，也是世界上最早使用蒸汽烹饪的国家；中国有着令世界倾倒的美食；有着制作精美的最早的青铜器酒具，有着世界最早的茶学著作《茶经》……为世界饮食文化建起了一座又一座的丰碑。然而，不容回避的现实是，至今没有人来系统地彰显中华民族这些了不起的人类文明，因为我们至今都没有一部自己的饮食文化史，饮食文化研究的学术制高点始终掌握在国外学者的手里，这已成为中国学者心中的一个痛，一个郁郁待解的沉重心结。

这次盛大的学术集会激发了国内专家奋起直追的勇气，大家发出了共同的心声：全方位地占领该领域学术研究的制高点时不我待！作为共同参加这次大会的出版工作者，马静和与会专家有着共同的强烈心愿，立志要出版一部由国内专家学者撰写的中华民族饮食文化史。赵荣光先生是中国饮食文化研究领域建树颇丰的学者，此后由他担任主编，开始了作者队伍的组建，东西南北中，八方求贤，最终形成了一支覆盖全国各个地区的饮食文化专家队伍，可谓学界最强阵容。并商定由中国轻工业出版社承接这套学术著作的出版，由马静担任责任编辑。

此为这部书稿的发端，自此也踏上了二十年漫长的坎坷之路。

（二）

撰稿是极为艰辛的。这是一部填补学术空白与出版空白的大型学术著作，因此没有太多的资料可资借鉴，多年来，专家们像在沙里淘金，爬梳探微于浩瀚古籍间，又像春蚕吐丝，丝丝缕缕倾吐出历史长河的乾坤经纶。冬来暑往，饱尝运笔滞涩时之苦闷，也饱享柳暗花明时的愉悦。杀青之后，大家一心期待着本书的出版。

然而，现实是严酷的，这部严肃的学术著作面临着商品市场大潮的冲击，面临着生与死的博弈，一个绕不开的话题就是经费问题，没有经费将寸步难行！我们深感，在没有经济支撑的情况下，文化将没有任何尊严可言！这是苦苦困扰了我们多年的一个苦涩的原因。

一部学术著作如果不能靠市场赚得效益，那么，出还是不出？这是每个出版社都必须要权衡的问题，不是一个责任编辑想做就能做决定的事情。1999年本书责任编辑马静生病住院期间，有关领导出于多方面的考虑，探病期间明确表示，该工程必须下马。作为编辑部的一件未尽事宜，我们一方面八方求助资金以期救活这套书，另一方面也在以万分不舍的心情为其寻找一个“好人家”“过继”出去。由于没有出版补贴，遂被多家出版社婉拒。在走投无路之时，马静求助于出版同仁、老朋友——上海人民出版社的李伟国总编辑。李总编学历史出身，深谙我们的窘境，慷慨出手相助，他希望能削减一些字数，并答应补贴10万元出版这套书，令我们万分感动！

但自“孩子过继”之后，我们心中出现的竟然是在感动之后的难过，是“过继”后的难以割舍，是“一步三回头”的牵挂！“我的孩子安在？”时时袭上心头，遂“长使英雄泪满襟”——它毕竟是我们已经看护了十来年的孩子。此时心中涌起的是对自己无钱而又无能的自责，是时时想“赎回”的强烈愿望！至今写到这里仍是眼睛湿润唏嘘不已……

经由责任编辑提议，由主编撰写了一封情辞恳切的“请愿信”，说明该套丛书出版的重大意义，以及出版经费无着的困窘，希冀得到饮食文化学界的一位重量级前辈——李士靖先生的帮助。这封信由马静自北京发出，一站一站地飞向了全国，意欲传到十卷丛书的每一位专家作者手中签名。于是这封信从东北飞至西北，从东南飞至西南，从黄河飞至长江……历时一个月，这封满载着全国专家学者殷切希望的滚烫的联名信件，最终传到了“北京中国饮食文化研究会”会长、北京市人民政府食品办公室主任李士靖先生手中。李士靖先生接此信后，如双肩荷石，沉吟许久，遂发出军令一般的誓言：我一定想办法帮助解决经费，否则，我就对不起全国的专家学者！在此之后，便有了知名企业家——北京稻香村食品有限责任公司董事长、总经理毕国才先生慷慨解囊、义举资助本套丛书经费的感人故事。毕老总出身书香门第，大学读的是医学专业，对中国饮食文化有着天然的情愫，他深知这套学术著作出版的重大价值。这笔资助，使得这套丛书得以复苏——此时，我们的深切体会是，只有饿了许久的人，才知道粮食的可贵！……

在我们获得了活命的口粮之后，就又从上海接回了自己的“孩子”。在这里我们要由衷感谢李伟国总编辑的大度，他心无半点芥蒂，无条件奉还书稿，至今令我们心存歉意！

有如感动了上苍，在我们一路跌跌撞撞泣血奔走之时，国赐良机从天而降——国家出版基金出台了！它旨在扶助具有重要出版价值的原创学术精品力作。经严格筛选审批，本书获得了国家出版基金的资助。此时就像大旱中之云霓，又像病困之人输进了新鲜血液，由此全面盘活了这套丛书。这笔资金使我们得以全面铺开精品图书制作的质量保障系统工程。后续四十多道工序的工艺流程有了可靠的资金保证，从此结束了我们捉襟见肘、寅吃卯粮的日子，从而使我们恢复了文化的自信，感受到了文化的尊严！

（三）

我们之所以做苦行僧般的坚守，二十年来不离不弃，是因为这套丛书所具有的出版价值——中国饮食文化是中华文明的核心元素之一，是中国五千年灿烂的农耕文化和畜牧渔猎文化的思想结晶，是世界先进文化和人类文明的重要组成部分，它反映了中国传统文化中的优秀思想精髓。作为出版人，弘扬民族优秀文化，使其走出国门走向世界，是我们义不容辞的责任，尽管文化坚守如此之艰难。

季羡林先生说，世界文化由四大文化体系组成，中国文化是其中的重要组成部分（其他三个文化体系是古印度文化、阿拉伯－波斯文化和欧洲古希腊－古罗马文化）。中国是世界上唯一没有中断文明史的国家。中国自古是农业大国，有着古老而璀璨的农业文明，它是中国饮食文化的根基所在，就连代表国家名字的专用词“社稷”，都是由“土神”和“谷神”组成。中国饮食文化反映了中华民族这不朽的农业文明。

中华民族自古以来就有着“五谷为养，五果为助，五畜为益，五菜为充”的优良饮食结构。这个观点自两千多年前的《黄帝内经》时就已提出，在两千多年后的今天来看，这种饮食结构仍是全世界推崇的科学饮食结构，也是当代中国大力倡导的健康饮食结构。这是来自中华民族先民的智慧和骄傲。

中华民族信守“天人合一”的理念，在年复一年的劳作中，先民们敬畏自然，尊重生命，守天时，重时令，拜天祭地，守护山河大海，守护森林草原。先民发明的农历二十四个节气，开启了四季的农时轮回，他们既重“春日”的生发，又重“秋日”的收获，他们颂春，爱春，喜秋，敬秋，创造出无数的民俗、农谚。“吃春饼”“打春牛”“庆丰登”……然而，他们节俭、自律，没有掠夺式的索取，他们深深懂得人和自然是休戚与共的一体，爱护自然就是爱护自己的生命，从不竭泽而渔。早在周代，君王就已经认识到生态环境安全与否关乎社稷的安危。在生态环境严重恶化的今天，在掠夺式开采资源的当代，对照先民们信守千年的优秀品质，不值得当代人反思吗?

中华民族笃信“医食同源”的功用，在现代西方医学传入中国以前，几千年来“医食同源”的思想护佑着中华民族的繁衍生息。中国的历史并非长久的风调雨顺、丰衣足食，而是灾荒不断，迫使人们不断寻找、扩大食物的来源。先民们既有“神农尝百草，日遇七十二毒”的艰险，又有“得茶而解”的收获，一代又一代先民，用生命的代价换来了既可果腹又可疗疾的食物。所以，在中华大地上，可用来作食物的资源特别多，它是中华先民数千年戮力开拓的丰硕成果，是先民们留下的宝贵财富；“医食同源”也是中国饮食文化最杰出的思想，至今食疗食养长盛不衰。

中华民族有着“尊老”的优良传统，在食俗中体现尤著。居家吃饭时第一碗饭要先奉给老人，最好吃的也要留给老人，这也是农耕文化使然。在古老的农耕时代，老人是农耕技术的传承者，是新一代劳动力的培养者，因此使老者具有了权威的地位。尊老，是农耕生产发展的需要，祖祖辈辈代代相传，形成了中华民族尊老的风习，至今视为美德。

中国饮食文化的一个核心思想是“尚和”，主张五味调和，而不是各味单一，强调“鼎中之变”而形成了各种复合口味，从而构成了中国烹饪丰富多彩的味型，构建了中国烹饪独立的文化体系，久而升华为一种哲学思想——尚和。《中庸》载“和也者，天下之达道”，这种“尚和”的思想体现到人文层面的各个角落。中华民族自古崇尚和谐、和睦、和平、和顺，世界上没有哪一个国家能把“饮食”的社会功能发挥到如此极致，人们以食求和体现在方方面面：以食尊师敬老，以食飨友待客，以宴贺婚、生子以及升迁高就，以食致歉求和，以食表达谢意致敬……“尚和”是中华民族一以贯之的饮食文化思想。

“一方水土养一方人”。这十卷本以地域为序，记述了在中国这片广袤的土地上有如万花筒一般绚丽多彩的饮食文化大千世界，记录着中华民族的伟大创造，也记述了各地专家学者的最新科研成果——旧石器时代的中晚期，长江下游地区的原始人类已经学会捕鱼，使人类的食源出现了革命性的扩大，从而完成了从蒙昧到文明的转折；早在商周之际，长江下游地区就已出现了原始瓷；春秋时期筷子已经出现；长江中游是世界上最早栽培稻类作物的地区。《吕氏春秋·本味》述于2300年前，是中国历史上最早的烹饪“理论”著作；中国最早的古代农业科技著作是北魏高阳（今山东寿光）太守贾思勰的《齐民要术》；明代科学家宋应星早在几百年前，就已经精辟论述了盐与人体生命的关系，可谓学界的最先声；新疆人民开凿修筑了坎儿井用于农业灌溉，是农业文化的一大创举；孔雀河出土的小麦标本，把小麦在新疆地区的栽培历史提早到了近四千年前；青海喇家面条的发现把我国食用面条最早记录的东汉时期前提了两千多年；豆腐的发明是中国人民对世界的重大贡献；有的卷本述及古代先民的“食育”理念；有的卷本还以大开大阖的笔力，勾勒了中国几万年不同时期的气候与人类生活兴衰的关系等等，真是处处珠玑，美不胜收！

这些宝贵的文化财富，有如一颗颗散落的珍珠，在没有串成美丽的项链之前，便彰显不出它的耀眼之处。如今我们完成了这一项工作，雕琢出了一串光彩夺目的珍珠，即将放射出耀眼的光芒！

（四）

编辑部全体工作人员视稿件质量为生命，不敢有些许懈怠，我们深知这是全国专家学者20年的心血，是一项极具开创性而又十分艰辛的工作。我们肩负着填补国家学术空白、出版空白的重托。这个大型文化工程，并非三朝两夕即可一蹴而就，必须长年倾心投入。因此多年来我们一直保持着饱满的工作激情与高度的工作张力。为了保证图书的精品质量并尽早付梓，我们无年无节、终年加班而无怨无悔，个人得失早已置之度外。

全体编辑从大处着眼，力求全稿观点精辟，原创鲜明。各位编辑极尽自身多年的专业积累，倾情奉献：修正书稿的框架结构，爬梳提炼学术观点，补充遗漏的一些重要史实，匡正学术观点的一些讹误之处，并诚恳与各卷专家作者切磋沟通，务求各卷写出学术亮点，其拳拳之心殷殷之情青天可鉴。编稿之时，为求证一个字、一句话，广查典籍，数度披阅增删。青黄灯下，蹙眉凝思，不觉经年久月，眉间“川”字如刻。我们常为书稿中的精辟之处而喜不自胜，更为瑕疵之笔而扼腕叹息！于是孜孜矻矻、秉笔躬耕，一句句、一字字吟安铺稳，力求语言圆通，精炼可读。尤其进入后期阶段，每天下班时，长安街上已是灯火阑珊，我们却刚刚送走一个紧张工作的夜晚，又在迎接着一个奋力拼搏的黎明。

为了不懈地追求精品书的品质，本套丛书每卷本要经过40多道工序。我们延请了国内顶级专家为本书的质量把脉，中华书局的古籍专家刘尚慈编审已是七旬高龄，她以古籍善本为据，为我们的每卷书稿逐字逐句地核对了古籍原文，帮我们纠正了数以千计的舛误，从她那里我们学到了非常多的古籍专业知识。有时已是晚九时，老人家还没吃饭在为我们核查书稿。看到原稿不尽如人意时，老人家会动情地对我们喊起来，此时，我们感动！我们折服！这是一位学者一种全身心地忘我投入！为了这套书，她甚至放下了自己的个人著述及其他重要邀请。

中国社会科学院历史研究所李世愉研究员，为我们审查了全部书稿的史学内容，匡正和完善了书稿中的许多漏误之处，使我们受益匪浅。在我们图片组稿遇到困难之时，李老师凭借深广的人脉，给了我们以莫大的帮助。他是我们的好师长。

本书中涉及各地区少数民族及宗教问题较多，是我们最担心出错的地方。为此我们把书稿报送了国家宗教局、国家民委、中国藏学研究中心等权威机构精心审查了书稿，并得到了他们的充分肯定，使我们大受鼓舞！

我们还要感谢北京观复博物馆、大连理工大学出版社帮我们提供了许多有价值的历史图片。

为了严把书稿质量，我们把做辞书时使用的有效方法用于这部学术精品专著，即对本书稿进行了二十项“专项检查”以及后期的五十三项专项检查，诸如，各卷中的人名、地名、国名、版图、疆域、公元纪年、谥号、庙号、少数民族名称、现当代港澳台地名的表述等，由专人做了逐项审核。为使高端学术著作科普化，我们对书稿中的生僻字加了注音或简释。

其间，国家新闻出版总署贯彻执行“学术著作规范化”，我们闻风而动，请各卷作者添加或补充了书后的参考文献、索引，并逐一完善了书稿中的注释，严格执行了总署的文件规定不走样。

我们还要感谢各卷的专家作者对编辑部非常“给力”的支持与配合，为了提高书稿质量，我们请作者做了多次修改及图片补充，不时地去“电话轰炸”各位专家，一头卡定时间，一头卡定质量，真是难为了他们！然而，无论是时处酷暑还是严冬，都基本得到了作者们的高度配合，特别是和我们一起“摽”了二十年的那些老作者，真是同呼吸共命运，他们对此书稿的感情溢于言表。这是一种无言的默契，是一种心灵的感应，这是一支二十年也打不散的队伍！凭着中国学者对传承优秀传统文化的责任感，靠着一份不懈的信念和期待，苦苦支撑了二十年。在此，我们向此书的全体作者深深地鞠上一躬！致以二十年来的由衷谢意与敬意！

由于本书命运多蹇迁延多年，作者中不可避免地发生了一些变化，主要是由于身体原因不能再把书稿撰写或修改工作坚持下去，由此形成了一些卷本的作者缺位。正是我们作者团队中的集体意识及合作精神此时彰显了威力——当一些卷本的作者缺位之时，便有其他卷本的专家伸出援助之手，像接力棒一样传下去，使全套丛书得以正常运行。华中师范大学的博士生导师姚伟钧教授便是其中最出力的一位。今天全书得以付梓而没有出现缺位现象，姚老师功不可没！

“西藏”“新疆”原本是两个独立的部分，组稿之初，赵荣光先生殚精竭虑多方奔走物色作者，由于难度很大，终而未果，这已成为全书一个未了的心结。后期我们倾力进行了接续性的推动，在相关专家的不懈努力下，终至弥补了地区缺位的重大遗憾，并获得了有关审稿权威机构的好评。

最令我们难过的是本书“东南卷”作者、暨南大学硕士生导师、冼剑民教授没能见到本书的出版。当我们得知先生患重病时即赶赴探望，那时先生已骨瘦如柴，在酷热的广州夏季，却还身着毛衣及马甲，接受着第八次化疗。此情此景令人动容！后得知冼先生化疗期间还在坚持修改书稿，使我们感动不已。在得知冼先生病故时，我们数度哽咽！由此催发我们更加发愤加快工作的步伐。在本书出版之际，我们向冼剑民先生致以深深的哀悼！

在我们申报国家项目和有关基金之时，中国农大著名学者李里特教授为我们多次撰写审读推荐意见，如今他竟然英年早逝离我们而去，令我们万分悲痛！

在此期间，李汉昌先生也不幸遭遇重大车祸，严重影响了身心健康，在此我们致以由衷的慰问！

（五）

中国饮食文化学是一门新兴的综合学科，涉及历史学、民族学、民俗学、人类学、文化学、烹饪学、考古学、文献学、地理经济学、食品科技史、中国农业史、中国文化交流史、边疆史地、经济与商业史等诸多学科，现正处在学科建设的爬升期，目前已得到越来越多领域的关注，也有越来越多的有志学者投身到这个领域里来，应该说，现在已经进入了最好的时期，从发展趋势看，最终会成为显学。

早在1998年于大连召开的“世界华人饮食科技与文化国际学术研讨会”，即是以“建立中国饮食文化学”为中心议题的。这是继1991年之后又一次重大的国际学术会议，是1991年国际学术会议成果的继承与接续。建立“中国饮食文化学”这个新的学科，已是国内诸多专家学者的共识。在本丛书中，就有专家明确提出，中国饮食文化应该纳入“文化人类学”的学科，在其之下建立“饮食人类学”的分支学科。

为学科理论建设搭建了开创性的构架。

这套丛书的出版，是学科建设的重要组成部分，它完成了一个带有统领性的课题，它将成为中国饮食文化理论研究的扛鼎之作。本书的内容覆盖了全国的广大地区及广阔的历史空间，本书从史前开始，一直叙述到当代的21世纪，贯通时间百万年，从此结束了中国饮食文化无史和由外国人写中国饮食文化史的局面。这是一项具有里程碑意义的历史文化工程，是中国对世界文明的一种国际担当。

二十年的风风雨雨、坎坎坷坷我们终于走过来了。在拜金至上的浮躁喧嚣中，我们为心中的那份文化坚守经过了炼狱般的洗礼，我们坐了二十年的冷板凳但无怨无悔！因为由此换来的是一项重大学术空白、出版空白的填补，是中国五千年厚重文化积淀的梳理与总结，是中国优秀传统文化的彰显。我们完成了一项重大的历史使命，我们完成了老一辈学人对我们的重托和当代学人的夙愿。这二十年的泣血之作，字里行间流淌着中华文明的血脉，呈献给世人的是祖先留给我们的那份精神财富。

我们笃信，中国饮食文化学的崛起是历史的必然，它就像那冉冉升起的朝阳，将无比灿烂辉煌！

《中国饮食文化史》编辑部

二〇一三年九月